韓勝寶

著

活用

孫子兵法

孫子兵法全球行系列讀物
【歐非卷】

臺灣商務印書館

萬卷書籍，有益人生
——「新萬有文庫」彙編緣起

　　台灣商務印書館從二○○六年一月起，增加「新萬有文庫」叢書，學哲總策劃，期望經由出版萬卷有益的書籍，來豐富閱讀的人生。

　　「新萬有文庫」包羅萬象，舉凡文學、國學、經典、歷史、地理、藝術、科技等社會學科與自然學科的研究、譯介，都是叢書蒐羅的對象。作者群也開放給各界學有專長的人士來參與，讓喜歡充實智識、願意享受閱讀樂趣的讀者，有盡量發揮的空間。

　　家父王雲五先生在上海主持商務印書館編譯所時，曾經規劃出版「萬有文庫」，列入「萬有文庫」出版的圖書數以萬計，至今仍有一些圖書館蒐藏運用。「新萬有文庫」也將秉承「萬有文庫」的精神，將各類好書編入「新萬有文庫」，讓讀者開卷有益，讀來有收穫。

　　「新萬有文庫」出版以來，已經獲得作者、讀者的支持，我們決定更加努力，讓傳統與現代並翼而翔，讓讀者、作者、與商務印書館共臻圓滿成功。

　　　　　　　　台灣商務印書館董事長　　王學哲

目　錄

附錄

歐洲篇

1. 中國兵法專家劉慶談孫子西行之路

　　在記者即將赴歐洲採訪前夕，專訪了軍事科學院戰爭理論與戰略研究部研究員、博士生導師、中國孫子兵法研究會副秘書長劉慶。他總結說，《孫子兵法》西行以翻譯成法文版為轉換期，以英國軍事學家利德爾‧哈特第一個對西方現代軍事理論進行反思為轉變期，以原子彈爆炸為轉折期。

　　劉慶說，《孫子兵法》作為軍事文化經典文本轉換，從法文版開始，法國傳教士阿米奧特通過滿文、漢文相對照，翻譯成法文，這是東西方兵家文化首次在語言體系上的一大轉換，從此，《孫子兵法》走上了西行之路，引發了西方學術界對中國古代兵學長久不衰的特別關注。

　　利德爾‧哈特是第一個對西方現代軍事理論進行反思的人，但並非最後一個人。第一次世界大戰使利德爾‧哈特對拿破崙戰爭以來的西方軍事理論產生了強烈的幻滅

中國孫子兵法研究會副秘書長劉慶

感。於是，他推崇研究孫子，贊成孫子理論，他的《戰略論》大量引用《孫子兵法》，他的戰略理論在西方獨樹一幟。

原子彈的爆炸，對《戰爭論》的觀點開始轉變。西方兵學更多強調暴力絕對化、無限擴張化，把暴力釋放到最大化，使戰爭機器無限擴大。而作為東方兵學代表的《孫子兵法》主張控制戰爭，控制暴力，盡可能降低戰爭危害。西方軍事學者認為，原子彈太可怕，要宣導孫子理論，遏制戰爭發生。

越南戰爭以後，歐洲對《孫子兵法》更加重視，單靠軍備競賽，不能與稱霸世界的大國抗衡，要學習中國的東方智慧。自此，孫子理論在歐洲有了全新的認識，孫子的「伐謀」、「伐交」思想受到歐洲軍事理論家的普遍接受，孫子「非戰」理念比單純軍事威脅有更大的意義。

劉慶介紹說，從二十世紀 80 年代以來，孫子理論一直備受西方各國政治、軍事、外交、企業和體育界人士的廣泛重視。八屆孫子兵法國際研討會的召開，為歐洲各國學者聯繫溝通創造了條件，歐洲軍事專家學者對孫子理論充分肯定，尤其是在資訊化條件下，孫子的全勝思想，和平理念，盡可能維持世界和平潮流，控制戰爭的觀念，更多地注入西方戰爭理論的框架裡。

正如俄羅斯前軍事科學院副院長基爾申所說，《孫子兵法》精博深邃的思想不僅在過去對中國乃至世界軍事理論的發展產生了深遠的影響，其思想核心和精髓，「非戰」、「不戰而屈人之兵」思想對我們深入思考和全面領悟新世紀戰爭的哲學本質，更是具有重大的借鑑意義。

歷史邁進了現代高新技術發展的資訊時代，西方對這

部傑出的兵學著作超越時代的理論價值有更深切的感觸，同時也更關注於如何使這部誕生於丘牛大車時代的著作蘊含的博大精深的行動哲理、超凡出眾的鬥爭智慧造福於新千年的人類社會。儘管學術領域不盡相同，研究興趣也不全一致，但從孫子等前輩哲人的思想遺產中汲取智慧，讓和平與安全的陽光普照明天的世界，則是共同的企望。

劉慶評價說，歐洲的《孫子兵法》的翻譯、研究水準比較高，層次比較高，專業程度也比較高。《孫子》外文譯本在歐洲不斷出版，研究傳播和應用正在興起新一輪的熱潮。

2. 《孫子兵法》翻譯出版覆蓋大半個歐洲

1772 年，法國神父約瑟夫‧阿米奧特在巴黎翻譯出版的法文版，開啟了《孫子兵法》在西方傳播的歷程，也為後來俄國人、英國人、德國人相繼翻譯出版《孫子兵法》開創了先河。

1742 至 1755 年在中國北京留學的俄國學生阿列克謝‧列昂季耶夫是俄國最早的中國學家之一。他在 1772 年翻譯《中國思想》，將《孫子》的部分譯文收入其中，是《孫子兵法》的首次俄譯，引起歐洲國家的關注，1778 年和 1807 年分別在德國的魏瑪和德雷斯頓出版了德文和法文譯本。

1860 年《孫子》俄文本正式出版，是由漢學家阿列克謝‧斯列茲涅夫斯基翻譯，在《戰爭手冊》第 13 卷上發表的，篇名為《中國將軍孫子對其屬下將領的教誨》，這是第一本俄譯本，也是歐洲第二種《孫子》文字譯本。

1905 年第一個英譯本在英國產生，使《孫子兵法》得以在英語國家廣為傳播。隨之，在歐洲掀起了一股又一股經久不衰、居高不退的「孫子熱」。1910 年，時任大英博物館東方藏書手稿部的助理部長萊昂納爾・賈爾斯，根據該館各種《孫子》中文版本，翻譯了《孫子》全新英譯本。同年，布魯諾・那瓦勒翻譯的德文《兵法──中國古典軍事家論文集》在柏林出版。

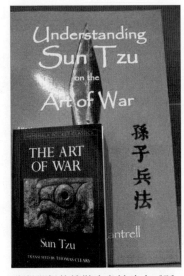

歐洲發行的簡裝本和袖珍本《孫子兵法》

1949 年捷克文《孫子兵法》由前捷克斯洛伐克首都布拉格「我們的軍隊」出版社出版。此譯本根據英文《孫子兵法》和漢文《孫子兵法》對照翻譯而成。該版本目前在世界上已很難找到，彌足珍貴。

1976 年羅馬尼亞軍事出版社出版了《孫子兵法》羅馬尼亞文譯本，由菲莉契亞・安蒂普、康斯坦丁・安蒂普翻譯，康斯坦丁・安蒂普少將編輯並寫序。

西班牙文《孫子兵法》，譯者是費爾南多・蒙特斯，1974 年出版第 1 版，2008 年再版已是第 14 版。一本中國二千五百年前的古書，在歐洲國家再版次數之多，閱讀熱情之大，令人為之驚歎。

1986 年，由薩謬爾・格里菲斯翻譯、牛津大學出版社出版的平裝本《孫子兵法》最受歡迎，常年位居科學類暢

銷書排行榜的前幾位，曾連續多年雄踞亞馬遜網上銷售排行榜之首。

同年，《孫子兵法》的荷蘭文譯本首次由荷蘭科學出版社出版，它是荷蘭中學的一位英語教員史密特從美國雅門・柯弗爾的英譯本轉譯的，印數為 7,000 冊。在荷蘭這樣一個只有一千多萬人口的小國，7,000 冊荷文《孫子兵法》竟在不到三個月的時間內售罄一空。

2009 年出版的葡萄牙版《孫子兵法》，譯者是米高・孔德；2011 年出版的葡萄牙版《孫子兵法》，譯者是里奧尼爾・吉勒斯。他們都是葡萄牙人。據瞭解，2000 年前翻譯的葡萄牙版《孫子兵法》，已再版多次。

1992 年翻譯出版的土耳其語版《孫子兵法》，封面別出心裁以中國兵馬俑代替孫子形象。這部中國兵書是兩位土耳其翻譯家從英文版翻譯的，現已再版五次。據介紹，《孫子兵法》早在拜占庭帝國時期就傳入土耳其。拜占庭帝國皇帝聖君利奧六世在位時，曾編輯了《戰爭藝術總論》一書，書中介紹的詭計詐術與孫子學說十分接近。

2005 年，芬蘭學者馬迪・諾約寧翻譯的芬蘭文《孫子兵法》在赫爾辛基出版發行。馬迪花了五年時間進行準備，到中國的書店、圖書館閱讀了大量的與《孫子兵法》有關的資料，重點參考了宋代的《十一家注孫子》等重要傳本，從中文直接翻譯成芬蘭文。該書成為芬蘭最熱銷的書之一，多次再版。

2009 年，法蘭克福舉辦大型書展，德國科隆大學漢學家呂福克把新出版的德語版《孫子兵法》推出，好評如潮，「最新、最好、最準確、最完善」，讀者把許多「最」都冠在他的頭上。目前，這本書已再版四次。在德國一般發

行 3,000 冊的書就算很不錯了，而他的書發行兩萬多冊。

瑞士蘇黎世大學著名漢學家、謀略學家勝雅律翻譯出版德語版口袋書《孫子兵法》，深受瑞士讀者歡迎。他根據孫子謀略出版的《智謀》一書，被翻譯成十幾種文字，在西方引發極大震動，已出版了十二版，翻譯成十三種語言，瑞士電臺還作了聯播，成為西方許多政治家、企業家的必讀之物，曾有八位外國總統或總理熱烈稱讚並為其著作題詞。

目前歐洲國家有法文、英文、德文、俄文、義大利文、西班牙文、葡萄牙文、荷蘭文、希臘文、捷克文、波蘭文、羅馬尼亞文、保加利亞文、芬蘭文、瑞典文、丹麥文、挪威文、土耳其文等，翻譯出版覆蓋大半個歐洲。

3. 歐洲學者高度評價《孫子》現代意義

歐洲學者對孫子的評價，涉及到軍事戰略、人文哲學、商業競爭、體育競技、人才開發、社會生活，乃至情報反恐等各個領域，尤其是對《孫子兵法》的現代意義給予極高的評價。

英國戰略大師利德爾‧哈特指出，《孫子》是對戰爭藝術「這個主題」的最早著作，但在其瞭解的綜合性和深度上卻無人能及。那也許可稱之為對戰爭指導的智慧精華。孫子是眼光較清晰、見識較深遠，而且更有永恆的新意。英國空軍元帥約翰‧斯萊瑟在《中國的軍事箴言》所言，孫子引人入勝的地方，是他的思想多麼驚人的「時新」——把一切辭句稍加變換，他的箴言就像昨天剛寫出來的。

英國學者布勞表示，《孫子兵法》這一部書，可以說

是世界史中研究戰略戰術原理的第一部著作。但是書裡面所載的許多學理，確是非常適於現代的應用。而在某一點上，顯示出和我們現代的著作有著密切的聯繫。英國學者理查‧迪肯也持同樣觀點：孫子的著作《兵法》揭示了許多原理，令人驚訝的是，就是在技術進步的今天，這些原理仍然不失其應用價值。

前蘇聯軍事理論家 J. A. 拉辛少將高度評價了孫子十三篇在軍事理論上的貢獻，人們對《孫子兵法》的興趣之所以經久不衰，是因為孫子的許多觀點包含了深刻的思想，至今仍有道理，都令人深感興趣。俄羅斯前軍事科學院副院長基爾申指出，《孫子兵法》精博深邃的思想不僅在過去對中國乃至世界軍事理論的發展產生了深遠的影響，其思想核心和精髓，「非戰」、「不戰而屈人之兵」思想，對我們深入思考和全面領悟新世紀戰爭的哲學本質，更是具有重大的借鑑意義。

法國巴黎戰略與衝突研究中心龍樂恆提出，一部西元前 400 年完成的戰略著作《孫子》仍對當代的政治與軍事事務產生影響。法國經濟學博士費黎宗出版的《思維的戰爭遊戲：從〈孫子兵法〉到〈三十六計〉》。該書的編輯推薦說：如果一個人一生中只看一本書，那這本書一定是《孫子兵法》。

羅馬尼亞康斯坦丁‧安蒂普少將在其編輯的《孫子兵法》羅文譯本序言中寫道，《孫子兵法》係古代世界軍事思想最佳名著之一，它使我們更好地認識當時的世界史實，同時該書以其帶有原則性和具有普遍意義的、已證明為永恆的格言，至今仍神力猶存，並使我們沉思。

義大利學者認為，讓兵法走出軍事範疇，被廣泛運用

於商業競爭和社會生活方方面面的是中國的《孫子兵法》，這是世界上任何一部兵書所不可比擬的。就連義大利隊主教練、國米新帥里皮都熟讀《孫子兵法》，其世界價值和現代價值無與倫比。義大利埃尼公司總裁貝爾納貝說，關於戰略這一題目，我正在讀《孫子兵法》，這是一本大約二千五百年前由一位中國將軍孫子所寫的經典教科書，這是一本關於戰略的全面的教科書，今天仍能運用到人類的各種活動中去。

瑞士蘇黎世大學著名漢學家、謀略學家、孫子研究學者勝雅律在接受記者採訪時說，《孫子兵法》的現代意義和實用價值越來越顯現。近幾年，他應邀到德國、英國、瑞士、中國大陸和臺灣講《孫子兵法》及其謀略智慧，目前正在出版《智謀與管理》一書，給企業家提供最需要、最實用的「瑞士軍刀」。

德國美因茨大學翻譯學院漢學家柯山稱，孫子思想的普世價值越來越顯現，被東西方普遍接受，認可度極高。他還沒有發現有哪一本書像《孫子兵法》那樣受到全世界的追捧，並在全世界廣泛應用。《孫子兵法》的特殊貢獻不是應用於戰爭而是應用於全球包括商戰在內的各個領域，這是絕無僅有的。

再版十四次的西班牙版《孫子兵法》，序言用現代眼光解讀中國古代經典，認為孫子十三篇，每篇講的都是戰略，集戰略思想之大成。不僅僅展現了完美的戰爭藝術，而且對現代軍事和商業競爭具有現實的價值和意義。

葡萄牙青少年青訓主教練卡洛斯在接受記者採訪時說，軍事性的世界大戰發生的概率將越來越小，而足球世

界大戰將在全球越演越烈，與球賽密切相關的《孫子兵法》也將越來越受到足球界的重視。足球比賽只有融入兵法藝術，才能成為一場美麗的賽事。

德國科隆大學漢學家、翻譯家呂福克讚美說，《孫子兵法》看上去是本古代兵書，細細品讀，充滿韻律，是一部含蓄雋永的哲理詩，也是一部世代相傳的史詩。事實上，世界各國的許多讀者不僅把它當作兵書、哲學書而且當作文學書讀的，其文學價值得到充分認可。

4. 歐洲學者稱《孫子》普世價值持續顯現

歐洲學者稱，孫子思想的傳播有著重大的世界意義。孫子是超越中華文化圈對世界產生巨大影響的少數中國偉人之一，《孫子兵法》在世界範圍產生了廣泛而深刻的影響，是舉世公認的。在許多西方人對東方文化還不夠瞭解、不夠理解甚至誤解，大多數東西方文化交融還面臨困難的大背景下，孫子思想卻得到東西方的高度推崇，證明孫子思想具有無與倫比的普世價值。

對孫子思想的普世價值，老一代的歐洲孫子研究學者曾作過高度的評價。英國著名戰略家利德爾·哈特在其著作《戰略論》中寫道：「《孫子兵法》是世界上最早的軍事名作。其內容之博大，論述之精深，後世無出其右者。」

前蘇聯軍事理論家 J. A. 拉辛少將在 1955 年俄文譯本《孫子兵法》的長篇序言中指出，軍事科學的萌芽在遠古時代即已產生，人們奉為泰斗的通常是希臘的軍事理論家。但實際上排在最前面的應當是古代中國，中國古代軍事理論家中最傑出的是孫子。

　　法國國防研究基金會研究部主任莫里斯‧普雷斯泰將軍提出，孫子的戰略思想和原則在當今具有世界意義。在二十五世紀以前，一個中國作家寫了一部《孫子》，最初由法國神父於十七世紀譯介到歐洲，這部著作直至今日被公認為戰略經典。通過對東西方兵學思想的比較分析，孫子的思想更適合當今世界。

　　義大利前國防部副部長、義大利國際事務研究所主席斯特法諾‧西爾維斯特里比較說，於一世紀前後擴張成為橫跨歐洲、亞洲、非洲稱霸地中海的龐大羅馬帝國，是古代的超級大國，兵法大家輩出，羅馬兵法享譽西方世界。然而，時至今日，中國的《孫子兵法》仍列為世界兵書之首，這個地位是不容動搖的。

　　歐洲新一代的孫子研究學者對孫子更是好評如潮。馬德里大學西班牙及中國語文教授馬康淑博士認為，西班牙的《智慧書》是處世經典，而中國的《孫子兵法》不僅是軍事經典、哲學經典、經商寶典，而且是全人類的智慧寶庫。《孫子兵法》才真正是全世界的智慧，孫子的智慧不僅全世界認可，而且全世界至今都在應用。

　　法國戰略研究基金會亞洲部主任瓦萊麗‧妮凱說，孫子伐交思想對當代戰略思維有很大的影響，對當今世界和平有著重要意義。孫子主張「不戰而勝」，盡量避免戰爭或把戰爭的災難降到最低程度，這種思維十分符合今天的世界。

　　義大利重建共產黨國際部長法比奧‧阿馬托表示：「《孫子兵法》整個世界都在應用，已成為世界時尚，順應了當今世界的潮流。《孫子兵法》在世界兵書中排名第一，當之無愧。」

　　瑞士蘇黎世大學著名漢學家、謀略學家、孫子研究學者勝雅律說，《孫子兵法》享譽全球，其現代意義和實用價值越來越顯現。不僅在講英語的國家，而且在世界上三十多個國家有數十種語言文字的譯本；不僅在軍事領域，而且在商業等各個領域，全世界都在應用。如果說「瑞士軍刀」是萬能工具箱的話，那麼，《孫子兵法》就是「萬能工具書」。

　　勝雅律還說，《聖經》是全世界發行量最大的書籍，而在全世界發行量和影響力大的書籍中，只有《孫子兵法》能與它媲美。《孫子兵法》是謀略學的《聖經》，超越了戰略，超越了計畫，超越了西方人的思維。如今，孫子在全球受寵，西方人更喜歡《孫子兵法》，與《戰爭論》比較，孫子更受西方人的歡迎。《孫子兵法》的魅力，實際上反映了中國謀略與智慧的魅力。如孫子「不戰而屈人之兵」這個最高境界，是東西方認可度最高的。

5. 歐洲學者普遍認可孫子和平伐交思想

　　義大利重建共產黨國際部長法比奧‧阿馬托在接受記者採訪時感歎，《孫子兵法》整個世界都在應用，已成為世界時尚，孫子和平不戰理念順應了當今世界的潮流。他認為，在國際交往、政黨交流中，非常需要孫子的「伐交」思想。解決國際爭端最有效的辦法是談判。交流重在交談，不能關起門來，要把爭端與衝突放到桌面上來。

　　阿馬托說，正如孫子所說，「百戰百勝，非善之善者也，不戰而屈人之兵，善之善者也」。孫子的和平主義思想，有利於促進世界和平發展和人類共同繁榮。從這個意

義上說，《孫子兵法》實質上是一部「和平兵法」，而不是「戰爭兵法」。以孫子為代表的中國兵學文化可以更好地為世界的和平與發展服務。

義大利前國防部副部長、義大利國際事務研究所主席斯特法諾・西爾維斯特里也持有同樣觀點。他在接受記者採訪時語出驚人：中國的《孫子兵法》與西方的《戰爭論》最大的區別是，《戰爭論》要把戰爭進行到底，而孫子則宣導把和平進行到底。實際上，孫子是講和平，而不是真正講戰爭。孫子既不否定戰爭，又反對窮兵黷武。孫子的戰爭觀最主要的核心，就是「慎戰」，謹慎地對待戰爭。

西爾維斯特里表示，《孫子兵法》在西方被譯作《戰爭的藝術》，這本書對後世的影響是非常大的，對西方軍事思想的影響也非常大的，完全適合當今世界的實際，符合現代戰爭的實際。因此，孫子「不戰而勝」的思想對世界的和平與發展有著重大意義。

法國國防研究基金會研究部主任莫里斯・普雷斯泰將軍認為，過去，西方軍事學家在解釋戰爭的整個過程中，往往把使用暴力，通過軍事力量的摧毀力看成是唯一的取勝之道，這些做法在當今世界無疑是一種冒險。中國的孫子早在二千五百年前就提出了「不戰而勝」思想，孫子不僅教授兵法，還解讀戰爭藝術，西方許多國家都在應用，因為孫子思想比西方戰爭理論更切合當今世界的實際。

法國戰略研究基金會亞洲部主任瓦萊麗・妮凱注意到，中國孫子研究學者發表了一篇題為「孫子的伐交思想與以和平方式解決國際爭端」的文章，將「伐交」解釋為「用外交取勝」。外交與取勝這兩個詞使人想到了孫子的

另一思想──不戰而勝。

英國倫敦經濟學院國際關係專業高級講師克里斯多佛・柯克博士認為，西方側重的是最大限度地使用武力或決定性的交戰，過高估計人們控制其戰爭欲望的能力，這種欲望發展成為血腥的不可控制戰爭。與西方文化不同的是，孫子闡述的哲學觀點，是採取經濟、社會和政治行動，而不採取軍事行動，也就是所謂「上兵伐謀，其次伐交，其次伐兵，其下攻城」。

柯克指出，孫子最擔心的是戰爭的升級。因為戰爭升級的結果往往不是全勝，而是大敗。然而，即使是全勝，軍隊也已經疲勞不堪了，很容易遭到第三方的攻擊，不能維持既得的和平。在新時代後期，戰爭具有巨大的毀滅性，確保和平的一個辦法就是對戰爭勝負超越傳統的理解。

俄羅斯前軍事科學院副院長基爾申指出，《孫子兵法》精博深邃的思想不僅在過去對中國乃至世界軍事理論的發展產生了深遠的影響，其思想核心和精髓，「非戰」、「不戰而屈人之兵」思想，符合現代新型的戰爭觀，對我們深入思考和全面領悟新世紀戰爭的哲學本質，更是具有重大的借鑑意義。

6. 歐洲學者用孫子思想反思世界大戰

記者在德國採訪期間，談及納粹與二戰話題德國人並不忌諱。德國人普遍痛恨希特勒，把納粹這段歷史視為黑暗歷史，德國領土上沒有納粹的墳墓，也沒有他們的任何紀念物。而談到德國的《戰爭論》和中國的《孫子兵法》，德國學者更傾向於後者，他們還用孫子的「不戰」、「慎

戰」等和平思想反思二戰。

一位德國學者在柏林「恐怖之地文獻中心」留言本上寫道：「二戰前，德國人狂熱崇拜《戰爭論》；二戰後，德國人開始信奉《孫子兵法》。」德國二戰及孫子研究學者告訴記者，二戰前，德國人對克勞塞維茨的《戰爭論》頂禮膜拜，信奉武力征服，信奉血腥暴力，信奉戰爭解決一切問題，對中國二千五百年前的孫子不屑一顧；二戰後，對孫子為代表的中國兵學思想開始重視，並用以反思二戰。

聯邦德國國防部長韋爾納博士 1977 年在與記者談話時，曾引用了中國古代兵法家孫子的話，並說：「很可惜，在西方許多人不熟悉這一點。」

德國孫子研究學者認為，德國閃擊波蘭，不是真正運用孫子的「出其不意」的謀略，而是受克勞塞維茨《戰爭論》的影響。與孫子重視謀略、崇尚和平的戰爭觀截然不同，克勞塞維茨強調武力、崇尚暴力，這種區別在《孫子兵法》和《戰爭論》中表現得相當明顯，在德國閃擊波蘭中也得到充分體現。

德國學者稱，德軍首次在波蘭成功地實施「閃擊戰」，顯示了坦克兵團在航空兵協同下實施大縱深快速突擊的威力，對軍事學術的發展固然產生深遠影響。但同時應當看到，這場「閃擊戰」標誌著德國正式拉開了侵略戰爭的序幕，而波蘭成為了第一個犧牲品，以亡國為代價，這是不值得津津樂道的。

德國孫子研究學者呂福克認為，歐洲史學家都冠以「閃電戰」的成功範例，德國人成功的運用了這一戰法並引以為豪。只是，歷史上對於德國占領波蘭的過程的描述，

往往傾向於德國人的成功，在這裡我們不能忽略的是，這種完全靠武力征服、血腥屠殺的西方兵法，違背了孫子主張「不戰」、「慎戰」、宣導和平的思想，這應該看成是德國人的恥辱，最終被歷史所恥笑。

俄羅斯二戰和孫子研究學者反思，德軍「巴巴羅薩」計畫出臺半年後，蘇聯竟然渾然不覺。蘇德戰爭剛開始，面對有備而來的德軍突然襲擊，蘇軍猝不及防。二戰初期蘇軍失利誠然有軍事戰略、經濟、政治等諸多原因，但蘇軍戰爭準備不充分是一個很致命的原因。《孫子兵法》開篇就提出「夫未戰而廟算勝者，得算多也」，孫子十分注重戰前的準備工作，強調有備無患，未雨綢繆，自保而全勝，創造對敵的勝勢，決不打無準備之仗。

而最早用孫子思想反思一戰的是英國軍事理論家、戰略家利德爾‧哈特，第一次世界大戰使他對拿破崙戰爭以來的西方軍事理論產生了強烈的幻滅感。他認為，在戰爭中發生無益的大規模屠殺的主要原因，是克勞塞維茨式的對拿破崙戰爭的解釋。上世紀 60 年代初，哈特在《孫子兵法》英譯本序言中說：「在導致人類自相殘殺、滅絕人性的核武器研究成功後，就更需要重新而且更加完整地翻譯《孫子》這本書了。」

英國新近出版的《孫子的和平思想》一書，稱《孫子兵法》軍事思想的核心是謀略制勝，可以不發生流血衝突取得勝利，這就是「不戰而屈人之兵」的思想，對後世的影響很大，為世界所公認。作者認為，「二戰」是歷史上死傷人數最多的戰爭，不符合孫子的「上兵伐謀，其次伐交」的和平理念。

瑞士蘇黎世大學著名漢學家、謀略學家、孫子研究學

者勝雅律坦言，可以理解，德國是克勞塞維茨的故鄉，《戰爭論》是德國人的傑作。德國人讀《戰爭論》的熱情，並不亞於中國人讀《孫子兵法》的興趣。歐洲人也同樣，《戰爭論》被稱為歐洲的《孫子兵法》。特別是歐洲的政治家和軍事家，大都崇拜《戰爭論》。

勝雅律話鋒一轉說，《戰爭論》是歐洲大戰催生並推動了歐洲大戰和世界大戰，但經受了兩次世界大戰的不少歐洲戰略家和軍事家，有一個共同的遺憾，就是受《戰爭論》的影響太深，沒有早一點看到《孫子兵法》。

義大利前國防部副部長斯特法諾‧西爾維斯特里總結說，有一點特別重要，那就是孫子彌補了《戰爭論》的缺陷。孫子十三篇不是為了戰爭而寫戰爭，而是為了不發動戰爭而寫戰爭，不寫全部戰爭而寫部分戰爭或戰爭準備，不主張毀滅性戰爭而主張降低戰爭的災難。實際上，孫子是講和平，而不是真正講戰爭。孫子既不否定戰爭，又反對窮兵黷武。孫子的戰爭觀最主要的核心，就是「慎戰」，謹慎地對待戰爭。

7. 歐洲孫子研究學者呈現高層次態勢

記者在歐洲採訪期間瞭解到，歐洲形成了一批層次高、專業程度高、翻譯和研究水準比較高的孫子研究群體。近年來，歐洲國家《孫子》譯本不斷再版，研究隊伍不斷增加，研究課題不斷擴展，正在興起新一輪研究、傳播和應用孫子的熱潮。

歐洲國家最先譯介《孫子兵法》的法國，有一批軍事和戰略研究學者從事孫子研究，如法國巴黎軍事學院高等

研究中心主任杜馬將軍、法國空軍歷史檔案館館長德沙西將軍、法國國防研究基金會研究部主任莫里斯·普雷斯泰將軍、法國國防大學主持人羅伯特·拉洛克、法國核軍備研究專家蒂埃里·加森教授、法國巴黎戰略與爭端研究中心研究員龍樂恒等。

除了軍界，法國政治界、經濟界、學術界也有一批熱衷孫子研究的學者。如法國經濟學博士費黎宗、法國著名孫子研究學者魏立德、法國著名漢學家及《易經》專家夏漢生、法國布列塔尼孔子學院法方院長白思傑等。法國外交部危機中心也研究孫子，該危機中心負責人稱，我建議危機中心的工作人員多看看《孫子兵法》，它是我個人非常喜歡的一本書，我知道在戰術方面，領先的是中國人。

英國國防大學聯合指揮與參謀學院、倫敦大學國王學院戰爭研究系和亞非學院當代中國研究分所、蘭賈斯特大學防務與國家安全研究中心、倫敦經濟學院國際關係、倫敦國際戰略研究所等軍隊和地方院校、研究機構，湧現出一批高層次的孫子研究學者。英國著名孫子研究學者有被稱為「西方現代軍事理論反思第一人」的戰略家利德爾·哈特、第二次世界大戰的名將蒙哥馬利元帥、英國空軍元帥的約翰·斯萊瑟。

在英國，不僅是軍事家、戰略家，而且史學家、作家、經濟學家、政府官員對孫子研究也情有獨鍾。如英國作家克拉維爾，英國史學家保羅·甘迺迪，英國漢學家、學者、文學翻譯家閔福德。英國最重要的經濟學家之一的約翰·凱，現為倫敦商學院經濟學教授、牛津大學教授、英國倫敦經濟學院國際關係專業高級講師的克里斯多佛·柯克博士，還有英國學者、原香港特區政府知識產權署署長謝肅方等。

前蘇聯和俄羅斯出了一批如軍事理論家 J. A. 拉辛少將，《論資產階級軍事科學》一書作者米里施坦因‧斯洛博琴科、俄羅斯前軍事科學院副院長基爾申、俄羅斯國防部軍事歷史研究所外國軍事研究部部長維克托‧加夫里洛夫上校、俄羅斯學者阿里克謝‧沃斯克、列先斯基、科爾丘科夫等一大批軍事內外的研究專家。據加夫里洛夫上校介紹，現在在俄羅斯，特別是在俄羅斯武裝力量中，研讀《孫子兵法》的人越來越多。

近二十年來，《孫子兵法》在義大利受到重視，成為一種時尚，有數千名專家教授為主體的研究者，有完整的義大利翻譯本，被軍事院校、企業廣泛應用。義大利前國防部副部長、義大利國際事務研究所主席斯特法諾‧西爾維斯特里，義大利國際事務研究所所長羅勃托‧阿里波尼就是其中的代表。

德國在二戰後開始重視孫子研究，如今孫子研究學者輩出。著名的有博宏大學東亞學院賀伯森，科隆大學漢學家、翻譯家的呂福克，美因茨大學翻譯學院漢學家柯山博士等，德國籍瑞士著名漢學家、謀略學家、孫子研究學者勝雅律出版的《智謀》一書被翻譯成十幾種文字，在西方引發極大震動，曾有八位外國總統或總理熱烈稱讚並為其著作題詞，德國前總理科爾特別寫信給他，對此書加以推薦，盛讚此書是一本有助於西方人瞭解古今中國的應時之作。

在東歐，著名孫子研究學者還有波蘭國防大學校長羅姆阿爾德‧拉塔伊查克少將、捷克當代漢學家高利克、羅馬尼亞學者康斯坦丁‧安蒂普。曾任教於義大利那不勒斯大學東方研究所教授的波蘭科學院政治學研究所研究員高利科夫斯基，研究《孫子兵法》已有三十多年，他在世界

孫子學的研究中已占有一席之地。東歐的奧地利、斯洛伐克、匈牙利，以及南歐的希臘、土耳其等國也不乏孫子研究學者。

在北歐，著名孫子研究學者有芬蘭科協主席、前國防部戰略問題研究所所長尤瑪·米爾蒂寧，芬蘭土耳庫大學詹尼·喬尼恩，芬蘭赫爾辛基 OYSISU 公司董事長基爾瑪·基爾庫，芬蘭赫爾辛基商學院企業管理系研究員馬迪·諾約寧，瑞典斯德哥爾摩大學亞太研究中心副教授、《中國哲學研究譯叢》主編沈邁克，瑞典斯德哥爾摩大學亞太研究中心主任、教授湯瑪斯·哈特，丹麥哥本哈根大學亞洲研究所教授、丹中關係研究組組長柏斯德，丹麥學者傑恩斯·彼得森、丹麥王國駐重慶總領事館總領事林漢祥等，層次和專業程度都比較高。

值得關注的一個現象是，在歐洲孫子研究者中女性逐漸增多。湧現出法國政治研究學會研究員梅珍、英國學者羅斯·戈塔莫勒爾、馬德里大學西班牙及中國語文教授馬康淑博士、義大利女翻譯家莫尼卡·羅西、義大利主流媒體《信使報》總編輯陸奇亞·波奇、瑞典學者池上雅子等。這一現象表明，與男性一樣，女性對《孫子兵法》同樣熱，正如波奇所說，《孫子》不只是寫給男人的。

記者注意到，像這樣熱衷於翻譯《孫子兵法》的女翻譯家是一個群體，不少歐洲版本的《孫子兵法》均出於女性之手。法國戰略研究基金會亞洲部主任瓦萊麗·妮凱翻譯出版最新法文版《孫子》，填補了從中文原著翻譯法文的一個空白，為法語讀者提供了一個更嚴謹的《孫子兵法》法文讀本，引起法國政界、軍界、商界和民眾的高度關注。

8. 歐洲軍事院校把《孫子》列入必修課

　　2012 年 2 月，中國駐英國大使劉曉明在英國國防大學聯合指揮與參謀學院講壇上，作了題為「《孫子兵法》與中國的外交國防政策」的主題演講。該學院把《孫子兵法》列入必修課，像這樣的專題演講和兵學研究每年都會舉辦。

　　據介紹，英國國防大學聯合指揮與參謀學院是英國目前規模最大的軍事院校，主要招收英三軍校級軍官及同級地方官員，是英軍培養中高級聯合作戰指揮軍官的搖籃，同時也為近五十個國家培訓校級軍官，在世界各國軍校中享有較高知名度。而《孫子兵法》成為該院提高學員戰略思維能力的武器。

　　第二次世界大戰的名將蒙哥馬利元帥曾提出，要重視對中國《孫子兵法》的學習研究。蒙哥馬利是英國傑出的軍事家、戰略家，第二次世界大戰中盟軍傑出的指揮官之一，著名的阿拉曼戰役、諾曼第登陸為其軍事生涯的兩大傑作。1961 年，蒙哥馬利元帥應邀來中國訪問，他在會見毛澤東時，建議把《孫子兵法》作為世界各國軍事學院的必修教材。英國皇家指揮學院早就把《孫子》列為戰略學和軍事理論的第一本必讀書。

　　1943 年，正值第二次世界大戰期間，前蘇聯元帥伏羅希洛夫根據高等軍事學院學術史教研室建議，根據萊昂納爾·賈爾斯 1910 年的英譯本為藍本而轉譯的《孫子兵法》俄譯本問世，該譯本被列為蘇聯軍事學術史教學與研究的重要內容。前蘇聯的《蘇聯軍事百科全書》列有孫子的條目。二戰中，蘇軍將《孫子兵法》列為軍事學術必修課，

並在衛國戰爭中得到應用。如今在俄羅斯武裝力量中，研讀《孫子兵法》的人越來越多。

1957 年，在德國柏林出版了《孫子》德譯本，由當年德意志民主共和國國防部出版社出版，前民主德國把它作為東德軍事院校的教學材料。義大利前國防部副部長斯特法諾‧西爾維斯特里說，與孫子縝密的軍事、哲學思想體系，深邃的智慧、哲理相比，羅馬兵法和歐洲其他兵法顯得遜色，包括義大利在內的許多歐洲國家的軍事院校和高級將領都在研讀《孫子兵法》。

法國戰略研究基金會亞洲部主任瓦萊麗‧妮凱評價說，法國對《孫子兵法》的研究、傳播和應用是積極的，這部中國古代經典在法國深受歡迎，尤其在法國軍界研讀很普遍。法國國防大學、法國巴黎軍事學院高等研究中心、法國空軍歷史檔案館、法國國防研究基金會、法國戰略研究基金會、法國核軍備研究專家中，有許多研究者。

法國巴黎戰略與爭端研究中心龍樂恒提出，一部西元前 400 年完成的戰略著作《孫子》仍對當代的政治與軍事事務產生影響。法國戰略研究基金會亞洲部主任瓦萊麗‧妮凱翻譯最新法文版《孫子兵法》，法國國防研究基金會研究部主任莫里斯‧普雷斯泰將軍為該書寫了詳盡的導言，他指出孫子的戰略思想和原則在當今具有世界意義。

亞納‧古德爾克是一名法國陸軍軍官，出身於著名的聖西爾軍校，並從享有同樣盛名的法國戰爭學院畢業。亞納告訴記者，法國戰爭學院是培養高級軍事指揮員的軍事院校，與美國等軍校一樣，我們學院也把孫子戰略思想作為一個重要的內容。他目前在攻讀博士學位階段繼續從事這方面的研究工作，力求進一步加深對這本中國兵書的理

解。他還與數百名國外的軍事同行建立聯繫，努力探尋孫子在全世界軍事院校的傳播軌跡。

9. 歐洲學者稱《孫子》實用價值日益彰顯

德國孫子研究學者柯山對記者說，與多如牛毛的其他經濟管理書籍不同，《孫子兵法》具有不可替代的實踐和應用意義，孫子的智慧不可複製。他以中國、日本和美國經濟發展為範例，《孫子兵法》對日美企業的發展影響非常大，收益也非常大，對歐洲經濟發展同樣有幫助，其實用價值正在日益彰顯。

柯山說，《孫子兵法》的應用已從軍事領域擴展到企業管理、行政管理、商業競爭、人才開發、體育競技、文化戰略、金融股市，乃至情報反恐等諸多領域，這是絕無僅有的。在各個領域廣泛的應用中，人們不僅在中國古人的深邃的思想中獲取啟迪，同時又為中國傳統兵學注入了新時代的活力。

瑞士蘇黎世大學著名漢學家、謀略學家、孫子研究學者勝雅律在接受記者採訪時說，把《孫子兵法》當作「瑞士軍刀」，這個比喻很形象。瑞士人喜愛「瑞士軍刀」，也喜愛《孫子兵法》。《孫子兵法》不僅在軍事領域，而且在商業等各個領域，全世界都在應用。如果說「瑞士軍刀」是萬能工具箱的話，那麼，《孫子兵法》就是「萬能工具書」。

法國經濟學博士費黎宗出版的《思維的戰爭遊戲：從〈孫子兵法〉到〈三十六計〉》，以一個西方高級企業決策者的體驗與眼光來評述和驗證這兩部著作，來觀察古老

的中國文化遺產如何在現代社會的實踐中得到驗證，及其在與西方文化的交流中如何相互融會。他提出，真正的戰爭不是發生在戰場上，而是在決策者的頭腦中，只有在智慧的對決中戰勝對手，才能在較量中所向披靡。

該書的編輯推薦說：二千五百年前，當中國哲學家孫子寫《孫子兵法》的時候，他不可能想像出這本書今天在美國的運用。早在二十世紀 80 年代，它就已經成為公司主管和投資者的「聖經」了。

義大利前國防部副部長斯特法諾·西爾維斯特里說，我研讀時發現，它好就好在不僅是一部軍事著作，更像一部政治書、外交書、哲學書。近二十年來，《孫子兵法》在義大利受到重視，成為一種時尚，被軍事院校、企業廣泛應用。

馬德里大學西班牙及中國語文教授馬康淑博士認為，孫子十三篇警句闡述的既有兵家智慧，又有人生智慧、經商智慧、談判智慧，是無與倫比的大智慧。可以說，《孫子兵法》才真正是全世界的智慧，是最實用的智慧。

一本再版多次的義大利版本《孫子兵法》在介紹中寫道，耶穌前三百多年創作的中國兵法，集孫子前的兵法智慧之大成，這部東方軍事哲學書影響了許多世紀，現在這部書居然在管理上全世界都在應有。因為孫子不僅教怎麼在戰場上取得勝利，而且教其他領域和日常生活中最經典的謀略 「不戰而勝」。《孫子兵法》是一部很有思想哲理的書，孫子的智慧是對人類有很多的啟迪。再版此書，為了讓義大利人瞭解中國孫子的智慧，更好地學習應用。

在一本葡萄牙文的孫子介紹中說，產生於西元前 400 年的《孫子兵法》，在軍事上是一本很重要的軍事著

作，它不僅可以運到軍事上，而且還是一本人生哲學書。二十五個世紀以來，在遠東被廣泛閱讀和使用，從戰國時代的軍事家到現代的毛澤東，都運用過；在西方，不僅運用在戰場，而且在企業運作上都有實效。孫子的謀略，主張很務實，運用智慧、知識，達到不用兵卒就能打勝仗。

捷克文《孫子兵法》在序言中指出，中古時期的中國文化將永遠是一個珍貴的源泉，供人類社會不斷地汲取，產生新的活力。《孫子兵法》一書就是例證之一。其十三篇不僅對於戰爭有著普遍的指導意義，而且他的智慧在已超越時空，超越軍事這一特殊領域，更廣泛的運用於外交談判、商業競爭、體育競技等各個領域。

波蘭科學院政治學研究所研究員、著名孫子研究學者高利科夫斯基評價說，《孫子兵法》所闡述的行為原則可用於涉及利害衝突的各種社會行為，因而，孫子是「行為學的先驅」，《孫子兵法》可稱為行為學的基礎，所闡述的行為原則在當代仍有生命力，不僅體現在軍事上，而且在經濟貿易上，都很實用。在中國古代學人中能夠如此重視科學方法的確實是十分罕見。

10. 歐洲經濟發展需要孫子智慧與謀略

「慕尼黑總部經濟很需要應用孫子謀略」，瑞士著名謀略學專家勝雅律教授對記者說，孫子的現代意義和實用價值越來越顯現，德國企業家對《孫子兵法》和他的《謀略》書非常感興趣。近幾年，他經常應邀到慕尼黑企業講《孫子兵法》及其謀略智慧。

據德國孫子研究學者介紹，寶馬的秘訣之一就是應用

《孫子兵法‧九變》。寶馬戰略的實施依不同的國家而有所變化，這就是所謂「品牌全球化──行銷地方化」的行銷戰略。寶馬因國而異，從而大大提高了品牌的戰略地位，加強了公司的競爭力。目前，中國已是寶馬集團全球的第三大市場。

西門子也非常看重《孫子兵法》中的謀略，並將其應用於企業的管理體制中。德國美因茨大學翻譯學院孫子研究學者柯山認為，西門子的成功其中很重要的一個原因是應用孫子「致人而不致於人」，西門子總是在新技術產業中牢牢地占據主動地位。西門子高官維爾納‧史旺菲勒德爾致力於專研孫子的偉大戰略，他撰寫的《管理大師的孫子兵法》，全球已售出二十多國版本。

柯山說，《孫子兵法》具有獨特的商業價值，孫子的理念對中國的崛起很有幫助，對歐洲乃至全球的經濟同樣會有幫助。1996 年以來，《孫子與商戰》的書籍在德國多了起來，西門子出版的《管理者的孫子》，被德國企業看好。他出版的《兵法與工商》被譽為「商界中的戰爭藝術」，受到德國企業家的歡迎。

法國是世界公認的時裝王國，而享譽法國和世界的時裝設計大師卡芬女士，她成功的秘訣就是應用孫子的「避銳擊惰」與「避實擊虛」。卡芬女士回憶起五十多年前的往事，仍禁不住情緒激動，慶幸自己當時沒有捲入同行的競爭當中，避開了他們的銳氣，而選擇了這個當時無人競爭的領域，終於打敗對手。這個正確的決策，為她帶來了巨大的成功。卡芬女士的成功，足以讓每個想要「以弱勝強」的有志之士借鑑。

法國南錫經濟管理學校開設《孫子兵法》研修專案，

除了系統學習孫子文化的知識體系，還將學習中國傳統文化精髓，認識《孫子兵法》核心思想在現代企業中的應用。

法國戰爭學院的研究生，名叫亞納・古德爾克認為，法國在傳播和應用孫子戰略走在歐洲的前面，法國在二十世紀開始真正重視研究應用孫子思想，二十一世紀更加重視了，孫子思想對法國的經濟發展和中西文化交融是相當有益的。

義大利埃尼公司總裁貝爾納貝說：「關於戰略這一題目，我正在讀《孫子兵法》，這是一本大約二千五百年前由一位中國將軍孫子所寫的經典教科書，這是一本關於戰略的全面的教科書，今天仍能運用到人類的各種活動中去。」

馬德里自治大學開設講座，聽課的大都是西班牙商界人士，講如何將《孫子兵法》的謀略應用於商業競爭中，非常實用，許多經典的案例讓西班牙人拍案叫絕。西班牙孫子研究學者馬康淑博士介紹說，她在西班牙亞洲之家也聽過孫子與商戰的講座，西班牙人很想到中國做生意，很想學孫子智慧。隨著東西方文化經貿的不斷交流，包括孫子在內的中國的智慧正在被越來越多的西班牙人接受。

里斯本孔子學院葡方院長費茂實博士表示，在葡萄牙研究和傳播中國兵家文化很有必要。葡中兩國人民早在五百年前就開始了交流和交往，在近代中西文化交流史上，第一個溝通東西方聯繫的是葡萄牙。《孫子兵法》的傳播有利於葡中經濟文化交流，他堅信中國經濟在未來在全球一定是最好的，葡萄牙要擺脫金融危機，很需要學習《孫子》的智慧謀略。

位於東歐的奧地利曾舉辦過一場精彩的《孫子兵法》

研討會，奧中經貿會、奧地利華文媒體和各界精英四百餘人參加，上奧州參謀部部長 Oberst Josef Hartl 主講。他認為，《孫子兵法》是古今中外國家與國家、企業與企業等在政治、軍事、經濟、外交、情報等方面的鬥爭或競爭中運用的計謀，它教導人們深謀遠慮，進退自如的機智。

北歐國家也重視傳播和應用孫子的智慧與謀略。芬蘭赫爾辛基經濟學院舉辦大師講座《上兵伐謀─孫子兵法與企業經營》，赫爾辛基商學院開設《孫子與企業戰略》課程。瑞典斯德哥爾摩皇家學院工商管理專業碩士開設《國學智慧與領導藝術》、《孫子兵法與競爭戰略》，《孫子兵法與市場行銷》、《孫子兵法與商戰之道》等課程。

擔任芬蘭諾基亞中國總裁的趙科林，曾用《孫子兵法》改變了諾基亞中國，在華手機銷售業務長達八年，一手奠定了諾基亞在中國的絕對霸主地位和中國區在諾基亞全球市場中的核心位置。他發現，孫子在商場上的妙用，很多中國競爭對手的戰略，都像《孫子兵法》中所講，把古代戰場上的兵法用在商業戰場上，非常令人興奮。

11. 歐洲各國《孫子》再版成風百年不衰

三十三種英譯本問世，躋身亞馬遜網站暢銷書榜首，西班牙再版十四次，義大利版《孫子》有三十多個版本，德國再版頻掀高潮……自 1772 年法國神父約瑟夫·阿米奧特在巴黎翻譯出版的法文版之後，開啟了《孫子兵法》在西方傳播的歷程，歐洲各國再版成風，百年不衰。

在巴黎文化街各大書店、巴黎圖書館、巴黎中國文化中心圖庫和圖書館、戴高樂中國圖書館，各種法國版本的

《孫子兵法》令人眼花繚亂。法國戰略研究基金會亞洲部主任瓦萊麗・妮凱評價說，這部中國古代經典在法國深受歡迎，多次再版就是證明。

《孫子兵法》法文版很受法國讀者青睞，薄薄的一本小書，比厚厚的法漢對照詞典這樣的工具書價格還要貴。最新版《孫子兵法》出版後在法國各大書店銷量猛增，在原書價格邊貼了新的價格，上浮好幾成，記者買到的就是「漲價版」。隨即出版的電子版《孫子兵法》也受到法國各界的關注與好評。

記者在倫敦各大書店、希斯路機場和火車站，都看到有人在購買或閱讀《孫子兵法》；在倫敦市中心查令十字路英國有名的書店街也看到各種英文版本《孫子兵法》。

1905 年第一個英譯本在英國產生，使《孫子兵法》得以在英語國家廣為傳播。隨之，在西方世界掀起了一股又一股經久不衰、居高不退的「孫子熱」。英國國際出版顧問、教育家保羅理查教授說，首批中譯英的《孫子》著作，可以追溯到一百年前。上世紀英國曾翻譯出版了十七個版本《孫子》。

英國牛津大學出版社曾多次再版《孫子兵法》，世界最著名的英語圖書出版商企鵝出版社也連續多年出版《孫子兵法》。1963 年，美國海軍陸戰隊准將格里菲斯翻譯的《孫子兵法》英譯本由牛津出版社出版，近幾十年來該書不斷重印再版，至 1982 年共發行了十二版，在西方各國廣為流行。

據德國美因茨大學翻譯學院漢學家柯山博士考證，最早的德語版《孫子》1778 年在德國的魏瑪出版；1910 年，在柏林出版了《中國古典兵家論戰爭的書》；1957 年在柏

林又出版了《孫子》德譯本；上世紀 70 年代後，《孫子》在德國出版頻繁；1988 年以後，還出現過三種《孫子》德譯本；1996 年以來，《孫子與商戰》的書籍在德國多了起來；2004 年之後，《孫子》出版在德國再次掀起高潮。

德國漢學學會主席、科隆大學漢學家呂福克介紹說，他翻譯的最新德語版《孫子》已再版四次。在德國一般發行 3,000 冊的書就算很不錯了，而他的書發行兩萬多冊，出版社非常滿意。

義大利版《孫子》有三十多個版本，再版的次數與數量也居高不下。《孫子兵法》不斷再版，深受義大利人的歡迎。記者買了三個義大利版本《孫子兵法》，其中一本 2001 年出版，2003 年又再版，該版本在介紹中寫道，《孫子兵法》是一部很有思想哲理的書，孫子的智慧是對人類有很多的啟迪。再版此書，為了讓義大利人瞭解中國孫子的智慧，更好地學習應用。

再版十四次的西班牙語《孫子兵法》

一本西班牙文《孫子兵法》，譯者是費爾南多・蒙特斯，1974 年出版第 1 版，2008 年再版已是第 14 版。一本中國二千五百年前的古書，在歐洲國家再版次數之多，閱讀熱情之大，令人為之驚歎。西班牙學者表示，西班牙很重視《孫子》的翻譯出版，西班牙人也很喜歡讀《孫子》，學習研究漢語和中國文化的大學生尤其喜

歡，常常供不應求，所以一再出版。

葡萄牙《孫子》翻譯也日久彌新，最早將中國兵法介紹給葡萄牙的是該國傳教士徐日升，他是中葡文化交流的先驅。記者注意到，2009 年出版的葡萄牙版《孫子兵法》，譯者是米高・孔德；2011 年出版的葡萄牙版《孫子兵法》，譯者是里奧尼爾・吉勒斯。他們都是葡萄牙人。據瞭解，2000 年前翻譯的葡萄牙版《孫子兵法》，已再版多次。

華沙國際書展展示《孫子兵法》，華沙市中心書店波蘭語《孫子兵法》常年熱銷。近年來，斯洛伐克也有新的德文本和捷文本《孫子兵法》出版。奧地利、土耳其、羅馬尼亞、匈牙利等東歐和南歐國家，《孫子兵法》也多次再版。此間學者稱，歐洲人從來沒有像今天這樣崇拜中國的孫子。

一個多世紀來，歐洲國家不斷再版《孫子兵法》，在全球產生了重大影響。加里・力口葛里亞蒂出版了《兵法：孫子之言》英譯本，被確定為指導其他亞洲語言著作英譯的範本，獲得「獨立出版商多元文化非小說類圖書獎」。牛津出版社出版的《孫子——戰爭藝術》，被列入聯合國教科文組織的中國代表翻譯叢書。

12. 歐洲國家《孫子》版本各異花樣百出

在巴黎文化街最大的書店裡，讓・勒維先生創意編輯的彩色插圖版《孫子兵法》吸引眼球。該版本封面以孫子為吳王訓練宮女為題材，進行了再創作，令人耳目一新。 法國讀者愛不釋手，稱讚此書設計精美，別出心裁，形象生動，通俗易懂，不失為一本瞭解中國古代文化的經典圖書。

　　記者翻閱欣賞，該書的插圖極具特色，有以孫子、毛澤東為代表的中國著名兵家人物，《孫子兵法》的竹簽，《孫子十家注卷》等歷代中國兵書，中國古今著名戰例，中國兵家故事、中國兵馬俑，還有反映中國兵家文化的書法、繪畫、連環畫。尤其是跨頁的圖片，濃彩重墨地繪製了中國古代的城牆、旌旗、戰馬、刀劍，把讀者帶進了氣勢恢弘的中國古戰場，形象地揭示了《孫子兵法》的謀略和智慧。

　　像法國這樣的彩色插圖版《孫子兵法》，在歐洲國家書店屢見不鮮。最新德語版《孫子兵法》，封面上孫武身穿紅色戰袍，腳蹬黃色皮靴，騎著白馬，黑色帽子，黑色馬鞍，黑色馬鞭，馬脖子上掛的紅纓，遙視前方，臉藏神機。彩色插圖版捷克文《孫子兵法》，插了二十二頁彩圖，再現了中國春秋戰國時代的戰爭畫卷，畫面充滿八卦色彩。葡萄牙版《孫子兵法》書的封面設計頗具特色，有

歐洲孔子學院孔子像與《孫子兵法》等量齊觀

中西結合的兵家人物畫。

記者在維也納書店看到，一本德語插圖版《孫子兵法》售價 79.99 歐元，放在進門最醒目的地方。書店工作人員介紹說，奧地利讀者對《孫子兵法》的喜愛已超過了《戰爭論》，儘管售價很高，但銷路很好。

在歐洲國家，《孫子兵法》可謂版本各異，花樣百出。在羅馬火車站書店裡，《孫子兵法》版本很多，有精裝本、簡裝本、插圖本、小書本，封面設計也都頗有特色，體現了中西文化的融合。葡萄牙版《孫子兵法》有多個版本，開本有大的，也有供讀者攜帶的小書本，有中葡文對照的書名。

記者在莫斯科新阿爾巴特大街上的「書之家」和聖彼德堡最大的書店看到，俄羅斯版的《孫子兵法》簡裝本銷售一空，只有少量的精裝本和插圖本，為大開本，裝幀十分精美，價格在 1 萬盧布以上。而簡裝本價格在 2,000 盧布左右，一上市便很快脫銷。

《孫子兵法》口袋書在歐洲大行其道。記者在德國法蘭克福、慕尼黑等書店看到，最搶手的德語版《孫子兵法》大都印成口袋書，價格都在 7 歐元左右，最便宜的 5 歐元，《孫子兵法》德語漫畫 10 歐元一本。書店工作人員告訴記者，因價格便宜，便於攜帶，又非常實用，常年銷售火爆。

瑞士蘇黎世大學著名漢學家、孫子研究學者勝雅律幽默地對記者說，瑞士人喜愛「瑞士軍刀」，也喜愛《孫子兵法》。美國軍官和士兵們把瑞士的軍官刀具簡稱為「瑞士軍刀」，今天這個名稱已成為多用途「袋裝」刀具的代名詞了，有點像我出版的口袋書《孫子兵法》，非常實用。

大英博物館展出竹簽《孫子兵法》、線裝本《孫子兵

法》等數量眾多的中國兵書。牛津出版社出版的《孫子——戰爭藝術》，各種版本流傳於世。1971 年還發行了《孫子兵法》袖珍本，很受讀者喜愛。

在巴黎中國文化中心，連環畫《孫子兵法》等中國兵家文化書籍版本十分齊全。法蘭克福孔子學院有完整的《孫子兵法》連環畫，德國受眾從文化和藝術的角度解讀中國兵學文化，進而加深對中國傳統文化深厚內涵的理解。

13.《孫子》在歐洲名聲鵲起受眾逐年增多

法國里昂有位文學愛好者名叫阿萊克西‧熱尼，他寫了篇小說《法國兵法》獲得龔古爾文學獎，他在接受法國《快報》專訪時說，《法國兵法》這個名字模仿了《孫子兵法》。法國布列塔尼孔子學院法方院長白思傑看到有一篇名為《中國在海外：孫子和軟實力的藝術》的文章，讀完文章發現孫子很了不起。於是，他開始研讀《孫子兵法》，在孔子學院傳播孫子文化。

記者在歐洲採訪感受到，《孫子兵法》在歐洲名聲越來越大，受眾也越來越多。「法國八九大街網站」的線民沉思者認為，要跟中國人打交道，就要閱讀《孫子兵法》。這位法國線民寫道，很少有人能夠把握微妙的中文，在與中國人對話之前，必須首先閱讀《孫子兵法》等名著，以便瞭解中國人的思維以及行動方式。

巴黎戴高樂中國圖書館館長李大文告訴記者，《孫子兵法》及相關的商戰書，在該館很「吃香」。法國戰略研究基金會亞洲部主任瓦萊麗‧妮凱評價說，不僅在法國軍界、商界和學術界，就連普通法國民眾都很喜歡，購買、

閱讀孫子書籍很普遍。

俄羅斯從總統到普通公民都認同孫子。前蘇聯的《蘇聯大百科全書》、《蘇聯軍事百科全書》都列有孫子的條目。有關《孫子兵法》的書籍，讀者都很有興趣。

據俄新社報導，近年俄羅斯葉卡捷琳堡掀起一股「中國古典文學熱」，當地書店的中國古典文學書籍銷量異常「火爆」。書店的工作人員表示，俄羅斯人中的確有一群中國文學的愛好者。而葉卡捷琳堡孔子學院教學秘書安德列，從大學時代就開始對中國文化產生興趣，看過俄文版的《孫子兵法》。

莫斯科大學俄羅斯大學生伊萬告訴記者，他喜歡研究兵家文化，經常到圖書館閱覽兵書。他最崇拜的是孫子，因為《孫子兵法》是世界第一兵書，是無法超越的。一位韓國女大學生說，中國傳統文化對莫斯科大學的學生影響很大，不僅是俄羅斯大學生，對中國兵家文化感興趣的各國學生不在少數。在莫斯科大學文科一號樓教室，她看到學生經常圍坐一起，在認真地用漢語朗誦《孫子兵法》的警句。

馬德里孔子學院學員吉瑞對記者說，他最喜愛和崇拜中國的孫子，因為孫子的智慧謀略，讓全世界如此折服。至少至今還沒發現，有哪一個人出的書全世界都在讀，都在用，況且又是一本流行了二千五百多年的古書。

英國作家克拉維爾寫道，二千五百年前，孫武寫下了這部在中國歷史上奇絕非凡的著作。我希望，《孫子兵法》成為所有的政治家和政府工作人員，所有的高中和大學學生的必讀教材。

英國媒體發表文章稱，《孫子兵法》已成為西方人茶

餘飯後的熱議話題。與之相關的書籍在西方比比皆是：《孫子兵法成功學》、《職場女王學：孫子兵法讓你成為工作贏家》、《高爾夫和孫子兵法》……從會議室到臥室，孫子的智慧已幾乎被用於西方所有人際交往領域。英國劍橋大學將《孫子兵法》列為必修課。有一段時間，英國警察局牆壁上，貼著許多《孫子兵法》警句，員警當局還督促警員認真學習。

英倫《衛報》把《孫子兵法》列入一百本最佳非虛構書籍，並列為政治類書刊第一。記者發現，在英國與之相關書籍還包括《孫子兵法之經理人：50條戰略法則》、《孫子兵法教女性如何打敗工作勁敵》、《策略和技巧：孫子兵法在投資和風險管理中的應用》等，在英國購書網站上可以找到十幾種不同版本的《孫子兵法》。

牛津出版社出版的《孫子兵法》，為亞馬遜書店連續一百多週上榜暢銷書。有讀者在亞馬遜網站上評論：「如果人的一生只能讀一本書的話，那就應該是《孫子兵法》」。 擁有極高收視率的電視連續劇《女高音歌手》有一句臺詞：他非常喜歡《孫子兵法》，孫子先生在二千五百多年前講的許多道理，至今仍然「放之四海而皆準」，令英國觀眾掀起《孫子兵法》搶購潮。

「從德國火車站、飛機場到各個書店、大學圖書館，到處都能看到《孫子兵法》，從政治家、軍事家到文學家、企業家，都越來越喜愛中國的孫子」，德國科隆大學漢學家呂福克表示，孫子在歐洲很有名，德國人還是很喜歡孫子的，有相當數量的讀者群，也有相當數量的應用者。

呂福克坦言，過去德國研究中國古典哲學的很少，研讀古典兵書的更少，德國人很固執，長期以來崇拜《戰爭

論》，因為德國是克勞塞維茨的故鄉，德國人讀《戰爭論》的熱情一直很高，對中國的《孫子兵法》並不重視。現在有很大的改變，對中國文化、中國的古代經典，對中國的兵家文化感興趣的人正在逐年增多。

14. 歐洲兵學文化比較研究啟迪深刻

有學者認為，戰爭不僅是用來測試國家民族優劣的試金石，更是全部文化內涵的聚焦點，戰爭的精華不是在勝利而是在於文化命運的展開。歐洲學者在《孫子兵法》研究中，十分注重東西方兵學文化的比較研究，其中包括東西方兵學文化與傳統文化的比較研究，圍繞東西方兵學文化的內涵和文化命運的展開，從中受到深刻啟迪。

葡萄牙學者從中葡海航家對待海洋的認識進行比較，看到了東西方兵家文化的差異：以孫子為代表的東方兵法，其核心思想是追求和平、謀取發展，主張盡量抑制戰爭，降低災難發生；而西方兵法一味主張靠武力征服，暴力解決爭端。這種完全依賴戰爭和暴力獲勝的西方兵法，與孫子宣導的「調和與平衡」的東方兵法比較，就顯得相形見絀了。

葡萄牙學者認為，同是航海強國，葡萄牙在海上霸權的爭奪中很快分崩離析，走向衰落，海上帝國的大旗就此落下；而中國開啟了和平的道路，播撒了友誼和文明的種子，如今又堅持和平發展道路，正在「和平崛起」。大航海時代早已過去，和平與發展新時代已經來臨。建設一個持久和平、共同繁榮的新世界，符合孫子的思想，這一思想在當今世界具有深刻的啟迪和借鑑意義。

在同樣是航海強國的荷蘭，歐洲學者對鄭和、鄭成功及中荷之戰進行比較思考後認為，西方航海家所承載的殖民主義理念，以毀滅不同文明為代價，在贏得西方自身發展的同時，卻把自己和其他民族帶入苦難。而在大航海時代，舉世無雙的中國鄭和艦隊奉行和平外交。在日益全球化的今天，在一些國家還堅持霸權思維的時候，鄭和的和平理念仍然可以給世界有益的啟示。

歐洲孫子研究學者告誡說，中國最重要的優勢是在戰略和戰術文化方面，中國的軍事家汲取了兩千多年孫子縝密的謀略思想。從地理大發現和歐洲與中國的第一次戰爭——中荷之戰看，如果西方人不研究《孫子兵法》，不學習中國的戰略文化，不瞭解中國傳統的軍事思想，他們將處於重大劣勢。

有趣的是，歐洲學者還將西班牙鬥牛與中國太極進行比較。從十六世紀開始流傳至今被稱為西班牙的「國粹」的鬥牛一夜之間退出歷史舞臺，取而代之的是中國太極像雨後春筍，在巴塞隆納蓬勃興起。2012 年第十屆馬德里太極拳表演大會拉開帷幕，近千名太極拳愛好者、研究者雲集巴塞隆納，觀者如潮，場面壯觀，不亞於西班牙鬥牛的場面。如今，巴塞隆納已見不到鬥牛了，有上萬人打太極，西班牙廣場經常舉辦大型太極表演，展示中國功夫。

西班牙鬥牛緣何讓位給中國太極？ 西班牙學者認為，人與自然、與動物和諧相處，也是孫子「中和」的理念。中國功夫講留有餘地，不致人於死地，是東方兵家文化；而西班牙鬥牛講死打硬拚，置牛於死地而後快，這是西方兵家文化。有學者詮釋，太極拳講究陰陽平衡，天人合一，最高目的是圓轉如意，符合《孫子兵法》的最高境界「不

戰而屈人之兵」。

　　馬德里大學西班牙及中國語文教授馬康淑博士，把西班牙的《智慧書》與中國的《孫子兵法》進行比較。《智慧書》是格拉西安的代表作，彙集了為人處事的三百則箴言，談的是知人、觀事、判斷、行動和成功的策略，不失為處事修煉、提升智慧、功成名就、走向完美的經典。自問世以來，一直受到各國讀者的喜愛。幾百年來，與中國的《孫子兵法》和義大利的《君王論》，並稱為「人類思想史上的三大奇書」。

　　馬康淑認為，《智慧書》提出了戰勝生活中的尷尬與困頓的種種小策略，是雕蟲小計；而《孫子兵法》講的是治國、治軍的大戰略、大謀略；《智慧書》的人生格言，只告訴你做人做事的巧門；而孫子十三篇警句闡述的既有兵家智慧，又有人生智慧、經商智慧、談判智慧。《孫子兵法》才真正是全世界的智慧，不僅全世界認可，而且全世界至今都在應用，這是《智慧書》不可比擬的。

　　法國著名學家夏漢生把《孫子兵法》與《易經》等中國傳統加以比較，有獨到之處。他的《周易》一書在法國出版，深受讀者歡迎。他對《易經》與兵法內在聯繫研究很深，分析很透，認為《易經》與兵法在軍事上有著直接的聯繫，《易經》的妙處可以拓展到軍事等領域，在戰爭中求陰陽平衡，虛實結合法則。

　　夏漢生說，老子的《道德經》、《周易》和《孫子兵法》都主張「不戰而屈人之兵」，這三本中國古代經典有許多相通之處，說明中國文化互補性很強，融合性也很強。把《易經》與《孫子兵法》結合起來，觸類旁通，能幫助法國人更全面、更深刻地把握孫子的精髓。

法國著名學家夏漢生與作者合影

　　德國科隆大學漢學家呂福克比較說，孫子汲取百家之長，使十三篇的造句技巧是《道德經》等古代優秀散文的繼承和發展。古人說「老子、孫子一字一理，如串八寶珠瑰」。《孫子兵法》不僅在思想上而且在語言上，明顯汲取了老子《道德經》的營養，孫子不僅把老子的「道」引進兵家，還把老子不拘一格的道術思想性哲學詩引進十三篇。

15. 歐洲《孫子》傳播豐富多彩影響深遠

　　法國電影《蛇》的序言以《孫子兵法》中的警句為導語，讓法國公眾對中國的兵家文化引起了興趣。法國奇幻喜劇電影《時空穿越者》展現了遠古世界中兩軍對壘的恢弘場面，故事主人公瑞米披著棉被指揮戰鬥，手上捧著《孫子兵法》與《三十六計》。

　　用影視形象傳播中國兵家文化，吸引歐洲人的眼球。

記者在歐洲採訪期間，看到電視臺經常播出反映中國兵家文化的節目，包括中國抗日戰爭紀錄片、中國象棋、太極、武術等。

以《孫子兵法》為題材的電視連續劇熱播，令許多英國觀眾一下子對這部中國古兵法書產生好奇和興趣。牛津大學出版社立即加印 2.5 萬冊平裝本《孫子兵法》投放市場，以滿足廣大英國讀者的需求。

英國電視臺不斷地播放二戰紀錄片，有倫敦大轟炸的畫面。英國電視評論員引用澳洲軍事作家小莫漢・馬利在展望二十一世紀的軍事理論發展時的預言：「正如十九世紀的戰爭受約米尼、二十世紀受克勞塞維茨的思想影響一樣，二十一世紀的戰爭，也許將受孫子和利德爾・哈特的戰略思想的影響。」

保加利亞國家電臺主播《孫子兵法》保文譯本，該電臺的網站同時播出這個欄目的內容。節目主持人耐維娜普拉馬塔羅娃對中國文化有著濃厚的興趣，她曾經採訪、編輯了有關孔子學院、《孫子兵法》保文譯本等與中國文化有關的節目。

倫敦國際書展、華沙國際書展，都展出《孫子兵法》、《三國演義》等中國兵家文化書籍。法蘭克福國際書展共展出五百多冊中國連環畫，其中中國兵家文化連環畫成為一大亮點。在大英博物館一樓展示大廳，竹簽《孫子兵法》與中國的算盤放在一起，喻意孫子的「妙算」。

斯德哥爾摩大學陳列《孫子兵法》、兵馬俑等中國兵家文化，斯德哥爾摩市公共圖書館有《孫子兵法故事》等中國兵書，波蘭華沙維斯瓦大學孔子課堂中有一尊半人高的兵馬俑。

法國陸軍軍官亞納·古德爾克是一位名副其實的《孫子兵法》傳播者，多年來對《孫子兵法》在法國傳播的情況進行潛心研究，成果全部彙集於一部名為《孫子在法國》的書作之中。他還創建了專題博客 http://suntzufrance.fr，還活躍於法國社交網站，建立專門的「推特」（Twitter）和「臉書」（Facebook）頁面，每日更新與《孫子兵法》相關的內容。

西班牙亞洲之家、馬德里自治大學開設「孫子與商戰」講座，芬蘭赫爾辛基經濟學院舉辦大師講座《上兵伐謀──孫子兵法與企業經營》，赫爾辛基商學院開設《孫子與企業戰略》課程，瑞典斯德哥爾摩皇家學院工商管理專業碩士開設《孫子兵法與競爭戰略》、《孫子兵法與市場行銷》、《孫子兵法與商戰之道》等課程。瑞典斯德哥爾摩北歐孔子學院院長、瑞典漢學家羅多弼教授做主題為《文化傳統和世界和平》的名家講壇，講述中國儒家學說和兵家文化。

16.《孫子》世界兵書之首地位不容動搖

凱撒大帝、弗拉維烏斯、色諾芬、韋格蒂烏斯、克勞塞維茨、約米尼、拿破崙……歐洲不缺軍事理論巨匠、兵學泰斗和兵法大師。歐洲學者認為，必須把《孫子兵法》研究置於東西方軍事文化比較的大背景中，只有同西方的強勢文化相比較、相融合、相競爭，才能真正凸顯其無與倫比的世界價值和現代價值。

歐洲學者在比較古希臘與中國古代兵家文化時認為，號稱古希臘第一部軍事理論專著《長征記》，兵學價值自

古以來為世人看重，色諾芬因此被奉為西方兵學泰斗。但該兵書以史學見長，缺乏戰略戰術的分析，很少有軍事經驗的理論概括。而不是像《孫子兵法》那樣，是謀略學的研究範疇。因而與孫子的軍事謀略智慧，是不可比擬的。

談到享譽西方世界的羅馬兵法，義大利前國防部副部長斯特法諾・西爾維斯特里認為，羅馬兵法一味主張戰爭，迫切需要向外擴張，羅馬帝國在長達幾個世紀的歷史長河中橫跨歐、亞、非三大洲，曾經控制著大約 590 萬平方公里的土地，最終兵源不足導致羅馬帝國滅亡；而《孫子兵法》主張「不戰而屈人之兵，善之善者也」，這是最理想的戰略追求。因此，中國兵法比羅馬兵法要高明。

《孫子兵法》和《戰爭論》是東西方古代軍事理論的兩座高峰。西爾維斯特里對這兩部世界兵書進行比較時，把戰爭分為兩種：一種是「殘酷戰爭」，另一種是「謀略戰爭」。「殘酷戰爭」是講摧毀，擴大戰爭的惡果；而「謀略戰爭」是講方法，盡量減少損失。他指出，這就是克勞塞維茨的《戰爭論》與孫武的《孫子兵法》最大的不同點。

西爾維斯特里評價說，《孫子兵法》是一本戰略書，是東方式戰略，是以智克力，是統帥戰略，決策戰略，而不是西方式戰略以力克力。中國兵法注重謀略，是大智慧，不拘泥於技術。

瑞士著名謀略學家勝雅律在比較研究後持同樣觀點，《戰爭論》代表了西方戰略思想，思維體系比較狹窄；而《孫子兵法》則是謀略學超越了戰略，超越了計畫，超越了西方人的思維。前者講求短期效應，而後者則立足於長遠；戰略要靠謀略來制定，而不是相反；謀略比戰略更高、更深、更遠，能達到最高境界，而戰略則達不到。

德國學者比較說，「不戰而屈人之兵」是孫子最為推崇的、也是他提出的最著名的命題。盡量避免戰爭，因為戰爭充滿風險和災難，最大的風險是失敗，最大的災難是亡國。而克勞塞維茨不贊成減少暴力，他得出結論：「暴力的使用是沒有限度的」，從而為導致暴力升級提供了理論依據。

法國國防研究基金會研究部主任莫里斯・普雷斯泰將軍比較說，西方用武力，孫子講謀略，這是東西方軍事思想最大的差別。西方世界從古希臘到拿破崙帝國，都是使用暴力解決雙方爭端和事務，而且重點體現在海上力量。這種完全依賴戰爭和暴力獲勝的西方軍事觀，與孫子宣導的「不戰而勝」的學說是相背的。

而在東方世界，在中國古代，有許多大的謀略家、軍事家，他們講戰爭，更講謀略。普雷斯泰感慨地說，千百年來，西方軍事學家們苦苦尋求，從直接使用暴力、軍事威懾力，到重視戰爭謀略，利用各種資源，盡量減少對抗，不必發動戰爭，正在對戰爭尤其是現代戰爭有了新的理解，這應歸功於二千五百年前的中國孫子。

瑞士孫子研究學者評價，西方兵學大師約米尼創立了較完善的軍事理論體系，他的許多精闢論述與孫子有許多相似之處，如把戰爭與國家命運緊密聯繫起來，主張「伐交」思想，提出集中兵力作戰原則，強調選拔將才的重要，重視戰前的計畫準備和情報工作。但也有明顯的差異，孫子厭惡攻城，他在〈謀攻篇〉中有「攻城之法，為不得已」的描述，而約米尼則對攻城做了很高的評估。

歐洲學者將東西方兵學、古希臘和古羅馬的軍事著作與中國兵書進行比較，認為以《孫子兵法》為代表的中國

兵法更具有軍事哲學價值，更具有超越時代的理論價值，也更具有世界價值。與孫子縝密的軍事、哲學思想體系，深邃的智慧、哲理相比，歐洲兵法顯得遜色。時至今日，中國的《孫子兵法》仍列為世界兵書之首，這個地位是不容動搖的。

正如俄羅斯人民友誼大學東方學院院長馬斯洛夫．阿列科賽所說：「在世界上有很多國家擁有古老的文化，比如希臘、俄羅斯、義大利等等，但是在這些國家，現在已經沒有了古代的希臘文化、古羅馬文化，取而代之的是現代的文化、西方的文化，也就是說，它們的傳統文化經過了斷裂，並沒有延續下來。世界上只有一個國家有延續不斷的文化，這就是中國。」

17. 歐洲華人華僑為中國《孫子》鼓與呼

葡萄牙華商會會長王存玉有著幾十年的餐館經營經驗，他熱愛中國兵家文化，餐館門口豎著兵馬俑。他認為中國的智慧謀略才是華人華僑最終取勝的法寶。《葡華報》社長詹亮對包括兵家文化在內的中國傳統文化造詣很深。他說，《孫子兵法》是一本兵法哲學書，之所以二千五百年經久不衰，是因為它借給人類的思想，讓人取之不盡，用之不竭。

巴黎首位華裔副區長陳文雄向記者表示，中國文化真的很有魅力，巴黎華商靠中國人的智慧取得成功，站穩腳跟。法國潮州會館監事長許葵也表示，為什麼全世界這麼喜歡和熱衷孫子？因為中華智慧是最優秀的精品、絕品，我們所有碰到問題孫子都說到了，老祖宗傳下來的寶貝非

熱愛中國兵家文化的葡萄牙華商會會長王存玉

常管用，具有不可估量的優勢。《孫子兵法》強調的「立於不敗之地」是一種非常高明的說法，這顯示了中國人獨到的智慧。

西班牙加泰隆尼亞華人華僑社團聯合總會主席林峰自豪地說，華人華僑最大的特點是智慧，在當地的認可度很高，這些智慧是老祖宗傳下來的。中國人站在孫子肩膀上看世界，更具有戰略眼光，面對歐洲危機，更具有抗風險的能力。不管有多大風浪，都能站得穩，挺得住，顯示了中國人的聰明、智慧和勇氣，令西班牙人刮目相看。

英國中華傳統文化研究院採取多種形式弘揚中國兵家文化，如舉辦學術研討會參透孫子哲學思想，介紹中國人的管理智慧，主辦中國武術研討會，邀請中國嵩山少林寺武僧總教頭林存國師傅講解了中國武術的精華，傳播少林七十二藝、十八般兵器、硬氣功和太極，在舉辦慶祝倫敦京昆研習所成立十週年時表演反映中國兵家文化的《空城計》。奧地利華社舉辦《孫子兵法》研討會，奧中經貿會和各界精英四百餘人參加。

在巴黎中國文化中心，連環畫《孫子兵法》、《孫臏

兵法》、《司馬法》、《黃石公三略》、《六韜》、《三十六計》等中國兵家文化書籍十分齊全。工作人員介紹說，該中心的《孫子》書籍和連環畫很受法國讀者青睞，前來閱讀的以法國年輕人居多。

2009年，中國連環畫選展在法蘭克福孔子學院開展，共展出五百多冊連環畫，其中中國兵家文化連環畫占了相當比例，豐富多彩的展示內容、新穎別致的設計風格、濃郁厚重的文化氛圍，為萊茵河畔增添了一道亮麗的中國文化風景。

走進慕尼黑孔子學院，映入眼簾的是孔子像、關公刀，在院長辦公室上方，醒目地掛著《孫子兵法》「為將五德」的竹牌。在教室裡，中國老師正在教德國少年打中國太極拳，一招一式，有模有樣。近年來該學院舉辦「少兒中華文化體驗課」、「中國文化周」、「文化沙龍」，都融入了中國兵家文化內容。從2013年起，「文化沙龍」

歐洲孔子學院傳授中國太極拳

將開設《孫子兵法》課程，邀請中國和德國的孫子研究學者授課。

丹麥哥本哈根商務孔子學院開設《孫子與商戰》課程。與北京體育大學合作的挪威貝根孔子學院主打「武術體育牌」，學習武術的學生 339 人次，還在挪威舉辦武林大會。赫爾辛基大學孔子學院創辦中國棋社，用象棋演繹孫子文化。柏林自由大學孔子學院通過舉辦開放日柏林少林學校武術、太極拳表演，氣功研討會、讀書會、電影沙龍，漢字展覽向德國民眾傳播中國兵家文化。

多年來，《歐洲時報》推出了《法國巴黎商學院開設孫子兵法課》、《法國時裝界卡芬女士運用孫子兵法取得成功》、《法國華人商業律師朱曉陽運用孫子兵法立於不敗之地》、《陳氏兄弟闖法國手足之情凝聚神奇力量》、法國愛麗娜時裝公司董事長、法國潮州會館名譽顧問林子崇《創業成功誠信為先》等一系列法國商界、華人華僑應用《孫子兵法》獲得成功的典型報導，在歐洲產生了積極的影響。

歐洲華文媒體常年不斷地報導中國舉辦的各屆孫子國際研討會，孫子和《孫子兵法》誕生地山東、蘇州的各項孫子文化活動，刊登《孫子兵法》全球徵文大賽的消息。各華文媒體還相繼開闢了「史海縱橫」、「軍事天地」等欄目，彙編經典案例，介紹兵法名家，普及兵法知識，傳播中國兵家文化。

2011 年 3 月，由法國《歐洲時報》、英國《歐洲僑報》、德國《歐華導報》等 18 家全球最具影響力的主流華文媒體共同評選出「中華五千年十大名著」，《孫子兵法》名列其中，在海內外華人讀者中引起強烈反響。

18. 歐洲華人華僑視孫子為「世界寶貝」

記者在歐洲採訪期間，接觸了許多華人華僑，他們在海外從零開始，白手起家，一點一滴發展起來，非常艱辛。談及在海外的創業和成功，他們自豪地說，我們華人的血脈中流淌著中華傳統文化，孫子不僅是中國的寶貝，也是世界的寶貝，更是海外華人華僑的寶貴財富。

中國傳統文化思想對歐洲華商事業的成功有重要的作用，深深扎根於一代又一代華人華僑的精神中，展示著獨特的魅力。在歐洲從傳統的餐飲服務、商貿製造業，到迅速崛起的高科技、新經濟產業，處處活躍著華商華人的身影，並成為歐洲的財富引擎。

被稱為「中餐館之父」的西班牙和平統一促進會會長陳迪光，他的餐館被稱為「西班牙中餐的黃埔軍校」。在陳迪光的帶動下，西班牙的中餐業發展十分迅速。80年代至90年代中期，被當地華僑稱為中餐業的黃金時代，儘管此時華人大量湧入，中餐館如雨後春筍，但西班牙人吃中餐仍經常需要排隊等候。

英國著名僑領、全英華人中華統一促進會會長單聲，上世紀60年代初幾乎跑遍了整個西班牙南部，看準時機，果斷投資。不久，當地旅遊觀光業蓬勃發展，地價也一路攀升。如今，有著陽光海岸之稱的小鎮羅他已成為西班牙著名的旅遊目的地。單聲買下的地皮在三十年中漲了1,000至5,000倍，這使他成為當地傳奇的華裔地產商。

單聲說，中國人應該是全世界最有智慧的人，因為中華傳統文化已流淌在中國人的血脈中。如今，孫子的「妙算」已成為中國人智慧的代名詞。中國經濟發展的這麼快，

一枝獨秀,這是全球華人的驕傲。他堅信,中國不會垮,因為中國人是全世界最有智慧的人,能長袖善舞,能《借東風》,算是中國人的傳統文化,是智慧的象徵。

近三十年來,法國巴黎豪記食品工業公司的發展就是遵循孫子的教誨。豪記不但建了四千多平米的廠房,批發生意額與日俱增外,還在巴黎第 10 區、第 13 區、第 18 區和大巴黎的 77 省龍城市這些華人聚居的地區,開了四間速食聯店,小春捲一天銷售 10 萬支,生意越做越大。

該公司董事長許葵表示,他在法國最為自豪的是中華傳統文化的魅力,不僅在華人圈裡而且在法國社會,都知道《孫子兵法》,都在廣泛傳播,在商場上都在應用。

西班牙華僑華人協會常務副主席兼秘書長、西班牙歐誠集團董事長陳勝利對孫子的「勝」特別有研究,並有一套自己獨特的「勝利觀」。在他眼裡,《孫子兵法》是一部「勝之兵法」,它教海外華商如何「知勝」、「道勝」、「先勝」、「奇勝」、「全勝」。

在西班牙奮鬥二十二年的陳勝利,從打零工、做西式糕點、開酒吧到辦大型企業,選擇戰機,占領市場,步步為營,穩紮穩打。他的秘訣是孫子的「算勝」,「夫未戰而廟算勝者,得算多也」。他主打的產品是衛浴、建材、太陽能、照明、消防器材五大類,供大型超市,具有得天獨厚的優勢。陳勝利在西班牙一步步走向「勝利」,離不開孫子的「勝之兵法」。

對此,來自臺灣的公立馬德里語言學校中文系主任、馬德里大學翻譯學院兼任教授黎萬棠評價說,歐洲危機造成許多人失業,而教漢語的不會失業,研究中國傳統文化的也不會失業,懂《孫子兵法》的更不會失業。

近十年來，義大利華人已驟增到四十萬之巨，大大小小華人企業數萬家。縱觀華人企業的從業範圍，可以用一句話來概括：窄得不能再窄。義大利有 80% 以上的華人企業從事紡織品、箱包相關產品的生產和經營，從事其他行業的華人鳳毛麟角。特別是經濟危機以來，喜歡紮堆的華人經營狀況每下愈況。義大利華人經濟普遍面臨著規避經營風險、在危機中尋找機會進行轉型的問題。

義大利知名僑領鄭明遠告訴記者，《孫子兵法》是我生活中最喜歡讀的一本書，它提出「變中取勝」，根據不同情況採取不同的戰略戰術。我在轉型中巧用《孫子兵法》，併購洗滌場兩年多，不僅企業的營業網點擴充了三倍，營業額也比併購時翻了一番。這一切都得益於正確把握形勢和市場，得益於中華文化精髓的支撐。

2012 年 10 月，在具有八百多年歷史的牛津大學講臺上，首次出現中國民營企業家的身影。高德康的演講充滿了孫子的「東方智慧」：「打一場市場保衛戰，不如利用整個國際市場的容量和資源，打一場市場開拓戰役」，「進攻是最好的防守」，「進攻的方向至關重要」。在倫敦奧運會開幕前一天，波司登在英國倫敦頂級購物街牛津街的旁邊開出海外首家店鋪，波司登歐洲總部當天同時宣告成立。

有評論說：這一天，聰明的中國人「掐準」了奧運馬錶，成功「搶灘」英國最繁華的商圈，把倫敦辦成了自己的主場。英國《金融時報》稱，雄心勃勃的中國零售商如今正盼望讓自己的品牌成為英國家喻戶曉的名字。

19. 歐洲競技場主教練運動員熱捧孫子

1942 年曾參加過蘇聯抵抗德國侵略的衛國戰爭立過戰功的馬特維也夫，是前蘇聯現代體育理論的首席專家，國際體壇的理論權威之一。他的理論汲取了《孫子兵法》的精髓，揭示形成競技狀態的客觀規律。

俄羅斯國立體育學院注重兵法與博弈的教育訓練，俄羅斯體育界重視對孫子與競技的薰陶與應用，俄羅斯著名棋手兼教練亞歷山大‧奇佐夫認為，國際跳棋與《孫子兵法》有相通之處。奇佐夫已奪得十屆國際跳棋世界冠軍。俄羅斯藝術體操個人全能冠軍納耶娃也喜歡讀《孫子兵法》。

德國美女劍客布麗塔‧海德曼研讀過《孫子兵法》，十年磨一劍，終於在北京奧運會圓了金牌夢。海德曼從兵法中領悟劍法，孫子十三篇是一套精妙絕倫的完美劍法，從起勢到收勢，出神入化，非常實戰。她覺得《孫子兵法》很有意思，對她練劍有一定影響。

海德曼說，有些東西可能是相通的，比如採取什麼樣的策略以及劍法。要成為一名真正的劍客，就要懂兵法，能在招式之間分出攻守進退，自成體系，避高趨下，因地制流，才有資格稱為「劍客」。

《孫子兵法》在歐洲被譽為《戰爭藝術》，而在馬德里足球教練眼中，是「足球戰爭藝術」。大牌球星們創造了皇馬的輝煌，閃爍著「足球戰爭藝術」的智慧之光。曾執教皇家馬德里足球俱樂部的教練，都熟《孫子兵法》。如盧森柏格，經常一個人聚精會神看竹簡《孫子》，他挽救了皇家馬德里隊，甚至被認為是不可戰勝的。義大利隊

皇家馬德里足球俱樂部熟悉《孫子兵法》，許多隊員會背孫子警句，並善於用孫子的戰略進攻防守。而皇馬的最高境界則是孫子的「風林火山」，即「其疾如風，其徐如林，侵掠如火，不動如山」，這是兵法戰術的所謂最高境界，也是世界足壇戰術打法所追求的最高境界。

「足球比賽只有融入兵法藝術，才能成為一場美麗的賽事。」葡萄牙青少年青訓主教練卡洛斯對記者說，軍事性的世界大戰發生的概率將越來越小，而足球世界大戰將在全球越演越烈，與球賽密切相關的《孫子兵法》也將越來越受到足球界的重視。

孫子的謀略在歐洲競技場演繹得淋漓盡致。1992 年巴塞隆納奧運會，美國「夢之隊」在巴塞隆納奧運會上，其中包括魔術師詹森、邁克爾、喬丹、拉里、波德和巴克利，

熟悉《孫子兵法》的皇家馬德里足球俱樂部球星

在八場比賽中，美國隊空中攬月、飛行扣籃、魔幻般的傳球、凶悍的防守，從而達到「自保而全勝」的目的。「夢之隊」平均拿下 117 分，並且未叫過一次暫停，以「全勝」戰績奪冠。

2006 年德國世界盃，巴西隊主教練佩雷拉用《孫子兵法》進行戰略部署，要求進行有針對性的訓練。這部被翻譯成《戰爭的藝術》的世界第一兵書，已經被有戰術理論大師之稱的佩雷拉研究得很透徹，並應用得遊刃有餘，每次外出比賽總要隨身攜帶著它。

而真正理解《孫子兵法》真諦的則是德國人克林斯曼。據德國國家電視臺報導，德國足球隊前幾場表現神勇，其中有一些中國因素。克林斯曼的太太是位具有中國血統的美國模特。平時，克林斯曼喜歡研讀《孫子兵法》，德國隊很多戰術源自這本中國古代兵書。

據介紹，德國世界盃賽場上發生的很多故事都符合《孫子兵法》的精髓。例如「以逸待勞、以飽待饑」，經常被東道主德國隊充分使用，他們在每場比賽之前，休息的都比對手多一天。在世界盃比賽中也可以經常看到，例如在德國隊對瑞典隊的比賽中，德國隊在領先兩球後不再猛攻對手，而是以控制球為主，這種強隊面對弱隊時經常採取的策略，是典型的「不戰而屈人之兵」。

2012 年歐洲杯那些兵不厭詐的教練們，《孫子兵法》玩得如魚得水：「虛虛實實」，德國隊雪藏小豬，造成小組賽表現羸弱的假象；「知彼知己」，俄羅斯打荷蘭，希丁克對荷蘭足球的軟肋一清二楚；「攻其不守」，德國打葡萄牙，兩進球就是典型的攻其不守；「其疾如風」，反擊速度快如疾最經典的防守反擊應該是曼聯隊了。

在歐洲杯足球賽場上，俄羅斯隊用久違的飄逸姿態闖入球迷視角。有媒體評論，可以用 AK 步槍、T 系坦克、哥薩克騎兵等硬朗的概念來表達對俄羅斯隊的讚美。在這個全世界面積最大的國家，足球勢力已沉寂了近二十年。再戰江湖，如《孫子兵法》中的「其疾如風、其徐如林、侵略如火、不動如山」，初戰輕鬆告捷後，2012 年升級版的俄羅斯隊儼然已在 A 組一枝獨秀。

俄羅斯學者認為，《孫子兵法》雖為古代兵書，但因其在樸素唯物主義和辯證法思想指導下所總結的作戰原則與作戰方法，與包括體育競技在內的社會生活中的許多領域，都有著直接的共通性。

20. 歐洲媒體關注孫子與中國「軟實力」

2012 年 10 月 29 日，德國《明鏡》週刊撰文指出，中國和平崛起，成功發展的重要思想體系是孔子和孫子。英倫《衛報》把《孫子兵法》列入一百本最佳非虛構書籍，並列為政治類書刊第一。

英國《經濟學家》發表題為「孫子和軟實力之道」的文章稱，被全球管理精英推崇的孫子能讓中國更具吸引力，孫子還被頌稱為古代反戰先賢，理由是他那句婦孺皆知的「不戰而屈人之兵」。還有什麼比這更能證明中國是個愛好和平的國家呢？最近十年，打造中國軟實力已成為北京的重點工作之一。

該文指出，「軟實力」概念的首倡者約瑟夫‧奈也認為軟實力和孫子有關聯。而唯一未受過抨擊的中國古代思想家孫子正逐漸走到台前。《孫子兵法》已成為西方人茶

餘飯後的熱議話題。與之相關的書籍在西方比比皆是，從會議室到臥室，孫子的智慧已幾乎被用於西方所有人際交往領域。可見中國傳統文化對世界的影響。

英國《金融時報》也將《孫子兵法》十三篇內容英文譯文，製成三十頁特刊出版。該報強調，中國二千五百年前的古老軍事策略，十分適用於現代社會的商業管理，西方國家應該加以研究。

法國危機中心出版了《危機日報》，撰寫文章的大都是現任外交官，還有一些來自國防部、內務部的官員。危機中心負責人建議該中心的工作人員多看看《孫子兵法》，它是我個人非常喜歡的一本書，我知道在戰術方面，領先的是中國人。

義大利主流媒體《信使報》總編輯陸奇亞‧波奇在接受記者採訪時說，把孫子文化融入生活，更能體現孫子的現代價值、生活價值。她家裡也收藏了三本《孫子兵法》，她很喜歡研讀。孫子不再是男人們享用的專利，也是現代女性的武器。

葡萄牙《球報》曾刊登了題為《斯柯拉里的領軍秘訣》的文章稱，二千五百年前中國的一部古書給斯柯拉里提供了巨大的幫助，這部書的名字是《孫子兵法》。從備戰、管理、塑造團隊精神等諸多方面，斯柯拉里都從《孫子兵法》那裡得到了諸多啟示。正如巴里‧哈頓所說：「無論是在商業、政治還是體育競技領域，《孫子兵法》都有其值得借鑑之處。」

葡萄牙《紀錄報》稱，斯柯拉里在葡萄牙隊再度創造了奇蹟，兩年前的歐洲盃上，他就帶領葡萄牙隊首度打入世界大賽的決賽，現在這位巴西名帥要延續奇蹟。斯柯拉

里成功的秘訣是什麼？原來中國古代兵書《孫子兵法》是斯柯拉里的制勝法寶。

歐洲媒體稱，中國傳統文化對世界的影響是很大的，不僅文學、文藝等對世界影響很大，其他方面的文化對世界的影響也很大。影響最大的莫過於《孫子兵法》了，可能有許多著名的外國將領都研究過《孫子兵法》，都運用過《孫子兵法》，她取得過許多實戰的勝利。由此，我們認為，中國的傳統文化對世界的影響是很大的。

21. 歐洲學者稱《孫子》是全球商界的「聖經」

歐洲許多企業家，如財富 500 強的老總們，驚喜地發現《孫子兵法》是贏得當今激烈商戰的強大武器，大部分歐洲人瞭解這部戰爭的藝術是因為它能夠在商業和金融等現代生活領域得到應用。許多歐洲商人用孫子的東方智慧與謀略，結合當代西方的理念和管理，更多地應用到諸多商業領域。

在英國與孫子與商戰的相關書籍包括《孫子兵法之經理人：50 條戰略法則》、《策略和技巧：孫子兵法在投資和風險管理中的應用》等，在英國購書網站上可以找到十幾種不同版本的類似《孫子兵法》。義大利版《孫子兵法》在介紹中寫道，耶穌前三百多年創作的中國兵法，集孫子前的兵法智慧之大成，這部東方軍事哲學書影響了許多世紀，現在這部書居然在管理上全世界都在應用。

歐洲學者評論說，西方世界把《孫子兵法》視為商戰中的「聖經」，因為它用東方文化全面闡釋了當代西方的企業管理、戰略投資、資本運作、商務談判、市場行銷等

諸多商業理念。

法國作者讓‧弗朗索瓦‧費黎宗創作的《思維的戰爭遊戲：從〈孫子兵法〉到〈三十六計〉》，對《孫子兵法》有著新穎的視角和獨到的理解。他以一個西方高級企業決策者的體驗與眼光來評述和驗證這兩部著作，來觀察古老的中國文化遺產如何在現代社會的實踐中得到驗證，及其在與西方文化的交流中如何相互融會。

作為法國最大型工業集團之一的一名財政主管，而後任副總經理的費黎宗，對世界上那些大戰略戰術理論家進行深入研究。他說，從孫子到克勞塞維茨，他們之中給我印象最深的，毋庸置疑就是孫子這位生活在春秋動盪時期的中國將領。我數十次反覆閱讀了他寫的一本薄薄的名為《孫子兵法》的書，我甚至還出版了一個加上自己注解評論的新譯本。

出生在奧地利的弗雷德蒙德‧馬利克教授，曾就讀於奧地利因斯布魯克大學和瑞士聖加倫大學，獲商業管理博士學位。他是歐洲管理重鎮聖加倫大學的教授，維也納經濟大學的客座教授。他還是多家大公司董事會、監事會成員，是許多知名公司的戰略和管理顧問，培訓過數千名管理人員。他提出，《孫子兵法》勝過管理學院。

英國學者、原香港特區政府知識產權署署長謝肅方認為，《孫子兵法》在全世界很有地位，它的運用領域早已超越軍事，廣泛被運用於商業等各個方面。做企業不懂戰略不行，懂戰略就要學孫子，保護智慧財產權也要學孫子，這是在世界市場競爭中取勝的最佳策略。我們需要告訴世界孫子蘊含著這樣的智慧，讓大家知道孫子是「智慧管理之父」。

俄羅斯《中國》雜誌社長兼總編魏德漢認為，目前，全世界把孫子研究放到經濟方面，對人們的思維方式起了很大的作用，《孫子兵法》的應用的意義就在於此。

德國美因茨大學翻譯學院漢學家柯山的博士論文《兵法與工商》，以中國、日本和美國為範例，闡述了《孫子兵法》對全球工商界的貢獻，德國對於工商孫子的翻譯傳播和應用。他的論文出版後受到德國工商界的關注，德國諾摸思出版社稱《孫子兵法》為「商界中的戰爭藝術」，稱《兵法與工商》一書「用以孫子兵法為核心的企業管理讀物來闡釋中西方跨文化交融」。

德國科隆大學漢學家呂福克表示，孫子在歐洲很有名，德國人還是很喜歡孫子的，有相當數量的讀者群，也有相當數量的應用者。孫子思想不僅對軍事、商戰，而且對現代社會有很大的影響，具有不可估量的現代意義。人們從這部享譽世界的智慧寶典中尋求兵法理論與哲學思想、管理理念的契合點，已經成為世界上許多國家的普遍現象。

歐洲學者分析認為，為什麼孫子的書至今仍保持著長盛不衰的生命力和新鮮感？那是因為他的書濃縮了中國古代最優秀的戰略智慧的精華。它是戰爭的經典，但又不局限於戰爭。它以高度概括的形式，總結放之四海而皆準的規律和原則，包含著一系列普遍適用於任何形式、任何層次的競爭和衝突的真理。從這個意義來說，《孫子兵法》不僅屬於中國，如今已光耀世界。

22.《孫子》傳入歐洲對西方軍事影響深刻

　　被人們尊為「百世談兵之祖」，歷代軍事家無不從中汲取養料。《孫子兵法》傳入歐洲後，對法國、英國、德國、蘇聯等歐洲許多國家的軍事思想產生了深刻的影響。尤其是在第二次世界大戰後，《孫子》不脛而走，許多歐洲國家的著名軍事家和學者越來越認識到它的價值。

　　前民主德國把它作為東德軍事院校的教學材料，英國皇家指揮學院把《孫子》列為戰略學和軍事理論的第一本必讀書，法國戰爭學院、捷克軍事院校、波蘭國防大學等歐洲軍事院校都把它列為必修課和必讀書。二戰中，蘇軍將《孫子兵法》列為軍事學術必修課，並在衛國戰爭中得到應用。如今在俄羅斯武裝力量中，研讀《孫子兵法》的人越來越多。

　　第一次世界大戰後，英國當代著名軍事理論家利德爾‧哈特發現了《孫子兵法》在戰略思維、戰略價值觀上的重要啟發意義。這位「大戰略」和「間接路線」戰略的宣導者說，他在二十多年中論述的戰略戰術原則幾乎全部體現在孫子的十三篇之中。

　　西方學者還把孫子的思想看作解決核衝突的最佳出路，哈特認為，孫子思想對於研究核時代的戰爭是很有幫助的。因此，要將《孫子兵法》的精華使用到現代的核戰略。哈特撰文指出，「在導致人類自相殘殺、滅絕人性的核武器研究成功後，就更需要重新而且更加完整地翻譯《孫子》這本書了」。

　　第二次世界大戰後，西方戰略家再一次「重新發現」了孫子，西方主要國家對孫子思想進行了深入、廣泛的研

究，以《孫子兵法》為代表的中國兵學價值重新顯現。二十世紀 50 年代中期，蘇聯軍事理論家指出，「認真研究中國古代理論家孫子的著作，無疑大有益處」。60 年代初，英國戰功卓著的蒙哥馬利元帥訪華時曾說，「世界上所有的軍事學院都應把《孫子兵法》列為必修課程」。

特別是在局部戰爭和衝突中，孫子的謀略思想和作戰方法，成為許多西方國家軍隊認真學習和普遍接受的原則。法國巴黎戰略與爭端研究中心龍樂恒認為，克勞塞維茨和總體戰爭論者都極力主張完全摧毀敵人。對比之下，中國理論家們反對盡量破壞敵人物資、殺害敵國人員，強調優俘和重新使用戰俘及繳獲物資，以便利用敵人壯大自己。

談到《孫子兵法》在今天的價值，歐洲學者認為，《孫子兵法》的「慎戰」思想對現代戰爭的影響十分巨大。俄羅斯前軍事科學院副院長基爾申在題為《孫子非戰思想與二十一世紀的新戰爭觀》的文章中指出，人類社會所面臨的各種威脅要求人們重新審視戰爭行為，孫子的非戰思想符合現代新型的戰爭觀。

義大利前國防部副部長斯特法諾‧西爾維斯特里表示，《孫子兵法》對後世的影響是非常大的，對西方軍事思想的影響也非常大的，完全適合當今世界的實際，符合現代戰爭的實際。因此，孫子「不戰而勝」的思想對世界的和平與發展有著重大意義。

這位對未來的核威脅力量頗有研究的地中海地區安全問題專家說，就像最近十多年發生的戰爭一樣，不是一場世界性的戰爭，不應該使用核武器。在高科技條件下的現代戰爭，追求的是局部勝利、相對勝利或不完全勝利，不能把戰爭的一切手段都用盡。

法國國防研究基金會研究部主任莫里斯‧普雷斯泰將軍認為，冷戰以後，西方世界對東方兵學的認識逐步改變，對孫子的戰略思想研究越來越重視，正在重新審視孫子，重新認識孫子價值。通過對東西方兵學思想的比較分析，認為孫子的思想更適合當今世界。

英國倫敦經濟學院國際關係專業高級講師克里斯多佛‧柯克博士以《孫子兵法》為理論基礎，對美國正在進行的「反恐戰爭」進行了審視。他分析了美國「反恐」戰略的得與失，並以史為鑑對美國「反恐戰爭」擴大化的傾向提出了警告。

歐洲學者普遍認同，隨著科學技術的飛速發展，原子彈、導彈、各種新型作戰飛機等新式武器的出現，極大地改變了傳統的作戰樣式和規則，西方傳統的軍事戰略理論已逐步淘汰，而孫子的理論卻常學常新。隨著主張和平遏制戰爭的呼聲越來越高，孫子「上兵伐謀，其次伐交」、「不戰而屈人之兵」的思想，被越來越多的國家和地區所接受，正如利德爾‧哈特所告誡的：「由於核武器人們更需要孫子的思想。」

23. 歐洲孔院用武術傳播中華兵家文化

法國普瓦提埃大學孔子學院的「武術開放日」活動，慕尼黑孔子學院的少年太極拳，柏林自由大學孔子學院的氣功研討會，西班牙孔子學院開展學兵法練武術活動，華沙武術特色孔子課堂，挪威貝根孔子學院的「武林大會」，歐洲眾多孔子學院用武術傳播中華兵家文化，提升了孔子學院在當地的影響力和吸引力。

　　歐洲眾多孔子學院對中華武術的推崇有其深刻的文化內涵：武術雖然素以「技擊」為其技術特色，但其終極目的卻不在此，所謂「止戈」為「武」，武術之真意乃為「和平」。孔子學院傳播武術吻合孔子「文武兼備」的教學思想，可以多維度闡釋「和」的理念。

　　慕尼黑孔子學院德方院長高芳芳表示，孔子學院本質上就是傳播中國文化，武術作為中國傳統文化的結晶彰顯獨特的魅力。譬如像太極拳這樣集武術、哲學於一身的中國國粹，其氣韻、節奏、剛柔渾融於無形的矯美。武術在中華傳統文化傳播上獨具一格，吸引德國青少年踴躍報名。

　　法國普瓦提埃大學孔子學院舉辦的首屆「武術開放日」活動，孔子學院的武術老師通過帶領學員集體表演，個人表演及現場示範講解，向法國民眾全面地展示了太極拳、功夫等武術專業。近百名觀眾興致勃勃地體驗了中華武術，當地其他體育健身俱樂部也應邀出席了此次活動。柏林自

熱衷孫子文化的慕尼黑孔子學院女院長

由大學孔子學院也通過舉辦開放日柏林少林學校武術、太極拳表演，吸引眾多德國民眾觀看。

與北京體育大學合作的挪威貝根孔子學院主打「武術體育牌」，學習武術的學生 339 人次，還在挪威舉辦「武林大會」，傳播中國兵家文化。中國武協副主席、北京少林武術學校總校長兼總教練傅彪與新西伯利亞國立技術大學孔子學院合作辦學達成了共識。傅彪願意派遣優秀的武術教練到孔子學院工作，進行武術表演，開辦武術班，把中華武術這一民族瑰寶更多介紹到俄羅斯。

波蘭華沙維斯瓦大學孔子課堂中有一尊半人高的兵馬俑，武術特色成為該孔子課堂的品牌。現任波蘭國家武術隊主教練何溪靜女士、武術隊波蘭總教練米好、波蘭武術協會及波蘭武術國家隊作為武術特色協作單位，致力於以中國武術特色為主的各類中國文化的交流活動。

歐洲商店展示的中華武術

西班牙孔子學院開設武術課，在馬德里練少林、太極武功成風。西班牙瓦倫西亞大學孔子學院舉辦太極拳培訓班，吸引來自瓦倫西亞大學校內外的學員踴躍參加。通過太極拳培訓，使學員們領略了中國傳統文化的魅力。西班牙中西文化交流協會會長楊若星介紹說，如今，巴塞隆納已見不到鬥牛了，有上萬人打太極，西班牙廣場經常舉辦大型太極表演，展示中國功夫。

馬德里孔子學院學生吉瑞認為，中國的武術與兵法融為一體，不可分割，練少林、太極不僅可以鍛鍊身體修養身心，提高學習興趣與效率，而且可以體驗中國兵法的奇妙。但如果只學中國武術而不學《孫子兵法》，就不夠有味了。因此，中國的武術應該與兵家文化一起進入孔子學院，由少林、太極的吸引而吸引西班牙人進一步喜愛和學習中國文化。

巴塞隆納大學客座教授張修睦，武術和太極造詣很深。他認為，中國武術不僅僅是搏擊術，更不是單純的拳腳運動，它是中華傳統文化的精彩體現。它的思想核心是儒家的中和養氣之說，同時又融合了道家的守靜致柔，釋家的禪定參悟，兵家的智慧謀略，從而構成了一個博大精深的武學體系，很適合孔子學院推廣。

24. 歐洲學者稱孔子學院不能缺「孫子」

葡萄牙米尼奧大學孔子學院葡方院長孫琳認為，孔子學院與歌德學院一樣，名稱並不能代表實質，歌德學院不是為傳播歌德開的，孔子學院也不僅僅傳播孔子。傳播中華文化不能缺「孫子」。

　　歐洲學者稱，孫子和孔子一樣有永恆的智慧，這種智慧屬於全世界，沒有哪個國家能夠壟斷。《孫子兵法》因其實用性受歡迎。在歐洲的大連鎖書店裡，各種版本的《孫子兵法》常年供應，可見西方年輕人更想瞭解東方人的智慧。孔子學院傳播孫子文化吻合孔子「文武兼備」的教學思想。

　　記者在里斯本孔子學院看到，孔子像與《孫子兵法》竹簽並列放在一起，讓人領略中國古代文武兩位聖人的風采。葡方院長費茂實博士對記者說，這體現了中國儒家學說與兵家思想在孔子學院等量齊觀，孔子學院不僅僅傳播孔子，應傳播包括諸子百家在內的更多的中華優秀文化，而孫子是「世界兵學鼻祖」，全世界都崇拜他，孔子學院應該有他的地位。

　　法國布列塔尼孔子學院法方院長白思傑是被協會的理事會招聘的，還要通過面試，他很幸運被選中了。在談到被選中的主要原因時，白思傑看到《經濟學人》雜誌裡，有一篇名為〈中國在海外：孫子和軟實力的藝術〉的文章，論述中國經濟實力之外的「軟實力」。讀完文章發現，孫子才是韜光養晦，在海外低調傳播中國形象的代表人物。因此，他對孔子學院傳播《孫子兵法》有著特別的情結。

　　近年來，俄羅斯葉卡捷琳堡掀起一股「中國古典文學熱」，當地書店包括《孫子兵法》在內的中國古典文學書籍銷量異常「火爆」。書店的工作人員介紹說，這與卡捷琳堡孔子學院大有關係。該學院教學秘書安德列從大學時代就開始對中國文化產生興趣，喜歡研讀俄文版《孫子兵法》。

　　西班牙巴塞隆納孔子學院中方院長常世儒表示，孔子學院不能單純教漢語，這既沒廣度也沒深度。要打好中華傳統文化牌，走文化高端，推動漢學研究，系統研究傳播孔子、老子、孫子、莊子等中國古典精華，把孔子學院辦成以漢學家為主體的學術性機構，傳播中華文化的平臺。

　　馬德里孔子學院公派教師郝麗娜向記者介紹說，《孫子兵法》在西班牙影響很大，西班牙版本多次再版，她聽到不少西班牙人經常談論孫子。一些大學講跨文化管理，都離不開《孫子兵法》。在他們學院，大部分學員學習漢語是出於對中國文化的迷戀，學員們相信，在孔子學院能更好地學習漢語和中國文化，許多學員都讀過《孫子兵法》。

　　慕尼黑孔子學院德方院長高芳芳向記者介紹說，德國人對包括儒家學說和兵家文化在內的中國傳統文化越來越喜愛，對中國功夫非常崇拜，對孫子的智慧謀略從不瞭解到信奉，受到學術界和企業家的歡迎。德國眾多跨國公司總部設在慕尼黑，很需要瞭解中國的智慧謀略。該院打算從 2013 年起，「文化沙龍」開設《孫子兵法》課程，邀請中國和德國的孫子研究學者授課。

　　法蘭克福孔子學院中方院長、復旦大學歷史系教授趙蘭亮博士坦言，現在對孔子學院的定位更加清晰了，是傳播中華文化的載體。孔子學院用了孔子的名字，實際上代表了諸子百家，代表了中華文化。孔子學院要向前走一步，就是要把儒家學說、兵家文化等中國傳統文化傳播的層次提升一步。

　　有學者認為，孔子學院全球遍地開花，《孫子兵法》在世界廣泛應用，不但能用以指揮戰爭，而且能用來管理

公司、推廣市場、面對競爭，恐是老外想從孔子學院探索的。中華文化博大精深，中國的軟實力主要體現在中華文化上，《孫子兵法》應隨孔子學院在全球並蒂開花。

法國篇

1.《孫子》在法國傳播被稱為「世界傑作」

　　法國戰略研究基金會亞洲部主任、法國著名孫子研究學者瓦萊麗‧妮凱在接受記者採訪時稱，把《孫子兵法》傳到西方的第一人是耶穌會傳教士，這位法國神父名叫約瑟夫‧阿米奧特，他把第一本《孫子》翻譯本帶到法國，並且多次再版，儘管不完善，但這個西方語言譯本和後來出現的各種兵書譯本在歐洲影響深遠，引發了西方學術界對中國古代兵學長久不衰的特別關注，對東方兵家文化在西方的傳播起了很大的作用。

　　妮凱介紹說，1782 年，阿米奧特對《孫子兵法》一書注釋，作為《中國歷史‧科學‧藝術‧風俗習慣》一書的第七卷，由「北京教會」發行。從此，開啟了《孫子兵法》在西方傳播的歷程。西方人破天荒第一次「發現」了古代中國震撼人心的兵法智慧，被稱為「世界傑作」。

　　阿米奧特中文名為錢德明，1718 年出生於法國土倫的耶穌會士，1750 年奉派來華，第二年就被打算結交幾個西洋朋友的乾隆皇帝召進京城，此後一直受到清朝的禮遇，在東方古都北京一住就是四十三年，1794 年逝世於北京。

　　除了傳教以外，阿米奧特把主要的精力都用在研究中國文化上面。他學會了滿文、漢文，把中國的歷史、語言、儒學、音樂、醫藥等各方面的知識介紹到法國去，引起法國乃至歐洲文化界的廣泛關注。其中最有價值的譯介工作是受法國國王路易十五時代的大臣 M‧貝爾東的委託，翻譯的六部中國古代兵書，其中一部為《孫子兵法》。

　　法國戰爭學院孫子研究學者亞納‧古德爾克考證，阿米奧特根據《武經七書》的滿文抄本並對照漢文版本，收

《六韜》、《孫子兵法》等四種中國兵書於內，然後譯成法文在巴黎出版，作為《中國軍事藝術》叢書中的第二部在巴黎出版，從而成為整個西方世界的第一部《孫子兵法》譯本。阿米奧特在該書扉頁上寫道：「中國兵法：西元前中國將領們撰寫的古代戰爭論文集。凡欲成為軍官者，都必須接受以本書為主要內容的考試。」

　　亞納・古德爾克對記者說，自從阿米奧特把《孫子兵法》傳入法國後，引起了法國對東方兵法研究的極大興趣，在此後兩百多年間各種以此為版本的《孫子》書籍不斷再版，影響了法國乃至西方的兵學界，俄、英、德、義、捷等文種的《孫子》譯本相繼在歐洲問世。可以說，阿米奧特對《孫子兵法》在歐洲的傳播貢獻很大。

　　這部書的法譯本一問世，也引起法國公眾的濃厚興趣。《法國精神》等文學刊物紛紛發表評論，有的評論者甚至說，他在《孫子兵法》裡看到了西方名將和軍事著作家色諾芬、波利比尤斯和薩克斯筆下所表現的「那一偉大藝術的全部真理」，建議將這一「傑作」人

法國戰爭學院

手一冊，作為「那些有志於統領我國軍隊的人和普通軍官的教材」。法國當代文藝雜誌登載評論，一位不具名的評論家希望「年輕一代的貴族能認真閱讀這位名將的著作」。法國《雜誌精萃》和《斯卡范雜誌》也刊登了譯作內容摘要。

《孫子兵法》傳入西方後產生的影響，用法國海軍上將拉克斯特的話說「《孫子兵法》所描述的那些方法和計謀，既適用於小的戰爭，也適用於重大的政治抉擇，所有領域的領導人，包括從企業到政治家和軍隊統帥，都會發現對自己很有用處。」

2. 法國女學者翻譯出版最新版《孫子》
──訪法國戰略研究基金會亞洲部主任妮凱

法國戰略研究基金會亞洲部主任瓦萊麗・妮凱 2012 年翻譯出版最新版《孫子》，在法國各大書店熱銷，電子版《孫子》新鮮出爐，引起法國政界、軍界、商界和民眾的高度關注。記者慕名採訪了這位富有傳奇色彩的法國女性戰略學者，也是法國著名孫子研究學者。

妮凱曾任法國國際戰略研究所亞洲中心主任，她是法國戰略和軍事研究專家，法國智庫國際關係協會中國問題專家、漢學家，政治學博士，兼任法國國防軍事學院教授，講授中國地緣政治課程，並從事包括《孫子兵法》在內的中國重要戰略思想著作的翻譯。她研究興趣廣泛，包括亞洲的戰略與軍事問題、中國與日本戰略思想分析、安全政策與宏觀經濟問題的相互影響、亞洲大國力量對比的演變、亞洲大國的防務理論與軍事戰略等。

妮凱說，法國很早便對中國兵法感興趣。上溯到十七世紀，曾在清朝宮廷居住過的傳教士阿米奧特神父便出版了第一部《孫子兵法》的法文譯本。當時這本書叫作《中國古人的兵法》。這個譯本在法國曾幾次再版，後來又出現了吉爾斯和格里菲斯的英文版《孫子兵法》。幾年前，我想《孫子兵法》應該有一個比阿米奧特更嚴謹的法譯本，於是我重新進行了翻譯，目的是給法語讀者提供更完善的法文讀本，也為法國從事中國當代戰略思想研究的人提供一種新的思路。

談起為何會與《孫子兵法》結緣，妮凱告訴記者，她是從喜歡中國的文言文、研究漢語開始，喜歡中國古代文化，再喜歡並研究孫子的。當時她的指導老師建議她研究中國明代課題，她沒有興趣，為逃避這個課題，主動要求翻譯孫子，得到了指導老師的認可，從此一發而不可收拾。二十多年來，她一直在進行孫子研究，從沒有間斷過，還研究中國戰略思想、《孫子兵法》對當代戰略的影響。

妮凱將《十一家注孫子》直接用文言文翻譯成法文，這在法國還是首部。譯文分為兩部分，各成一百七十餘頁的單行本。一本是 1988 年出版的《孫子兵法十三篇》，另一本是 1994 年出版的《曹操和李荃的解說二篇》。以前，法文版的《孫子兵法》均轉譯自英文，妮凱則填補了從中文原著翻譯法文的一個空白。

該法文版的「序」和「前言」占了全書較大的篇幅，其中頗多精闢獨到之語。妮凱在「前言」中考證了孫子的生平，介紹孫子生活時代的中國社會，談了中國人對兵法的研究，以及《孫子兵法》在中國近代產生的作用。

之後，妮凱又不斷地修正補充。2012 年出了最新版

《孫子兵法》，由中國軍事科學院戰爭理論與戰略研究部研究員、博士生導師、中國孫子兵法研究會副秘書長劉慶撰寫再版序言，法國國防研究基金會研究部主任莫里斯·普雷斯泰將軍作了長篇後記。

妮凱曾兩次赴《孫子兵法》誕生地蘇州穹窿山考察，感歎孫武隱居地的神奇，寫出了「兵書聖典」、「世界古代第一兵書」；中國八屆孫子國際研討會她幾乎都參加，並發表論文。她認為孫子國際研討會展示了豐富的研究成果，充分說明近幾千年來，在中國，人們對孫子戰略思想越來越感興趣。更好地瞭解孫子，就能更好地瞭解強大中國的戰略思想。

妮凱除了翻譯出版《孫子兵法》，還運用孫子的戰略思想，出版了《中國的戰略思維》，暢述了中國兵家思想對當代戰略的影響，被培養高級軍事人才的法國戰爭學院列為教材。

3. 法國將軍提出孫子思想具有世界意義

法國國防研究基金會研究部主任莫里斯·普雷斯泰將軍 2012 年在法國女學者妮凱翻譯出版最新版《孫子》所作的長篇後記中，提出孫子的戰略思想和原則在當今具有世界意義。

莫里斯·普雷斯泰將軍是法國國防戰略研究專家，也是孫子研究專家，出過不少這方面的專著。他指出，在二十五世紀以前，一個中國作家寫了一部《孫子》，最初由法國神父於十七世紀譯介到歐洲，這部著作直至今日被公認為戰略經典。

　　普雷斯泰用戰略觀點回溯西方歷史中兵法運用特別明顯的幾個歷史階段，分析兵法在當時與政治之間的關係，進而證明《孫子兵法》的戰略原則不僅世界通用，也完全經得住時間的考驗。

　　普雷斯泰認為，過去，西方軍事學家在解釋戰爭的整個過程中，往往把使用暴力，通過軍事力量的摧毀力看成是唯一的取勝之道，這些做法在當今世界無疑是一種冒險。中國的孫子早在二千五百年前就提出了「不戰而勝」思想，孫子不僅教授兵法，還解讀戰爭藝術，西方許多國家都在應用，因為孫子思想比西方戰爭理論更切合當今世界的實際。

　　普雷斯泰提出，為了更好地理解孫子十三篇的豐富內容，有必要將東西方軍事思想作個比較，並融入當今世界的戰略思維，在軍事歷史長河中重新審視，從而揭示戰爭藝術以及與政治之間的關係。

　　西方用武力，孫子講謀略，這是東西方軍事思想最大的差別。普雷斯泰稱，西方世界從古希臘到拿破崙帝國，都是使用暴力解決雙方爭端和事務，而且重點體現在海上力量。這種完全依賴戰爭和暴力獲勝的西方軍事觀，與孫子宣導的「不戰而勝」的學說是相背的。

　　而在東方世界，在中國古代，有許多大的謀略家、軍事家，他們講戰爭，更講謀略。「不戰而屈人之兵」是孫子整個戰爭思想中的核心思想，在中國古今許多戰爭和戰役中都能得到體現，毛澤東的戰略思想就是孫子思想的最好體現。

　　普雷斯泰評價說，千百年來，西方軍事學家們苦苦尋求，從直接使用暴力、軍事威懾力，到重視戰爭謀略，利

用各種資源，盡量減少對抗，不必發動戰爭，正在對戰爭尤其是現代戰爭有了新的理解。

冷戰以後，西方世界對東方兵學的認識逐步改變，對孫子的戰略思想研究越來越重視，正在重新審視孫子，重新認識孫子價值。通過對東西方兵學思想的比較分析，認為孫子的思想更適合當今世界。這是普雷斯泰所得出的結論。

4. 法國著名漢學家插圖版《孫子》熱銷

在巴黎文化街最大的書店裡，讓‧勒維先生創意編輯的彩色插圖版《孫子兵法》吸引眼球，法國讀者愛不釋手，稱讚此書設計精美，別出心裁，形象生動，通俗易懂，不失為一本瞭解中國古代文化的經典圖書。

在法國《中國文化》雜誌主編夏漢生典型的法式公寓裡，記者再次拜讀了勒維先生的插圖版《孫子兵法》。該書為大開面本，223頁，插圖210幅，裝幀漂亮，紙張厚實，圖文清晰，色彩柔和。封面以孫子為吳王訓練宮女為題材，進行了再創作，令人耳目一新。

該書的插圖極具特色，有以孫子、毛澤東為代表的中國著名兵家人物，《孫子兵法》的竹簽，《孫子十家注卷》等歷代中國兵書，中國古今著名戰例，中國兵家故事、中國兵馬俑，還有反映中國兵家文化的書法、繪畫、連環畫。尤其是跨頁的圖片，濃彩重墨地繪製了中國古代的城牆、旌旗、戰馬、刀劍，把讀者帶進了氣勢恢弘的中國古戰場，形象地揭示了《孫子兵法》的謀略和智慧。

夏漢生對記者說，勒維先生是一位有名的漢學家，也是法國頂級科研機構的教授。他對中國兵家文化研究很

深，翻譯過《武經七書》、《孫子兵法》、《三十六計》、《三國演義》等中國經典兵家文化書籍。

法國戰爭學院孫子研究學者、勒維先生的學生亞納·古德爾克在接受記者採訪時，也帶著他老師的插圖版《孫子兵法》。他介紹說，勒維先生在漢文化的諸多領域都有所介入，對中國和中國文化都非常瞭解。他對《孫子兵法》的研究是基於比較文化，比較詩意的方面，所以他的插圖版《孫子兵法》充滿了詩情畫意。他計畫在現有的基礎之上，再出版一系列關於《孫子兵法》的叢書。

法國戰略研究基金會亞洲部主任、法國著名孫子研究女學者瓦萊麗·妮凱評價說，此插圖版《孫子兵法》從文學的角度詮釋孫子文化，文字優美，像一篇散文詩；又以圖解的形式，圖文並茂，是法國孫子出版的書籍中富有異國風情的最為特別的一本書。

5. 法國軍官與他的《孫子在法國》

記者在巴黎戴高樂中國圖書館見到了一位法國戰爭學院的研究生，名叫亞納·古德爾克，是一名法國陸軍軍官，出身於著名的聖西爾軍校，並從享有同樣盛名的法國戰爭學院畢業。出於對中國經典之作《孫子兵法》的興趣，他致力於研究此書，並立志成為真正的專家。

亞納·古德爾克對孫子樂此不疲，他在接受記者採訪時，可以侃侃而談數小時，縱論這本篇幅相對短小但毋庸置疑有著深刻內涵的中國兵書。聊起對孫子思想的闡釋，他都可以滔滔不絕。總之，在法國研究這一舉世公認為經典的中國戰略思想的知名專家行列中，他已爭得一席之地。

亞納‧古德爾克說，他是一位名副其實的《孫子兵法》愛好者，對《孫子兵法》傾注熱誠，在法國數家刊物發表一系列介紹孫子及中國兵法的文章，並創建了專題博客http://suntzufrance.fr引起法國讀者的關注；此外，他還活躍於法國社交網站，建立專門的「推特」（Twitter）和「臉書」（Facebook）頁面，每日更新與《孫子兵法》相關的內容。

他還研究世界各國軍校研讀《孫子兵法》，孫子謀略運用於全球軍事領域的課題，為此，他已到訪了十多個國家，與世界各國軍校數百名軍事同行建立聯繫，互相探討孫子戰略思想，努力探尋孫子在全世界軍事院校的傳播軌跡。

亞納‧古德爾克告訴記者，法國戰爭學院是培養高級軍事指揮員的軍事院校，與美國等軍校一樣，我們學院也把孫子戰略思想作為一個重要的內容。他把「孫子在法國」作為博士論文的題目，對《孫子兵法》在法國傳播的情況進行潛心研究。這個研究課題在法國還沒人做過，尚屬首次，他認為這是一件非常有意義的事。

為了做好這個研究，他開始學習漢語，這樣可以幫助他閱讀《孫子兵法》的原文，更好的理解和掌握孫子的精髓。亞納‧古德爾克對記者說，他力求進一步加深對這本中國兵書的理解，以便向法國公眾推介該書。為此，他花了兩年多時間，搜集整理《孫子兵法》在法國傳播和應用的資料，每天都要投入三至四個小時，而他卻樂此不疲。

2012年年底，法國紐維斯（Nuvis）出版社推出亞納‧古德爾克的《孫子在法國》專著。這本書詳細記錄了一名畢生與中國結緣的傳教士於十七世紀首次將《孫子兵法》譯成法文的過程，系統介紹了法國各個版本《孫子兵法》，

講述了法國當下從軍方到商界乃至全社會推崇《孫子兵法》的熱潮，具有史料性、系統性、實用性和可讀性。

亞納・古德爾克說，《孫子兵法》傳入法國，包括中國的其他兵書，使東方的兵學在西方產生了重大影響，這位法國神父功不可沒。與西方洋洋灑灑的《戰爭論》相比，《孫子兵法》只是一本小書，但他的價值卻高於《戰爭論》，列為世界第一兵書，其深邃的軍事哲學，經典的謀略思想，至今智慧不滅，光芒永存。

「《孫子兵法》很有價值，不但是軍事領域，各個領域都可以應用。我的這本《孫子在法國》也不只是寫給軍人看的，主要是寫給法國年輕人看的，還有學術界和商界人士看。《孫子兵法》不僅軍方要學，企業更要學」。亞納・古德爾克說。

說著，亞納・古德爾克拿出一本英國學者撰寫的《孫子的和平思想》一書對記者說，「二戰」是歷史上死傷人數最多的戰爭，不符合孫子的「上兵伐謀，其次伐交」的和平理念，特別是冷戰時期，孫子的思想被越來越多的軍事家所重視，要用孫子「不戰而勝」的思想，不能再用毀滅性的戰爭手段。

臨別時，亞納・古德爾克自信地對記者說，他相信《孫子在法國》這本書會受到法國人的重視和喜歡，因為這本書展示了東方智慧與西方的融合，法國在傳播和應用孫子戰略走在歐洲的前面，法國在二十世紀開始真正重視研究應用孫子思想，二十一世紀更加重視了，孫子思想對法國的經濟發展和中西文化交融是相當有益的。

6. 法國《周易》學家以《易》談兵妙趣橫生

──訪法國著名《周易》學家夏漢生

住的是巴黎尚存兩處的最老式的法國公寓，擺設的卻是道地的仿中國清朝家具，長得一張典型的法國人的臉，讀的卻是深奧難懂的漢語書。他是法國著名漢學家、《易經》專家，也是法國曉有名氣的文化人夏漢生。

夏漢生告訴記者，他的中文名字的來歷很有意思，因喜歡中國的夏朝，又是夏天生的，加上喜歡漢語、研究漢文化，這個名字的發音與法文發音很接近，所以取了個中文名字夏漢生。他除了研究中國文化，編輯《中國文化》雜誌，向法國讀者介紹孫子、孫中山等中國名人外，還為中法的經貿和文化交流出謀劃策。

為了瞭解中國文化，夏漢生先後到中國考察 66 次，他笑稱這是「六六大順」。他還在臺灣兩年，為的是學習漢語。因一次偶然的機會他研究起《易經》，經過幾十年

法國著名《周易》學家夏漢生

的「修煉」終成正果，翻譯的《周易》在法國出版，深受歡迎。他對《易經》與兵法內在聯繫研究很深，分析很透，與記者娓娓道來。

《易經》與兵法，在軍事上有著直接的聯繫。《易經》的妙處可以拓展到軍事等領域，在戰爭中求陰陽平衡，虛實結合法則。《易經》中「征」字出現了十八次，這個「征」拆開來就是奇正，因為兩個人就會變奇，與孫子在〈兵勢篇〉提出的「凡戰者，以正合，以奇勝」有明顯的共同點。

《易經》中的吉凶在《孫子兵法》的開篇中就充分體現，開宗明義說「兵者，國之大事，死生之地，存亡之道，不可不察也」。這「死生之地，存亡之道」，就是吉凶。孫子把戰爭與國家命運，人民的生死緊密聯繫起來，就是與吉凶聯繫起來。

師卦講的是陰陽變化。「師」指軍隊，師卦，闡釋由爭訟終於演變成戰爭的用兵原則。戰爭是兇惡的工具，用兵必須慎重。軍隊必須是正義之師，戰爭必須得到人民的支持，才能戰無不勝，這是師卦的主要精神。

比卦，陽生陰成。提倡「以柔克剛」，中國古代「柔」與「剛」都是武器，「柔」是鉤，「剛」是劍，在戰場上有時鉤比劍的作用和威力要大。他幽默地說，所以現在說女人的武器不可輕視。比卦還主張和諧，內部團結，與孫子「上下同欲」、「同舟共濟」是一致的。

遯卦主張「以退為進」。孫子和毛澤東兵法也都主張「以退為進」，「三十六計，走為上計」說的就是「以退為進」。毛澤東是「以退為進」的高手，退出延安就是典型的案例；「二戰」中史達林也踐行「以退為進」，最終取得勝利。

當記者問及《易經》的哲學思想與孫子的哲學思想有何聯繫時，夏漢生回答說，這個問題提的很好，《易經》的哲學思想與孫子的哲學思想如出一轍，面對強勢和弱勢，《易經》主張不用抗爭的形式，不流血衝突，採取柔和的方式，與孫子的和平理念，盡量降低戰爭的災害完全吻合。

夏漢生認為，老子的《道德經》、《周易》和《孫子兵法》都主張「不戰而屈人之兵」，這三本中國古代經典有許多相通之處，說明中國文化互補性很強，融合性也很強。

7. 法國學者稱伐交思想符合當今世界

「孫子伐交思想對當代戰略思維有很大的影響，對當今世界和平有著重要意義」。法國戰略研究基金會亞洲部主任瓦萊麗·妮凱在接受記者採訪時表示，孫子主張「不戰而勝」，盡量避免戰爭或把戰爭的災難降到最低程度，這種思維十分符合今天的世界。

妮凱是法國戰略和軍事研究專家，法國著名孫子研究女性學者，她撰寫有許多研究報告、專著和文章，主要涉及冷戰結束以來亞洲的地區均勢演變和戰略問題、地區大國的防務政策以及擴散問題。其著作和論文包括「中國力量崛起」：「和平還是衝突」、「歐盟的中國政策」、「防務理論與中國安全」、「冷戰結束與中華人民共和國外交政策」、「中國的戰略基礎」、「冷戰結束後亞洲的戰略形勢」、「歐盟與亞洲的戰略夥伴關係」、「多極世界的伐交思想」等。

妮凱說，孫子在「謀攻」篇中表達的「伐交」思想，實際上，孫子建立了一種取得戰爭勝利的次序：即伐謀——伐交——伐兵。首先是伐謀，其次是伐交，伐兵是下策。我注意到，幾年前中國孫子研究學者發表了一篇題為〈孫子的伐交思想與以和平方式解決國際爭端〉的文章，將「伐交」解釋為「用外交取勝」。外交與取勝這兩個詞使人想到了孫子的另一思想——不戰而勝。

《孫子兵法》的成書年代是中國的春秋末期，七雄並立、互相爭霸的時代逐步到來，春秋時期走向了戰國時期。《孫子兵法》反映出春秋時期爭霸戰爭的特點，提出「不爭天下之交」。當代世界出現了多極化趨勢，用今天中國專家的看法，這種新的國際秩序可被稱為「新戰國時期」。因此，孫子的伐交思想仍然適應，妮凱比較說。

妮凱認為，隨著冷戰的結束，世界從一個穩定的兩極系統發展成為一個更動盪、更不穩定的系統，幾個國家或幾個國家集團試圖避免出現一種單極稱霸的局面。而兩極系統的結束對某些國家來說，可能是對國際力量重新分配的機會。在這個「新戰國時期」，人們用一種冷戰時更靈活的方式使用新的聯盟戰略。人們開始重新尋找或獲得更大的活動空間。這就是為什麼孫子「伐交」思想提供了一種有趣的分析方法。

妮凱提出了這樣的問題：多極化意味著什麼？或者更確切地說，每個國家賦予多極化什麼含義？多極化是一個趨勢，即世界是由多種力量、多種社會制度、多種發展模式和多種價值觀構成的，它承認了世界的多樣性。各種力量之間的平衡與制約，避免了新的世界大戰的爆發，促進了大國關係的緩和。為了對付共同的威脅——恐怖主義，

大國之間開始嘗試進行新的對話，並加強合作，從而使大國之間的聯繫加強，有利於維護世界的和平與穩定。

妮凱稱，一些國家出於自身利益的需要，致力於建立一個多極的世界，並在穩定的國際系統中出現，這種系統應建立在共同的利益上。人們可以看到多極化成為現實，但不能肯定每一極下的所有國家都從中受益。對這個層次的國家而言，多極化可能導致新的脆弱性和不穩定性。為了多極化的運行，應該結合並尊重所有的國際準則。

妮凱指出，在世界多極化趨勢下，人們使用孫子的「伐交」的原則也就更為實用。當代世界多極化有利於國際社會的各種力量加強協調，平等對話，共同維護世界的和平、穩定，有助於建立公正合理的國際政治經濟新秩序。國家之間的爭端和地區之內的衝突，只有通過對話談判、平等協商，才能求得解決。

8. 法國形成一批高層次的孫子研究群體

記者在法國採訪時獲悉，該國形成了一批層次高、專業程度高、翻譯和研究水準比較高的孫子研究群體。近年來，《孫子》法文譯本不斷再版，法國正在興起新一輪研究傳播和應用孫子的熱潮。

法國有一批軍事和戰略研究學者從事孫子研究，如法國巴黎軍事學院高等研究中心主任杜馬將軍、法國空軍歷史檔案館館長德沙西將軍、法國國防研究基金會研究部主任莫里斯‧普雷斯泰將軍、法國國防大學主持人羅伯特‧拉洛克、法國核軍備研究專家蒂埃里‧加森教授、法國戰略研究基金會亞洲部主任瓦萊麗‧妮凱、法國巴黎戰略與

爭端研究中心研究員龍樂恒等。

　　法國政治界、經濟界、學術界也有一批熱衷孫子研究的學者，如法國政治研究學會研究員梅珍、法國經濟學博士費黎宗、法國著名孫子研究學者魏立德、法國著名漢學家及《易經》專家夏漢生、法國布列塔尼孔子學院法方院長白思傑等。

　　法國巴黎戰略與爭端研究中心龍樂恒，從小就與東方文化有著不解之緣，他獲得巴黎東方語言學校的漢學博士，說著一口基本流利的漢語，對《孫子兵法》頗有研究。他撰寫的《孫子與中國其他古典軍事名著對中國現代戰略的影響》提出，一部西元前 400 年完成的戰略著作《孫子》仍對當代的政治與軍事事務產生影響。

　　龍樂恒同時指出，中國的戰略傳統並不只是侷限於《孫子》，《武經七書》中的其他著作也占有同等重要的地位，更不要說還有數百部別的著作。現在，它們仍是關於軍事事務的基本教科書。

　　法國經濟學博士費黎宗在與國際象棋世界冠軍卡爾波夫對話的《對弈》一書中，有這樣的一番肺腑之言：「從孫子到克勞塞維茨，從福煦到利德爾・哈特，他們之中給我印象最深的，毋庸置疑就是孫子這位生活在春秋動盪時期的中國將領。我數十次反覆閱讀了他寫的一本薄薄的名為《孫子兵法》的書。」

　　法國孫子研究學者魏立德曾在中國深造過《孫子兵法》，精通中國兵法，通曉孫子的奇正術。回到法國後成為孫子專家，曾出版過法文版《三十六計》，在法國賣得很火，近期將出版法文版《孫子兵法》和《孫臏兵法》。

　　法國南錫經濟管理學校開設《孫子兵法》研修專案，

除了系統學習孫子文化的知識體系，還將學習中國傳統文化精髓，認識《孫子兵法》核心思想在現代企業中的應用。他們在孫子故里山東濱州進行六大項目培訓，分別為孫子理念體驗、孫子文化展示、孫子學術講座、孫子應用案例考察、孫子策略實戰應用等。

據媒體披露，法國外交部危機中心也研究孫子。該危機中心是在法國總統薩科齊的倡議下於 2008 年 7 月 2 日成立的，負責處理在國外發生的人道主義危機或危及海外法國人生命安全的突發事件等。危機中心負責人稱，我建議危機中心的工作人員多看看《孫子兵法》，它是我個人非常喜歡的一本書，我知道在戰術方面，領先的是中國人。

9. 法國《孫子兵法》翻譯出版高潮頻現

在巴黎圖書館、巴黎各大書店、巴黎中國文化中心圖庫和圖書館、戴高樂中國圖書館，各種法國版本的《孫子兵法》令人眼花繚亂。據法國戰爭學院孫子研究學者亞納‧古德爾克出版的《孫子在法國》一書披露，法國《孫子》翻譯出版高潮頻現。

1772 年，法國神父阿米奧特的法文譯本《中國軍事藝術叢書》率先在歐洲出版，在此後的兩百多年間，該書和孫子十三篇譯文先後多次再版重印，並轉譯成多國文字。同時圍繞該書還發表了一系列評論文章，形成西方早期的孫子文獻。

阿米奧特的《孫子》譯本初版發行一百五十年後，1922 年在巴黎發行了法國上校 E. 肖萊的新譯本，書名為《中國古代的戰爭藝術，二千年前的古代戰爭學說》，該

巴黎中國文化中心圖書館包括法文版在內的各種版本《孫子兵法》

書參照的是 1772 年阿米奧特的譯本。

　　阿米奧特譯本的第三次新版由 L. 納欣於 1948 年在巴黎刊行。納欣在《戰爭的經典著述》叢書中收入了這本書，書名為《西元前第五至第三世紀孫子吳子和司馬法》，把包括孫子在內的中國古代兵法經典比較完整地介紹給法國讀者，並第一次提出孫子的兵家思想比其他兵家思想更重要。

　　1971 年在巴黎出版了由瑪麗-克雷爾卜齊特、R. 卡塞萊、P. 馬蒙、L. 泰納塞柯和居納安編輯的《孫子十三篇》一書。

　　1972 年由法國弗拉馬里翁出版社在巴黎發行了於 1963 年在倫敦、牛津和紐約出版的《孫子兵法》一書的法譯本，原書出於美國塞纓爾 . B. 格里菲思准將之手，由法國法蘭西斯·王譯，發行了兩次新版。該法文譯本由格里菲斯撰寫《序言》與《導論》，英國著名孫子學者利德爾·哈特寫了《前言》。

　　《孫子兵法》一書的新法譯本於 1988 年在巴黎出版，

法
國
篇

法國著名漢學家插圖版《孫子兵法》

1990 年發行第二版。該書由法國戰略研究基金會亞洲部主任、法國著名孫子研究學者瓦萊麗・妮凱翻譯，她具有政治學博士及漢語碩士學位，是一位研究中國外交政策的專家。該法譯本是直接用文言文翻譯的，給法語讀者提供更嚴謹的《孫子兵法》法文讀本。法國國防研究基金會研究部主任莫里斯・普雷斯泰將軍為該書寫了詳盡的導言。

2012 年，妮凱又翻譯出版最新版《孫子兵法》，由中國軍事科學院戰爭理論與戰略研究部研究員、博士生導師、中國孫子兵法研究會副秘書長劉慶撰寫再版序言，法國國防研究基金會研究部主任莫里斯・普雷斯泰將軍又作了長篇後記。最新版《孫子兵法》出版後在法國各大書店熱銷，隨即出版的電子版《孫子兵法》也受到法國各界的關注與好評。

法國漢學家讓・勒維先生創意編輯的彩色插圖版《孫子兵法》，也在 2012 年出版，該書從文學的角度詮釋孫

子文化，全書 223 頁，插圖 210 幅，圖文並茂，形象直觀，是法國孫子出版的書籍中最為特別的一本書，一經出版吸引法國讀者的眼球。

法國經濟學博士費黎宗出版的《思維的戰爭遊戲：從〈孫子兵法〉到〈三十六計〉》，以一個西方高級企業決策者的體驗與眼光來評述和驗證這兩部著作，來觀察古老的中國文化遺產如何在現代社會的實踐中得到驗證，及其在與西方文化的交流中如何相互融會。他提出，真正的戰爭不是發生在戰場上，而是在決策者的頭腦中，只有在智慧的對決中戰勝對手，才能在較量中所向披靡。

該書的編輯推薦說：如果一個人一生中只看一本書，那這本書一定是《孫子兵法》。二千五百年前，當中國哲學家孫子寫《孫子兵法》的時候，他不可能想像出這本書今天在美國的運用。早在二十世紀 80 年代，它就已經成為公司主管和投資者的「聖經」了。

10.《孫子》受到法國公眾特別的「禮遇」

法國電影《蛇》的序言以《孫子兵法》中的警句為導語，讓法國公眾對中國的兵家文化引起了興趣。法國奇幻喜劇電影《時空穿越者》展現了遠古世界中兩軍對壘的恢弘場面，故事主人公瑞米披著棉被指揮戰鬥，手上捧著《孫子兵法》與《三十六計》。

記者在巴黎文化街各大書店看到，《孫子兵法》法文版很受法國讀者青睞，薄薄的一本小書，比厚厚的法漢對照詞典這樣的工具書價格還要貴。最新版《孫子兵法》因銷量猛增，在原書價格邊貼了新的價格，上浮好幾成，記

在法國《武經七書》中的其他著作也占有同等重要的地位，圖為中國兵書連環畫

者買到的就是「漲價版」《孫子兵法》。

在巴黎中國文化中心，連環畫《孫子兵法》、《孫臏兵法》、《司馬法》、《黃石公三略》、《六韜》、《三十六計》等中國兵家文化書籍十分齊全。工作人員介紹說，該中心的《孫子》書籍和連環畫很受法國讀者青睞，前來閱讀的以法國年輕人居多。巴黎戴高樂中國圖書館館長李大文也告訴記者，《孫子兵法》及相關的商戰書，在該館很「吃香」。

法國是世界公認的時裝王國，而享譽法國和世界的時裝設計大師卡芬女士，她成功的秘訣就是應用孫子的「避銳擊惰」與「避實擊虛」。卡芬女士回憶起五十多年前的往事，仍禁不住情緒激動，慶幸自己當時沒有捲入同行的競爭當中，避開了他們的銳氣，而選擇了這個當時無人競爭的領域，終於打敗對手。這個正確的決策，為她帶來了

巨大的成功。卡芬女士的成功，足以讓每個想要「以弱勝強」的有志之士借鑑。

商界如此，文學界也同樣如此。法國里昂有位文學愛好者名叫阿萊克西‧熱尼，他寫了篇小說《法國兵法》獲得龔古爾文學獎，他在接受法國《快報》專訪時說，《法國兵法》這個名字模仿了《孫子兵法》。

法國布列塔尼孔子學院法方院長白思傑，在《經濟學人》雜誌裡看到有一篇名為〈中國在海外：孫子和軟實力的藝術〉的文章，論述中國經濟實力之外的「軟實力」。讀完文章發現，孫子很了不起。於是，他開始研讀《孫子兵法》，在孔子學院傳播孫子文化。

法國戰爭學院孫子研究學者亞納‧古德爾克出版的《孫子在法國》一書，系統介紹《孫子兵法》在法國的傳播和應用。他對記者說，這本書主要是寫給法國年輕人看的，還有學術界和商界人士看。他相信這本書會受到法國人的重視和喜歡，因為這本書展示了東方智慧與西方的融合。

「法國八九大街網站」的線民沉思者認為，要跟中國人打交道，就要閱讀《孫子兵法》。這位法國線民寫道，很少有人能夠把握微妙的中文，在與中國人對話之前，必須首先閱讀《孫子兵法》等名著，以便瞭解中國人的思維以及行動方式。

法國戰略研究基金會亞洲部主任瓦萊麗‧妮凱評價說，法國對《孫子兵法》的研究、傳播和應用是積極的，這部中國古代經典在法國深受歡迎，多次再版就是證明。可以說，不僅在法國軍界、商界和學術界，就連普通法國民眾都很喜歡，購買、閱讀孫子書籍很普遍。

11. 華文媒體助推孫子文化在海外傳播
——訪《歐洲時報》社長張曉貝

「我們的報紙以介紹中國文化，促進中法文化交流，服務華人華僑為宗旨，理應助推孫子文化在歐洲的傳播」。在巴黎極具歐式風格的米黃色樓裡，記者見到了《歐洲時報》社長張曉貝，他談及華文媒體傳播包括孫子文化在內的中華文化，有著清晰的思路和獨到的見解。

《歐洲時報》創刊於 1983 年，發行覆蓋歐洲，是歐洲最具影響力的華文日報。近三十年來，該報努力弘揚中華文化和民族優秀傳統，溝通東西方文化的交流，促進旅法、旅歐華僑、華人的團結與共同繁榮，已發展成為一個包括中文日報、週報、多媒體網站、視頻節目、法文書籍出版社、旅行社、華文教育與文化傳播中心的綜合性傳媒文化集團，尤其在傳播中華文化方面特色鮮明。

張曉貝說，文武之道，一張一弛。孔子是中國第一張文化名片，在全球影響最大；孫子應該成為中國第二張文化名片，《孫子

作者與《歐洲時報》社長張曉貝訪談

兵法》在全球應用最廣。孫子不僅是軍事家，而且是哲學家，孫子的思想，對西方有著借鑑意義，對世界有著普遍的啟迪意義。在歐洲，不管是華商還是歐洲商人都在應用；不僅應用在商戰上而且應用在人際交往和日常生活中。作為以傳播中國文化為主要特色的《歐洲時報》，傳播包括儒家文化、兵家思想在內的中華文化，是我們的責任。

多年來，《歐洲時報》推出了「法國巴黎商學院開設孫子兵法課」、「法國時裝界卡芬女士運用孫子兵法取得成功」、「法國華人商業律師朱曉陽運用孫子兵法立於不敗之地」、「陳氏兄弟闖法國手足之情凝聚神奇力量」、法國愛麗娜時裝公司董事長、法國潮州會館名譽顧問林子崇「創業成功誠信為先」等一系列法國商界、華人華僑應用《孫子兵法》獲得成功的典型報導，在歐洲產生了積極的影響。

《歐洲時報》常年不斷地報導中國舉辦的各屆孫子國際研討會，孫子和《孫子兵法》誕生地山東、蘇州的各項孫子文化活動，刊登《孫子兵法》全球徵文大賽的消息。《歐洲時報》週刊開闢了「史海縱橫」、「軍事天地」欄目，彙編經典案例，介紹兵法名家，普及兵法知識，傳播兵家文化。

在 2004 年中法文化年上，一個重要活動就是舉行「康熙文物展」。《歐洲時報》發表評論說，因為從三百年前的「康乾盛世」起，中法的文化交流就頻繁地展開了。1750 年，法國傳教士錢德明來到中國，受到乾隆皇帝的優遇。1772 年，錢德明翻譯的《中國兵法》在巴黎出版。文化是國家軟力量的重要組成部分，一個國家綜合國力的提高，離不開文化的提高。

近年來，《歐洲時報》類似的社論文章頻出，充滿了中國兵家文化的智慧和哲理。如《盛讚中國文化年開啟中國文化之門》的社論說，中國哲學的「變通」觀念，可謂從古至今，一脈相通。再如《中美「對弈」一則鬥力，一則通幽》社論指出，美國「動則必戰，與敵相抗，不用其智而專鬥力」，與中國「臨局之際，見形阻能善應變，或戰或否，意在通幽」相形見絀。「鬥力」絕不是最好的選擇，下棋最高境界是中和，我們就期盼著中美能夠下出最高境界的棋。

2011年3月，由法國《歐洲時報》、英國《歐洲僑報》、德國《歐華導報》等18家全球最具影響力的主流華文媒體共同評選出「中華五千年十大名著」，《孫子兵法》名列其中，在海內外華人讀者中引起強烈反響。

張曉貝表示，《孫子兵法》在歐洲的傳播法國最早，法國漢學家對此研究很深，西方的經濟學家也很感興趣，歐洲的眾多國家如英國、德國、義大利等對此都很熱衷，歐洲的華人華僑對孫子非常崇拜，孫子的智慧受到全世界的認可。因此，孫子文化在歐洲及世界的傳播有很大的發展餘地。我們要考慮海外對孫子文化的需要，有意識地加大傳播力度，提升傳播層次，擴大傳播影響，把孫子的思想融入歐洲，引入生活，努力打好孫子這張中國文化牌。

12. 法國陳氏兄弟「手足之情」凝聚神奇力量

《孫子兵法・九地》中說：「夫吳人與越人相惡也。當其同舟而濟，遇風，其相救也如左右手。」巴黎首位華裔副區長陳文雄在接受記者採訪時說，陳氏兄弟闖法國成

就最大華商企業，體現了真正的「一母同胞，手足之情」。

　　陳氏兄弟祖籍廣東普寧，父輩起離開故鄉來到海外，先後在泰國和老撾謀生，經營木材場等實業。上世紀70年代中期，印度支那半島烽火四起，為了躲避戰亂，陳老先生悲壯地向一家老小宣布：舉家流亡。於是，有的到巴黎，有的走泰國，還有的去澳洲。

　　這是一次極其艱苦的流亡，陳氏家族在這次跨國遷徙的戰略轉移中，秉承中華民族團結、犧牲及同舟而濟的精神，譜寫了「攜手共進」的交響曲。

　　到法國後，陳克光和大哥陳克威白手起家，一起創立的「法國陳氏兄弟公司」在巴黎正式開業。新張之際，只是在巴黎第12區一條不起眼的街上，租了間30平方米的辦公室做批發業務，開始了由小至大，由弱至強的創業歷程。

　　1981年，法國有史以來第一家專營亞洲食品的現代化超級市場──陳氏百貨商場開張了。之後，旗下的8家超

位於巴黎13區的陳氏商場

市接連開業。1987 年的總營業額突破二億七千萬法郎，榮登法國著名企業「龍虎榜」。

上世紀 90 年代初，陳氏兄弟公司曾和法國達能合作投資啤酒廠，這是達能進軍中國市場的奠基石。

2001 年，陳氏兄弟公司進軍傳媒業，創立「陳氏傳媒」，引進介紹中國電視的長城平臺，涉足寬頻電視領域，並與法國傳媒及建築業鉅子馬丁・布伊格合作，成功將歐洲體育新聞頻道打進中國市場，從而引領陳氏集團走向多元化。

2002 年，陳氏兄弟公司在大巴黎地區投資數億法郎興建的公司總部新大廈落成，面積近 3 萬平方米，融行政、批發、倉儲、門市和餐飲等為一體。當地媒體預言，陳氏公司總部將拉動周圍商業的發展，形成一個新的中國城。

隨著陳氏兄弟在法國的成功，在泰國和香港的另外兩位兄弟陳克齊、陳克群也捷報頻傳，他們開拓了泰國、歐美澳及中南美洲、非洲、印度洋及太平洋群島等四十多個國家的市場。

自此，陳氏企業聯合起來，遙相呼應，緊密合作，建立了龐大的企業王國 ── 陳氏兄弟集團。其業務跨五洲連四海，成為世界上著名的華人企業之一。

陳氏家族成員團結互助的「手足之情」，造就了陳氏家族輝煌的事業，也贏得了華僑在海外的聲譽和地位。如今，陳氏兄弟公司已成為歐洲最大的中國產品代理商，康師傅、青島啤酒等知名品牌在歐洲的銷售都是由陳氏兄弟公司代理。目前陳氏兄弟公司已經發展成為年營業額近 10 億法郎的法國大型企業。

談到成功的秘訣時陳克光說，陳氏兄弟公司的成功，主要得益於博大精深的中國傳統文化。我們的父親十四歲

就到南洋去了，艱苦創業，我們家庭有十一個兄弟姊妹，大的早早就要幫著維持家境，幫助弟妹讀書，一家人互相依存，互相幫助。孫子所說的「同舟而濟」，讓我們兄弟凝聚了一種偉大而神奇的力量。

13. 法國華商運用兵法立於不敗之地
——訪法國潮州會館監事長許葵

《歐洲時報》社長張曉貝對記者說的法國華商運用兵法立於不敗之地，在法國巴黎豪記食品工業公司董事長、法國潮州會館監事長許葵身上得到了印證。許葵是帶著《孫子兵法》來接受採訪的，讓記者感到有些意外。他三句話不離兵法，孫子的警句脫口而出，又令記者感到驚奇。

今年六十七歲的許葵曾就讀於中國暨南大學數學系，他當過兵，實踐過兵法；當過老師，研讀過兵法；當過老闆，運用過兵法。用他的話說，他的身上結合了數學的「計算」，當兵的「謀算」，企業的「妙算」，在法國三十七年的創業和經營管理中，預算、核算、划算、盤算、推

法國潮州會館監事長許葵

算、驗算等，運用的得心應手，《孫子兵法》成了他立於不敗之地的經商武器。

當提到戰場和商場競爭，一般想到的都是「勝方」和「敗方」，然而孫子卻提出全新的理念，他指出「不可勝在己，可勝在敵」。也就是說，勝負的結果除了勝和敗以外，還有「不敗」的狀態。孫子認為，「故善戰者，立於不敗之地，而不失敵之敗也。」《孫子兵法》強調的「立於不敗之地」是一種非常高明的說法，這顯示了中國人獨到的智慧。

立於不敗之地，就要「不打無準備之仗」。1982 年，許葵開創「豪記食品工業公司」。問及為什麼要選擇做食品公司這行業，他說食品是人類每天三餐離不開的必需品，行話說「不熟不做」。他到法國時在這個行業做了四年，對食品行業駕輕就熟，對食品文化造詣頗深，對食品需求瞭若指掌。他堅信做亞洲食品前途更加廣闊，特別是在巴黎，不僅亞洲人不斷湧入，而且隨著經濟文化的全球化，巴黎乃至整個歐洲人對東方食品越來越喜愛。

立於不敗之地，就要「修道保法」。許葵告訴記者，他在法國最大的困難就是東西方文化的差異。華商在海外立足很艱辛，要想在巴黎這樣的世界大城市取得成功更不容易。他白手興家，生意做得這麼大，一個重要因素是主動融入法國社會，落地生根，熟悉當地情況，精通法國法律條文，嚴格按章辦事。產品出廠前都經過嚴格的品質檢查，而檢驗員卻是高薪聘請的專業法國人，保證符合歐盟的食品衛生標準，讓人無可挑剔。

立於不敗之地，就要「不戰而屈人之兵」。法國食品衛生管制之嚴，標準之高，是人人皆知的。亞洲食品能放

在亞洲超市出售，已很不錯。但要在法國大超級市場上架銷售，不僅要交一筆數目很大的擔保金，而且要求極其苛刻。所以在法國的大超市，很少見到當地出產的中國物品上架。但豪記的亞洲食品，卻不用擔保金也能順利地上了法國大超市的貨架。許葵說其奧妙就是用中華文化打動法國人，讓法國人信服、折服，從而不戰而勝。

立於不敗之地，就要「上下同欲，同舟共濟」。許葵介紹說，法國政府有法律規定：凡是公司或工廠有 50 名工人以上的，一定要設立工會。有些公司或工廠為了避免麻煩，把員工壓縮在 50 人以下。但我公司不怕，我從來沒有拖欠員工的工資，每月都準時發放，而且一切都依法律辦事。成立工會有事可以及時聯繫、溝通，減少工人與公司的矛盾，對促進生產也有好處，所以我就成立了工會。

許葵說，公司是一條船，老闆與工人都在這條船上，不管是白人還是黑人，亞洲人還是歐洲人，都要一視同仁，

全歐洲最大的巴黎 13 區唐人街一角

同舟共濟。合則兩利，鬥則兩敗。公司發展了，員工的工資與福利才有改善。廣大員工也知道這點，所以工作很賣力，有些員工已跟隨豪記快三十年了，從青年做到老年，早已把公司當自己的家了，趕他也不走。

經過近三十年的發展，豪記食品工業公司不但建了4,000多平米的廠房，批發生意額與日俱增外，還在巴黎第10區、第13區、第18區和大巴黎的77省龍城市這些華人聚居的地區，開了四間速食聯店，小春捲一天銷售10萬支，生意越做越大。

許葵表示，他在法國最為自豪的是中華傳統文化的魅力，不僅在華人圈裡而且在法國社會，都知道《孫子兵法》，都在廣泛傳播，在商場上都在應用。為什麼全世界這麼喜歡和熱衷孫子？因為中華智慧是最優秀的精品、絕品，我們所有碰到的問題孫子都說到了，老祖宗傳下來的寶貝非常管用，具有不可估量的優勢。

14. 巴黎唐人街中西結合「變中取勝」

中國的方塊字與法文招牌並行，新古典主義的建築風格與中式風格門面並立，法式麵包吐司與中國火鍋並存，浪漫的西方情調與古老的東方文化並融……走在全歐洲最大的巴黎13區唐人街上，記者感覺這裡與東南亞的唐人街有很大的不同，儘管不像傳統意義上的唐人街，卻勝似唐人街，是巴黎最地道的中國城。

巴黎這座世界級的時尚浪漫之都，處處洋溢著西方的味道。而這裡有三個唐人街——13區唐人街、19區「美麗城」，3區和4區的「溫州街」，在東西方文化交匯中

也變得與眾不同。《孫子兵法‧虛實篇》說，「兵無常勢，水無常形；能因敵變化而取勝者，謂之神。」巴黎唐人街的華商就是這樣的「神」。

記者看到，在華人居住的高樓大廈環抱中，在法國梧桐樹成蔭的法式風情街道上，沒有古典的中國式牌樓，沒有傳統的中國紅氣氛。時代變了，唐人街也在變。隨著中西方文化的交融以及華僑華人在法國的落地生根，巴黎唐人街正在也必將繼續發生變化。

唐人街以往一直被認為是中低層人群聚居的生活區。隨著巴黎 13 區一系列高檔公寓落成，32 層的高樓有二十多棟，唐人街的形象也在發生巨大改變。這種變化還不僅僅如此，從最初的單純的居住區，到繁華的旅遊區和商業中心，巴黎 13 區唐人街的功能也在發生變化。

陳氏兄弟公司和巴黎士多先後在這裡開起多家專門經營亞洲特色商品的大型超市，獲得巨大成功。這兩個企業的興盛起到了示範效應，帶動了整個地區華人商業的發展。短短的十餘年間，華人商家如雨後春筍般崛起，幾條大街的沿街商店幾乎都被華人買了下來，華人商業的經營範圍也不局限於餐館、商場，還擴展到房地產公司、旅行社、金融機構等。

美麗城唐人街當時是巴黎中餐業最為集中的地區之一，檔次和規模不斷地提高和擴大，規模初顯。1985 年以後，美麗城開始「美麗轉身」，尤其是上世紀 90 年代後，越來越多的浙江籍華人來此買房置業，為美麗城的發展不斷注入新的活力。他們除了經營傳統的制衣制革、餐廳外賣店、理髮店、金飾店外，也開創了許多諸如中藥店、豆腐店、網吧等新興行業。「巴黎士多」等華人超市共有

二十多家。

溫州街位於巴黎第三區，由幾小段狹窄的街巷組成，其中重要的一條法文名叫 Rueaum 苗比，是條由卵石鋪砌成的典型法國小街，這裡原先是猶太人的領地，多是皮貨批發商。如今成了被譽為「中國的猶太人」的溫州人的天下，目前溫州街上的溫州人已達到 8 萬人之多。溫州人從最初加工小皮具、開餐館、擺地攤，到如今在昔日猶太人集聚的服裝區，形成小有名氣的溫州街。

功能的變化，使得巴黎唐人街的人群結構也在悄然發生變化，一方面在唐人街出生、長大的華僑華人走出唐人街，融入當地社會；另一方面華人以外的消費群體逐步走進唐人街。居住人群的變化必然會對原有的區域生態產生影響，對消費結構自然帶來新的變化，要不斷滿足華人以外的不同類型的消費者和社會集團。

於是，華人新創的行業越來越多，做外賣店的，做日本餐的，經營咖啡吧的多了，發展的範圍在不斷拓展。一批旅法華商紛紛從「唐人街」走出來，從皮包店、中餐館走出來，轉行從事國際貿易，在中歐之間穿梭，真正走向市場。巴黎北郊的歐貝維利耶市因此在短短幾年內發展成為歐洲最大的中國商品批發市場。隨著歐華集團的上市，「股票」一詞成為巴黎唐人街上的熱門話題。

與此同時，生活或是曾經生活在唐人街上的華僑華人們也在以不同的方式，在東西方文化交匯中保持住自己特有的文化特色，延續著唐人街歷史文脈的同時，融入了當地的文化和生活。

巴黎 13 區唐人街華裔副區長陳文雄告訴記者，該唐人街華人的平均生活水準高於當地人，華人子女和法國孩

子一起上學，一起玩耍，與法國孩子沒什麼區別，學習成績普遍好於法國孩子。春節文化週，20萬華人和法國人一起參加，融為一體。

在巴黎近60%獲得永久居留權的溫州人已享有當地中產階級的生活水準，他們中甚至有人能在地價昂貴的香榭麗舍大街購買數間不動產。歐華集團總裁、溫州人黃學勝在大巴黎地區買下數十萬平方米物業，收購了2家公司、一家珠寶公司和價值4,000萬歐元的化妝品公司，登上法國《大都市》雜誌封面。

唐人街的變化似乎不可避免，在巴黎13區唐人街上負責經營的《歐洲時報》劉勇認為，唐人街不可能只是一個封閉的、與當地社會完全隔絕的小圈子，它必然要受到西方文明和現代文明的衝擊，唐人街從社會文化的邊緣移向主流，發生的種種變化都是不足為奇的。

15. 巴黎13區唐人街與中國兵法十三篇
——訪巴黎首位華裔副區長陳文雄

「中國文化真的很有魅力，巴黎華商靠中國人的智慧取得成功，站穩腳跟，就連法國人也很熱衷中國文化」。高大的身材，憨厚的笑容，長著一張標準的中國臉，講得一口流利的漢語，發亮的腦門上閃爍著中國人的睿智，他就是巴黎13區唐人街華裔副區長陳文雄，也是巴黎首位華裔副區長，是他改寫了法國華人移民史。

祖籍廣東的陳文雄，1967年出生在柬埔寨，1975年隨父移民到法國，後取得巴黎商業管理碩士文憑。他因繼承父業經營中國茶葉生意，被稱為華人新一代「茶王」。

多年來，無論是經商還是從政，他都在積極服務當地社會的同時，成功地將中華文化播種西方。

陳文雄介紹說，巴黎 13 區在法國相當於一個中級城市，人口 18.6 萬，在巴黎市區中排名第五，在全法國所有市鎮中排名第十二，華裔人數約有 5.8 萬，大部分為東南亞華人。該區高樓林立，街道寬闊，這裡註冊華人公司一千二百多家，巴黎士多、陳氏商場聞名遐邇，是巴黎華人最多的聚居地區。

陳文雄在接受記者採訪中所流露出對中國傳統文化的癡迷，列舉的一個個充滿神奇的經典案例，讓記者感覺到，《孫子兵法》十三篇閃耀的中華智慧的光芒，正照亮著巴黎 13 區唐人街：計畫妙算，動員華人，全爭天下，自保全勝，奇正相生，避實擊虛，變患為利，變中取勝，商場機變，擇地而蹈，適應環境，重兵出擊，掌握資訊。

孫子把〈始計篇〉排在第一，可見計畫妙算的重要。中醫、中藥、中秋節，春節文化週、茶文化週、音樂節、中國油畫與法國油畫的鑑賞活動，成立華人托兒所與華人老人院，全力推動法國醫院與中國中醫體系合作……陳文雄就任巴黎 13 區唐人街華裔副區長後，定下了六年計畫。

孫子在〈地形篇〉告誡說：「通形者，先居高陽，利糧道，以戰則利。」巴黎 13 區唐人街在地形上主要集中在由紹瓦西、伊夫利和馬塞納三條大街構成的一個三角區域，有著獨特的優勢。這個區域位於巴黎塞納河左岸，擠身「小巴黎」，是保留巴黎歷史風貌最好的一個區，不僅舊式的街道建築基本保留完好，充滿東方文化氣息，被譽為「塞納河的香港」。這個「三角地帶」還便於延伸，如今呈飽和趨勢時，華人企業正在向周邊地區擴展。

　　孫子在〈九地篇〉中指出，根據用兵的原則，戰地有多種，而先得到便容易取得天下支援的為「衢地」。巴黎13區就是這樣一塊「衢地」。早在十七世紀，就有中國人輾轉來到這裡，第一次世界大戰期間有 14 萬中國勞工到達法國，有近一萬人犧牲，永遠留在這片土地上。一戰結束後，有少數人留下來做了僑民。1998 年，法國政府在巴黎 13 區華人社區豎起了一塊 2 噸重的花崗岩石碑，碑上鑲刻著鎦金字：「紀念在第一次世界大戰中為法國捐軀的中國勞工和戰士」。當年留法時周恩來和鄧小平也在這裡居住過。可以說，這裡與中國有著深厚的淵源關係。

　　孫子的〈軍爭篇〉中認為，「軍爭之難者，以迂為直」，以患為利，要把看似不利的條件變為有利的條件。巴黎 13區唐人街原為廢棄的火車站和舊倉庫區，是典型的貧困區。上個世紀 70 年代，法國的一些房地產開發商買下地皮，興建了多座高樓大廈。但適逢世界經濟危機，房屋長期空置，鮮有租賃入住者。當時，許多來自越南、柬埔寨、老撾的難民來到法國，他們當中有 80% 以上是華裔。華人發現這裡的潛力和商機，紛紛在此租房開店，繼而落地生根，化腐朽為神奇，創造了巴黎 13 區唐人街的今日輝煌。

　　孫子在〈兵勢篇〉提出，「凡戰者，以正合，以奇勝」。只有先守住了「正」，才能夠出「奇」。巴黎 13 區唐人街一方面在苦苦堅守，另一方面在圖謀發展。目前，兩條大街沿街的商店幾乎都被華人買了下來，華人商業的經營範圍也不停留於餐館、商場，而擴展到房地產公司、旅行社、金融兌換店、金行、印刷廠和出版社等各行各業，還有各種進出口業務、保險、會計事務所、專賣店、免稅店、影視商店等。

陳文雄雄心勃勃，還有一個更大的計畫，就是在未來的 13 區建一座充滿中國味的新唐人街。他計畫在該區新建一個大學城，在所有學校推行中文教育。利用人才優勢把大型企業吸引到 13 區，屆時這裡將成為巴黎一個新的文化中心和經濟中心。陳文雄透露，目前該區已與巴黎中國文化中心和《歐洲時報》合作，讓中國文化在 13 區唐人街得到更好的傳承與發展。

16. 用兵法謀略鋪就的巴黎溫州街

被譽為「中國的猶太人」的溫州人，在浪漫的世界服裝之都巴黎與真正的猶太人博弈，從最初加工小皮具、開餐館、擺地攤，到如今占領了昔日猶太人集聚的服裝區，形成了讓猶太人汗顏，讓中國人自豪的「溫州街」，而這條街是用中國兵法謀略鋪就的。

溫州街位於巴黎第三區，是由幾小段狹窄的街巷組成、由卵石鋪砌成的典型法國小街。在這條溫州街上，遍布具有浙江特色的土特產商場和溫州風味的小吃店、中餐館、超市，更多的則是搞批發零售的皮包、手袋、皮帶、錢包的皮革廠商。

有人說，溫州人的骨子裡，似乎天生就有一種博弈精神，這種博弈精神源於中國古代的《孫子兵法》，它是最早的一部博弈論著作。溫州人博弈精神叫「開疆拓土」：哪裡有市場，哪裡就有溫州人；哪裡沒有市場，哪裡就有溫州人在開拓市場。

《孫子兵法》博弈思想之一，「先知」，是博弈決策的前提和依據。在博弈活動中盡可能多地獲取資訊情報，

巴黎溫州街一角

「知彼知己,勝乃不殆;知天知地,勝乃可全」。「未戰而廟算勝者」,「多算勝,少算不勝」。溫州人的商業頭腦特別靈光,善於獲取資訊,抓住機遇。在溫州人眼裡,到處都是錢,關鍵在於你如何去發現與賺錢,溫州人很善於從旁人漫不經心的事兒中挖掘出賺錢的契機。

　　《孫子兵法》博弈思想之二,「集兵」,「並敵一向,千里殺將」。集中兵力打擊博弈對手,已被證明是最有效的博弈方法。目前,僑居在法國巴黎的溫州人已達十多萬之眾,而巴黎 3 區和 4 區的華人以來自浙江的溫州人和青田人為主,那裡原本是猶太人的天下,但溫州人憑著集團軍作戰,集中優勢兵力打殲滅戰,硬是在這裡落地生根,站穩腳跟。

　　《孫子兵法》博弈思想之三,「擊弱」,「以小博大」,「以弱勝強」。溫州人走的是小商品、大市場的路。溫州

法

國

篇

107

人做生意，注重從小處著手。溫州人務實苦幹，只要有一分錢賺，溫州人都會不遺餘力地去幹，從不好高騖遠，從不好大喜功。溫州人賺錢，從零做起，一步一個腳印，踏踏實實，一絲不苟。

《孫子兵法》博弈思想之四，「主動」，「善戰者，致人而不致於人」。溫州人善於「四處出擊，八面埋伏」，「八仙過海，各顯神通」，牢牢掌握主動權。目前，溫州街除龍頭產業皮件業和服裝業外，還經營旅店、各種進出口業務、保險、照相、會計事務所、專賣店、免稅店、影視商店和超市等形形色色、門類齊全的各項業務。

《孫子兵法》博弈思想之五，「應變」，「踐墨隨敵，以決戰事」，靈活機動的應變力是獲得博弈成功的關鍵。巴黎的老外追求自由，大多喜歡租房，這種觀念給當地樓市留出了空白，溫州人正好填補。在法溫州人房地產投資最集中的巴黎市中心第三區的廟街上，與別的唐人街不同，這裡的店鋪招牌都是法文，顧客也幾乎都是法國人，而商鋪的老闆、雇員卻是清一色的華人。巴黎人將其稱之為「溫州街」，因為出租的房子和商鋪起碼有九成以上是租自溫州人的。

此外，溫州人博弈還善於「造勢」，人為地創造出有利於我必勝的博弈環境；「動敵」，調動博弈對手按我方意志行事；「拙速」，抓住博弈活動中出現的轉瞬即逝的勝機進行博弈；「出奇」，出奇制勝是博弈活動的絕招；「用地」，利用有利地形開展博弈。溫州人在巴黎的博弈既驚心動魄，又多姿多彩。

英國篇

1. 近百年共有三十三種《孫子》英譯本問世

歐洲孫子研究學者認為，在西方世界中，英國對《孫子》的學術研究最深，英美所出版的英譯本影響最大，近百年來共有 33 種《孫子》英譯本問世。從上世紀 80 年代末起，西方世界對中國文化日益關注，《孫子兵法》的精闢哲理與基本原則被西方各國廣泛採用，在短短二十年間就出現 21 種英譯本。

1905 年，《孫子》英譯本首次在日本東京出版，由皇家騎兵團上尉 E・F・卡爾思羅普翻譯。該英譯本依據的是日文版的《孫子兵法》，當時卡爾思羅普在日本學習語言，他在翻譯過程中得到日本人的幫助。

1908 年，卡爾思羅普重新翻譯出版了《孫子兵法》英譯本，由倫敦約翰・默萊公司出版，愛丁堡出版社印刷。該書的封面書名標題為《兵書》，副題是「遠東兵學經典」，並在譯者署名處註明「根據中文翻譯」。此英譯本包括孫武和吳起的兩部兵法，並在全書尾附加了較詳細的英文索引。從全書看，由於譯者與審閱者均為軍人，修改本譯文比較完整。

有學者評價，卡爾思羅普的修改版譯本反映了一個英國年輕軍官對中國古典兵學的崇敬，以及他敏銳地察覺到孫吳兵法在現代戰爭中的作用。正如他在前言中所說，中國古代兵學傑作以最卓越出眾的方式表明的原則是如何永恆不變的，他們的話已成為格言。因此，對此修改版英譯本的價值應當肯定。

1910 年，在上海和倫敦發行的《孫子兵法——世界最古老的軍事著作》，由萊昂納爾・賈爾斯翻譯，此譯本可

稱為準確的譯本。賈氏是倫敦大英博物館東方藏書手稿部的助理部長，通曉漢語，他根據大英博物館各種《孫子》中文版本，翻譯了《孫子》全新中譯本。1944 年被美國收入軍事思想著作彙編，書名為《戰略淵源》，由湯姆斯・R・菲力浦斯出版，至今仍不斷重版。上世紀 70 年代末，經英國亞洲家世小說家詹姆斯・克拉維爾的推崇與贊助，再度出版賈爾斯的《孫子兵法》。

在第二次世界大戰期間，還有兩種《孫子兵法》的英譯本問世，分別由馬切爾・科克斯和薩德勒教授所譯。而當代最重要的《孫子》英譯本出於美國准將塞纓爾・B・格里菲斯之手，1963 年出版於倫敦、牛津和紐約，書名為《孫子──戰爭藝術》，至 1982 年共發行了十二版，1971 年發行了袖珍本。

該譯本從其語言理解以及內容注釋來看，在歐洲語言區域內實屬《孫子》的最佳譯本，是最具權威的《孫子》英譯本，一直為西方知名人士和軍事院校所援引和採用並轉譯成其他文字，並風靡西方各國，當年就被列入聯合國教科文組織的中國代表翻譯叢書。此後數次再版，曾連續 100 多週成為亞馬遜網站上榜暢銷書。

英國戰略學家利德爾・哈特專門為格里菲斯譯本撰寫了前言。他評述說：「長期以來我們需要出版一本新的《孫子》全譯本，更能恰當地解釋孫子的思想。在殘殺滅絕種族的核武器發展後，這種需要尤感迫切。特別是中國在毛澤東的領導下，成為一個軍事大國時，這一點尤其顯得十分重要。這項工作現由一位將軍，既通曉軍事，又瞭解漢語及中國人的思想，由格里菲斯這樣的人來進行翻譯，並已完成，實屬幸事。」

近二十年來，英文版《孫子兵法》的翻譯出版又掀新的熱潮。1999 年，加里‧力口葛里亞蒂出版了《兵法：孫子之言》英譯本，該譯本被確定為指導其他亞洲語言著作英譯的範本，獲得「獨立出版商多元文化非小說類圖書獎」；2002 年，英國著名漢學家約翰‧閔福德出版了《孫子兵法》英譯本；2007 年，漢學家維克多‧默爾出版了新的《孫子兵法》英譯本。

2. 英倫《孫子》出版研究傳播持續升溫

《孫子兵法》熱賣英倫，曾掀起搶購熱潮。記者在倫敦各大書店、希斯路機場和火車站，都看到有人在購買或閱讀《孫子兵法》；在倫敦市中心查令十字路英國有名的書店街也看到各種英文版本《孫子兵法》。倫敦大學中國留學生林小姐告訴記者，倫敦大學圖書館也有許多《孫子兵法》版本，各國留學生都喜歡閱讀。

大英博物館展出竹簽《孫子兵法》、線裝本《孫子兵法》等數量眾多的中國兵書。令記者驚訝的是，在大英博物館一樓展示大廳，竹簽《孫子兵法》與中國的算盤放在一起，喻意孫子的「妙算」。

大英博物館工作人員告訴記者，1910 年，時任大英博物館東方藏書手稿部的助理部長萊昂納爾‧賈爾斯，通曉漢語，他就是根據大英博物館各種《孫子》中文版本，翻譯了《孫子》全新英譯本，書名為《孫子兵法——世界最古老的軍事著作》。

就歐洲來說，英國對《孫子兵法》翻譯出版最多，研究最深，因而傳播的影響也最大。英國國際出版顧問、

大英博物館

大英博物館《孫子兵法》與中國算盤放在一起喻意孫子的「妙算」

教育家保羅理查教授說，首批中譯英的著作，可以追溯到一百年前，包括 1905 年在英國出版的《孫子兵法》。

上世紀英國曾翻譯出版了十七個版本《孫子》。英國軍事學家利德爾‧哈特在 1929 年出版了一部軍事名著，取名《戰略論》，書中摘引了二十一條軍事家的語錄，其中第 1 至第 15 條，都摘自《孫子兵法》。後來幾經修改，於 1954 年重新出版。英國《不列顛百科全書》第 5 版列有孫子條目，寫了一千字的釋文。英國湯瑪斯‧費立普少校主編的《戰略基礎叢書》，把《孫子兵法》排在第一位。

近年來，英國牛津大學出版社曾多次再版《孫子兵法》，世界最著名的英語圖書出版商企鵝出版社也連續多年出版《孫子兵法》。

記者發現，在英國與之相關書籍還包括《孫子兵法之經理人：50 條戰略法則》、《孫子兵法教女性如何打敗工作勁敵》、《策略和技巧：孫子兵法在投資和風險管理中的應用》等，在英國購書網站上可以找到十幾種不同版本的《孫子兵法》。

以《孫子兵法》為題材的電視連續劇熱播，令許多英國觀眾一下子對這部中國古兵法書產生好奇和興趣。英《金融時報》也將《孫子兵法》十三篇內容英文譯文，製成三十頁特刊出版。該報強調，中國二千五百年前的古老軍事策略，十分適用於現代社會的商業管理，西方國家應該加以研究。

曾執導《殺戮之地》、《傳道》的英國名導羅蘭‧喬菲，在金雞百花電影節上透露，他將來中國拍一部動作片《孫子兵法》，女主角力邀章子怡擔綱，劇本是他自己創作的，一半場景在上海拍，一半在美國拍。故事是一個武功高強

的中國女孩隻身到美國闖天下，她運用《孫子兵法》中種種謀略巧妙地戰勝了一個個困難，影片的名字就叫《孫子兵法》。

劍橋大學將《孫子兵法》列為必修課。畢業於劍橋大學和中殿法律學院的蒂姆・凱萬，被一家律師工作室錄用為實習生，進入了一場劍拔弩張的實習生大戰。他出版了《實習律師和孫子兵法》書中提出，訴訟就是一場戰爭——和一本《孫子兵法》，該書在《泰晤士報網》點擊率排行前三名。

英國教練威爾金森也愛讀《孫子兵法》，英軍馬術三項賽的組織者、華天團隊領隊西蒙通曉《孫子兵法》。

有一段時間，英國警察局牆壁上，貼著許多《孫子兵法》警句，員警當局還督促警員認真學習。

英國國防大學聯合指揮與參謀學院、倫敦大學國王學院戰爭研究系和亞非學院當代中國研究分所、蘭賈斯特大學防務與國家安全研究中心、倫敦經濟學院國際關係、倫敦國際戰略研究所等軍隊和地方院校、研究機構，湧現出一批高層次的孫子研究和傳播學者。

3. 大英博物館學者翻譯《孫子》百年流傳

走進大英博物館，在數量眾多的中國兵書中，《孫子兵法——世界最古老的軍事著作》特別顯眼。博物館工作人員自豪地對記者說，這本英譯本出自該館東方藏書手稿部助理部長萊昂納爾・賈爾斯之手，近一百年後的今天，這個譯本仍然是較為流傳的英譯本之一。

賈爾斯中文名叫翟林奈，生於中國，是英國領事官、

漢學家老賈爾斯（翟理思）之子。賈爾斯於 1900 年進大
英博物館圖書館，負責管理東方書刊和手稿，潛心研究漢
學。

1910 年，萊昂納爾・賈爾斯的《孫子兵法》英譯本問
世，這個由倫敦盧紮克公司出版的譯本忠於原作，嚴格按
照孫星衍的《十家孫子會注》本翻譯，漢英對照，逐句譯
出，注釋詳盡，通順流暢，對在西方世界中傳播孫子思想
起到了深遠的影響。

賈爾斯在翻譯《孫子兵法》前做了充分準備，翻譯過
程中下了很大功夫，研究了《左傳》、《史記》、《吳越
春秋》、《四庫全書》等大量典籍，考察了孫子「十三篇」
成書的歷史背景和孫武其人，還研究了中國歷代的與現存
的《孫子兵法》諸版本。賈爾斯表示，《孫子兵法》是中
國兵學之精粹，不能因翻譯不當而使其蒙塵受辱。

在紛繁蕪雜的中國兵學經典中選好版本是此版本成敗
的關鍵。賈爾斯獨具慧眼地以《十家孫子會注》為藍本進
行英譯，該藍本所具有的權威性，使英譯本的依據經得起
歷史的檢驗。在他之後，除了英譯《武經七書》中的《孫
子兵法》以武經本為底本除外，其餘英譯《孫子兵法》都
以《十家注》為藍本。

賈爾斯效法著名漢學家理雅各翻譯「四書」、「五經」
的做法，分段逐句譯成英文。為尊重原著，先出中文，後
出英譯文，而且中英文完整地保持在同一頁上。與理雅各
略有不同的是，每段《孫子兵法》中的長句或短句都加阿
拉伯數字序號，所有引自中國典籍的注釋都附上原文，以
便於西方讀者閱讀，也便於懂雙語者對比檢驗。

解釋詳盡是賈爾斯英譯本的又一特色。譯者對注釋家

分別作了簡介，概述其主要著作以及他們對《孫子兵法》所作注釋的特點。針對「十三篇」中的兵學概念、人名、地名、古漢語辭彙等加注，大都選自《十家注》的原注，但也有譯者自己獨特的見解。在整個譯本中還恰到好處地對早先西方譯本的譯法多所評論，這在一般的譯注中也是罕見的。

賈爾斯英譯本達到了「信、達、雅」的標準，譯文嚴謹，語句通暢，富有韻味，自成風格，不僅在很大程度上表達了《孫子兵法》原有的文章之美，而且比較完整準確地用英文表達了孫子博大精深的兵學思想。

大英博物館工作人員表示，賈爾斯的譯本被公認是一部將《孫子兵法》介紹給西方讀者的佳作，為其他西方文字翻譯《孫子兵法》奠定了基礎，也使歐洲人能更好地瞭解孫子思想。

英國坎達哈伯爵羅伯茨元帥曾致函給賈爾斯稱「孫子的許多格言完全適用於現在」。美國湯姆斯‧R‧菲力浦斯准將於 1949 年重版該英譯本時撰寫的導論中寫道：「賈爾斯博士的譯文語義準確，遣詞凝練生動，其他英、法文譯本在這兩方面都顯得遜色。」

4. 英學者用《孫子》審視美「反恐戰略」

英國倫敦經濟學院國際關係專業高級講師克里斯多佛‧柯克博士以《孫子兵法》為理論基礎，對美國正在進行的「反恐戰爭」進行了審視，分析了美國「反恐」戰略的得與失，並以史為鑑對美國「反恐戰爭」擴大化的傾向提出了警告。

柯克認為，孫子是古代第一個形成戰略思想的偉大人物，他以中國古代特有的理性思辨眼光，對戰爭規律做了哲學化的詮釋，其許多思想歷經二千五百餘年而經久不衰、歷久彌新，他的大部分觀點在當前環境中仍然具有和當時同樣重大的意義。

柯克比較說，西方側重的是最大限度地使用武力或決定性的交戰，過高估計人們控制其戰爭欲望的能力，這種欲望發展成為血腥的不可控制戰爭。與西方文化不同的是，中國強調戰爭是不得已而為之的產物，戰爭需要付出生命，是一種擾亂社會和諧的災難，用於任何目的的戰爭都被認為是具有內在危險性的。一旦爆發就必須認真地對待，但要最小限度地使用武力。

《孫子兵法》是一部哲學著作，與許多哲學著作一樣，其精義是隱藏在字裡行間的。柯克以孫子經典格言「不戰而屈人之兵，善之善者也」為例，這句話的意思是說，為了將戰爭限制在一定的範圍之內。孫子闡述的哲學觀點，是採取經濟、社會和政治行動，而不採取軍事行動，也就是所謂「上兵伐謀，其次伐交，其次伐兵，其下攻城」。換言之，在所有其他方法都不奏效的情況下才進攻敵方的軍隊。

伊拉克戰爭前夕，美軍於耶誕節前下發了 10 萬冊書以教育部隊，其中就有《孫子兵法》。柯克說，在「反恐戰爭」中，《孫子兵法》很可能是最重要的教材之一。「善守者，藏於九地之下；善攻者，動於九天之上。」孫子的這句話準確地描述了去年阿富汗戰爭時雙方的情況美方主要在第三維空間作戰，恐怖分子則轉入地下。

柯克指出，在當前的「反恐戰爭」中，美國人並不認

為最需要的是節制，相反，美國的交戰物件已經由「有全球影響的恐怖分子」發展為「恐怖分子」，並進而發展到現在的「全球恐怖主義」。在軍事領域，布希政府已承諾要確保美國的影響「不僅要延及全球，而且要長期保持下去。」

而孫子最擔心的是戰爭的升級。柯克闡述道，因為戰爭升級的結果往往不是全勝，而是大敗。然而，即使是全勝，軍隊也已經疲勞不堪了，很容易遭到第三方的攻擊，不能維持既得的和平。正如《孫子兵法‧作戰篇》所言「天兵久而國利者，未之有也。」戰爭結束得越快，國家就越能保存強大的力量，以備其他戰爭。

柯克回顧，從 1870 年的普法戰爭到 1914 年的第一次世界大戰和 1940 年的第二次世界大戰，戰爭的破壞性越來越大，形成了一個惡性的戰爭迴圈。西方非常清楚戰爭升級所帶來的問題，在付出沉重代價之後，西方才認識到，確保戰爭勝利的唯一可行的辦法就是安於較好的安全狀態。在新時代後期，戰爭具有巨大的毀滅性，確保和平的一個辦法就是對戰爭勝負超越傳統的理解。

柯克分析說，在「反恐戰爭」中，徹底擊敗基地組織無疑是應該追求的目標，但是要想擊敗恐怖主義，即使是僅僅擊敗伊斯蘭恐怖主義，也是一個難以實現的目標。一種較好的安全狀態就意味著與伊斯蘭世界共存，而不是要徹底地改變其政權。即使是那些被認為是恐怖主義溫床的國家，也應該鼓勵他們自己解決問題，確保反恐戰爭勝利的唯一可行的辦法就是「超越」戰爭本身，並確保這場戰爭不會演變成為一場反伊斯蘭戰爭。

美國人應從《孫子兵法》借鑑的最後一點是「戰勝而

天下曰善，非善之善者也」。在美國士兵閱讀《孫子兵法》所學到的所有教訓中，「這一條應該是最重要的。」柯克如是說。

5. 從經典戰例看英國軍政首腦兵法謀略

歐洲孫子研究學者評價，第二次世界大戰諾曼第登陸，英國元帥蒙哥馬利稱他們從《孫子兵法》中得到啟迪，以其戰略計畫之出色、成功利用電子戰使「敵不知其所守」、「我攻而必取」而被載入軍事史冊；上世紀 80 年代初馬島戰爭，柴契爾夫人智慧過人，剛柔並濟，出奇制勝，決勝馬島，無不展示英國軍政首腦的兵法謀略。

記者來到位於倫敦聖詹姆斯廣場的諾福克旅館，這裡曾是艾森豪領導下的歐洲盟軍最高指揮部所在地，諾曼第登陸計畫就是在這裡完成的。1944 年初夏發生在英吉利海峽和諾曼第海灘的代號為「霸王－海王」的作戰，是一場有史以來規模最大、組織最複雜的海陸空大戰。艾森豪面對的並不是一盤勝券在握的穩棋，而是一盤充滿兇險的險棋。

中國古兵法以勢論兵。盟軍陳兵百萬，掌控海空，渡海登陸，已成氣勢。但地勢卻不利於盟軍而利於德軍。英吉利海峽是隔離英國與歐洲大陸的海峽，寬處 240 公里，最狹窄處又稱多佛爾海峽僅寬 34 公里，灰霧茫茫，白浪滔滔。諾曼第登陸地域長 80 公里，分五個海灘。德軍海岸一邊或灌木叢林，或岩石林立，呈易守難攻之勢。

氣勢在盟軍，地勢在德軍，成敗玄機，全在因勢。所謂因勢，其實全無定規，若歸結為一條，也就是孫子所說

的「出其不意，攻其不備」。盟軍選定的登陸地點和登陸時間隱密，利用虛張聲勢、聲東擊西的「形」戰，製造一個假「隘形」，因勢而動，合軍破敵。

英吉利海峽一場巨大的生死較量，就是按中國古代兵聖以獨特的方式闡述的戰爭精義悄悄拉開戰幕。諾曼第登陸戰由「勢」之戰演變成了「形」之戰，又由「形」之戰又演變了一場真正的「電子戰」。

英國採用了許多尖端電子技術，有些是專項發明，特別是在電子欺騙手段上有很多創新。從整個登陸戰役的作戰效果看，給德軍造成嚴重錯亂，從而產生了一系列的錯誤判斷，使得指揮失利。當希特勒明白盟軍是「真正的一次登陸行動，而不是佯動」時，大勢已去。

諾曼第登陸取得了超乎尋常的成功：盟軍藏真形，藏於九地之下；動假形，動於九天之上。在一藏一動之間，盟軍有 92 萬多人、58 萬噸補給品和 17 萬部車輛以及大量武器裝備通過英吉利海峽悄然運到了登陸場，從而在兵力上取得了 2 比 1 的局部優勢。至此，諾曼第登陸的戰略目標已順利達成。

作為英國第一位女首相，柴契爾夫人曾以其意志剛強，作風果斷，贏得了「鐵娘子」之稱，在福島戰爭中，先強硬表態逼美國棄阿拉英，再拋出小利誘智利秘密助戰，決勝福島，令人讚歎。

上世紀 80 年代初，福島戰爭爆發，柴契爾夫人立即成立戰時內閣，派出特混艦隊，殺向千里之外的馬島。在歷時七十四天的征戰中，勞師遠征的英軍以微小傷亡為代價，打敗了以逸待勞的阿根廷軍隊，令各國軍事專家大跌眼鏡。究竟英軍靠什麼變被動為主動呢？

孫子云「親而離之」。意思是，敵若親和團結，就設法離間它。時任美國國務卿黑格看到兩個盟友「打架」，要求柴契爾夫人「考慮大西洋聯盟的共同利益」。「鐵娘子」強硬地把阿根廷從美國同盟中分離出來，有效地鞏固與美國的同盟。最終，美國認定英國比阿根廷更重要，於是決定放棄與阿根廷的盟友關係，在戰爭中為英軍大開方便之門，不僅提供中途補給，還向英方透露阿根廷所用美制武器的性能。

戰爭初期，阿根廷空軍用飛魚反艦導彈擊沉了造價達1.5 億美元的「謝菲爾德」號驅逐艦，令英國海軍防不勝防。為此，柴契爾夫人使出《孫子兵法》「利而誘之」的餌兵之計，許諾如果法國將導彈代碼交給英國，英國政府將主動配合法國修建一條貫穿英吉利海峽的海底隧道。在誘人的利益面前，法國不僅交出飛魚導彈的代碼，還向英國提供了一架配置與阿根廷超軍旗一樣的戰機，專供英軍進行對抗訓練。

有學者評價，阿根廷總統加爾鐵里是軍人，會打仗，他曾經揚言「女人不會走入戰爭」，卻敗在出身於大家閨秀不會打仗之柴契爾夫人手裡。英國特混艦隊司令伍德沃德手裡拿著柴契爾夫人給他的三條指示之一，就是「不要轟炸阿根廷本土，速戰速決這場戰爭」。可見，柴契爾夫人懂得孫子「故兵貴勝，不貴久」。

6. 英國二戰中秘密之戰的「秘密武器」

英國帝國戰爭博物館二樓展廳開設名為「秘密之戰」的反間諜展覽，專門介紹戰時的秘密戰線，包括軍情6處

間諜們的發報機等用具和業績，展示了在兩次世界大戰硝煙中所起的巨大作用。在博物館一樓書店和二樓閱覽室，在大量反映二戰的書籍中，有《孫子兵法》英文版。一位正在閱讀的二戰老兵稱，中國的孫子是英國二戰「秘密之戰」的「秘密武器」。

英國學者認為，在第二次世界大戰中，交戰各國都把《孫子兵法》作為戰略的指導思想並列入軍事院校的必修課程，孫子的「用間」謀略在二戰中得到應用，英國情報機構尤為突出。這是由於 1905 年《孫子》英譯本首次出版，是由皇家騎兵團軍官翻譯的；在二戰期間，有兩種《孫子兵法》的英譯本相繼問世；二戰期間英國軍事家、戰略家都研究《孫子兵法》，英國情報機構不可能不研究。

正如英國學者理查‧迪肯所說，孫子的著作《兵法》揭示了許多諜報活動的原理。令人驚訝的是，就是在技術進步的今天，這些原理仍然不失其應用價值。英國另一位學者雷蒙德‧帕爾默也說，自西元前 5 世紀與孔子同時代的中國賢人孫子以來，諜報的基本戰略、目的和技巧變動很少。孫子在其偉大的軍事經典著作《孫子兵法》一書中，曾以〈用間篇〉作了詳細敘述。

《孫子兵法》云：「故三軍之事，親莫親於間，賞莫厚於間，事莫密於間。非聖智不能用間，非仁義不能使間，非微妙不能得間之實。微哉！微哉！無所不用間也。」有人評價，英國秘密情報局的創始人曼斯費爾德‧卡明，切實地把握了用「間」的關鍵──親撫、厚賞、秘密，在他嘔心瀝血地培養和苦心孤詣地經營之下，漸趨沒落的大英帝國，終於有了一支專業技能過硬的特工隊伍。

據介紹，邱吉爾擔任首相後，情報機構得到了前所未

有的重視，英國的間諜機構歷來都重視從牛津和劍橋這兩所世界名牌大學中招收間諜。按英國的標準，理想的間諜是一個出身於上等社會、有經濟收入、性格開朗的年輕人。他必須受過比一般人稍高的教育，英俊、勇敢、頑強、比較冷靜和客觀，一如銀幕上的「007」詹姆斯・龐德。

2013 年是「007」系列電影誕生五十週年，在「世界上最著名的特工」詹姆斯・龐德的出生地英國，人們正通過各種形式慶祝他的「五十大壽」。據英國《每日電訊報》、《每日郵報》報導，英國歷史學家、《歷史》月刊前編輯索菲・傑克遜在其新書《邱吉爾的白兔：真實版詹姆斯・龐德的傳奇故事》中披露，「007」的真實原型是二戰期間英國最偉大的特工之一──英國空軍中校佛里斯特・湯米・尤湯瑪斯。

尤湯瑪斯代號「白兔」，曾三次空降法國執行危險任務，獲封「勇士中的勇士」。而尤湯瑪斯和「007」系列小說之父伊恩・弗萊明是同事，他遭遇拷打的方式、在列車上與敵方間諜共進晚餐、各種逃避追捕的方法、以及風流倜儻女人多，都和「007」有相似之處。

伊恩・弗萊明筆下有過眾多才貌雙全的「邦德女郎」。鮮為人知的是，弗萊明第一部 007 小說《皇家賭場》中的雙面女諜琳德原來實有其人，此人就是曾在二戰中策反過整支敵軍部隊、救過多人性命的克里斯汀－格蘭維爾。好萊塢正準備將這位二戰王牌女間諜的傳奇經歷搬上銀幕，再次引發了人們對她的關注。

在匈牙利期間，克里斯汀執行過多次充滿危險的任務，並向英國情報機構總部送回了許多價值連城的珍貴情報。1941 年初，她向英國通報了納粹坦克在蘇聯邊境大規

模部署的情況，使英國首相邱吉爾預言德軍將於 1941 年 6 月入侵蘇聯。

最令人稱道的是，憑藉自己的迷人魅力，她還成功說服過好幾支敵軍部隊倒戈投靠盟軍，比如一支數百人的義大利營隊拋棄了盟友德國，幾百名曾受德軍控制的波蘭士兵倒戈。當時英國情報界人士曾盛讚她「一個微笑就足以拉回一支大部隊」。克里斯汀的智勇雙全深得邱吉爾欣賞，後者甚至表示克里斯汀是他「最喜愛的女間諜」。由於克里斯汀的英勇表現，她先後獲得過法國戴高樂十字軍功章、英國喬治十字勳章。

二戰傳奇女間諜霍爾，她被譽為二戰期間盟軍最傑出的女間諜、跛子英雄，曾被美國前總統杜魯門親自授予十字勳章；她也是納粹德國最恨之入骨的女人，被稱為「最危險的間諜」。她就是佛吉尼婭·霍爾，一位出生於美國、在法國為英國情報部門服務的盟軍戰士。在她去世二十多年後，英、法兩國駐美國大使決定共同為這位做出過傑出貢獻的女英雄舉行紀念儀式。

7. 英國民眾呼籲人類應遏制毀滅性戰爭

德軍飛機橫衝直撞，倫敦街區轟炸聲震耳欲聾，遠處一座大型建築被炸彈擊中在火光中頃刻夷為平地，一片廢區。近處被德軍炸毀建築物的瓦礫堆中，隱約傳來傷者的呻吟。一隻玩具熊露出半個腦袋，也許瓦礫中呻吟的是位未成年的孩子，帶著天真的夢想與他可愛的玩具熊一起長眠在瓦礫中。看看身邊參觀的孩子們，他們無不被這悲慘的世界所震撼……

在英國戰爭博物館「倫敦大空襲」模擬展廳，運用聲、光、電等高科技手段，使得槍炮聲、轟炸聲、喊殺聲，哀嘆聲，此起彼伏，向所有的參觀者展示著一幅幅毀滅性戰爭的恐怖畫面，令每一位參觀者毛骨悚然。

1940 年 9 月 7 日至 1941 年 5 月 10 日間，德國對英國首都倫敦實施的戰略轟炸，超過七十六個晝夜。德軍投彈 188,000 噸，共有超過 4 萬 3,000 人死於轟炸，其中半數是倫敦居民，超過百萬房屋被毀。從國土面積和人口數量看，英國蒙受的人員和財產損失是很沉重的。德國使用「飛行炸彈」——V1 巡航導彈，這是在人類戰爭中使用的第一種巡航導彈，共使 6,184 人喪生，平均每發射 5 枚導彈就有 3 人喪生，受重傷的人員則達到 17,981 人，帶來難以估量的災難。

一位親身經歷倫敦大空襲的英國老人至今記憶猶新，他對記者說，在近一年的時間裡，德軍幾乎是二十四小時不停地狂轟濫炸倫敦，炸死成千上萬的英國人，摧毀了不計其數的物質財富。戰爭是魔鬼，和平是天使，我們不要戰爭要和平。

記者走在倫敦街頭，不時可以看到一戰、二戰的紀念碑。在查理斯國王街，有寫著「戰時內閣」字樣的地下堡壘，這裡是二戰期間邱吉爾指揮英國軍民反法西斯的內閣指揮中心。裡面共有大小房間二十一間，分成幾個部分：內閣會議室、邱吉爾的辦公室和臥室、美國與英國「熱線」室、總司令部、警衛室。

邱吉爾首相和他的幕僚們在這個低矮、簡單和擁擠散發著黴味的地下室裡一待就是六年，共 2,190 多個日日夜夜，這裡書寫著英國軍民反法西斯鬥爭極重要的一頁。人

們參觀完戰時內閣走出地下室，見到了燦爛的陽光，呼吸到了新鮮空氣，人類應遏制戰爭珍惜來自不易的和平的強烈願望油然而生。

英國軍事理論家、戰略家利德爾‧哈特認為，在戰爭中發生無益的大規模屠殺的主要原因，是克勞塞維茨式的對拿破崙戰爭的解釋。上世紀 60 年代初，哈特在《孫子兵法》英譯本序言中說：「在導致人類自相殘殺、滅絕人性的核武器研究成功後，就更需要重新而且更加完整地翻譯《孫子》這本書了。」

西方學者稱，西方講摧毀，擴大戰爭的惡果；而東方兵法講謀略，降低戰爭災難，這就是克勞塞維茨的《戰爭論》與《孫子兵法》最大的區別。孫子立足於「非戰」，宣導和平，對深入認識戰爭、遏制當今戰爭暴力有很強的針對性，契合了當代世界多數國家追求和平的思想。這是中國兵學的偉大之處，在當代國際關係中值得大力張揚。

2012 年 9 月 21 日是國際和平日，在英國倫敦特拉法加廣場，參加國際和平日活動的民眾用鮮花擺出槍支的造型，呼籲促進和平、反對戰爭。英國人刻骨銘心記著戰爭的磨難，呼籲以史為鑑，企盼和平，居安思危，警惕和遏制毀滅性戰爭，應當成為全人類的共勉。

8. 英國戰爭博物館反思戰爭呼喚和平

人類進入二十世紀之後，歷史上空前的兩次世界大戰，特別是核武器出現之後，將克勞塞維茨為代表的西方軍事思想的缺陷暴露於世。位於泰晤士河南岸的倫敦帝國戰爭博物館，成為記錄二十世紀戰爭衝突的博物館。人們

THE WOMEN OF WORLD WAR II

倫敦街頭的二戰紀念碑

英國戰爭博物館

在這裡對西方軍事理論進行沉重的反思，而以《孫子兵法》為代表的中國兵家文化的價值得到印證和昇華。

倫敦帝國戰爭博物館內收藏有 1.5 萬多幅油畫、素描和雕刻品、3 萬多張海報、15 萬 5,000 多冊的參考書閱覽書籍、1.2 億英尺的電影膠片和超過 6,500 小時的錄影帶、600 多萬張相片底片和幻燈片，以及約 3 萬 2,000 小時的歷史錄音帶。館藏物品包括從飛機、裝甲戰車、海軍艦艇到制服、徽章、英國和外國的檔，詳實地記錄了從 1914 年一戰開始至今的現代戰爭及個人戰爭經歷的方方面面。

從一樓的大廳到二層、三層的平臺乃至拱形的天花板上，都擺滿了或掛滿了各個時期各式各樣的武器裝備，最著名的莫過於結束太平洋戰爭的美國原子彈和令英國人飽受折磨的德國 V-2 彈道式導彈。二戰的各種飛機就在頭頂上低空盤旋，模擬了戰爭當時的緊張氣氛。而在地下室的一角有一座奇特的鐘，被命名為「戰爭的代價」，原來它記錄的不是普通的時間，而是全世界每一分鐘因戰火而死亡的人數。

四層和五樓是納粹大屠殺展廳，主要圍繞幾位二戰倖存者展開，影音資料與故事同時展出。展品包括運送猶太人的火車車廂、毒氣室入口、解剖台、在毒氣室受害的猶太人身上取下的鞋子以及大型的奧斯威辛集中營的局部模型，慘痛場景令人觸目驚心，因此限制最低收看年齡為十三歲。

四層還有紀念廳，悼念戰爭中失去生命的士兵，陳列有許多遺物特別是遺書、戰地日記，記載著震撼人類心靈的真情實感。博物館專門有一個部分反映戰時少年兒童承受的苦難，還有一個藝術家的反戰畫展，這一切足以震撼

英國篇

倫敦戰爭紀念館展示戰爭恐怖

英國戰爭博物館展出的二戰武器裝備

參觀者的心靈。

在二樓的閱覽室裡，擺放著數量可觀的一戰和二戰書籍，其中《第二次世界大戰戰史》一書最受讀者好評。作者利德爾‧哈特是英國著名軍事思想家和戰略家，此書是他的重要代表作之一，出版後風靡全球，是一部公認的權威性著作。

第一次世界大戰使利德爾‧哈特對拿破崙戰爭以來的西方軍事理論產生了強烈的幻滅感。一戰結束不久他即發表文章，呼籲對「從克勞塞維茨那裡繼承下來的、流行相當廣泛的關於戰爭目的的觀點」「加以重新審查」。正是在對西方近代軍事理論的清算過程中，利德爾‧哈特發現了《孫子兵法》在戰略思維、戰略價值觀上的重要啟發意義。

閱覽室裡還有一本英國新近出版的《孫子的和平思想》一書，稱《孫子兵法》軍事思想的核心是謀略制勝，可以不發生流血衝突取得勝利，這就是「不戰而屈人之兵」的思想，對後世的影響很大，為世界所公認。「二戰」是歷史上死傷人數最多的戰爭，不符合孫子的「上兵伐謀，其次伐交」的和平理念。

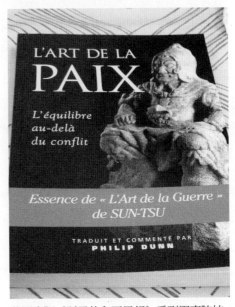

英國出版《孫子的和平思想》受到軍事院校的歡迎

9. 英國主流媒體稱孫子正逐漸走到臺前

　　記者在英國採訪期間，看到電視臺經常播出反映中國兵家文化的節目，包括中國抗日戰爭紀錄片、中國象棋、太極、武術等。擁有極高收視率的電視連續劇《女高音歌手》有一句臺詞：他非常喜歡《孫子兵法》，孫子先生在二千五百多年前講的許多道理，至今仍然「放之四海而皆準」，令英國觀眾掀起《孫子兵法》搶購潮。

　　英國華文媒體人士告訴記者，英國媒體熱衷於孫子傳播。英倫《衛報》把《孫子兵法》列入一百本最佳非虛構書籍，並列為政治類書刊第一。英國《金融時報》也將《孫子兵法》十三篇內容英文譯文，製成三十頁特刊出版。

　　英國 BBC 曾報導說，從相關書目來看，西方人不僅用《孫子兵法》來指揮作戰，還將其原則廣泛應用於商戰、人際關係，甚至婚姻大事和家庭糾紛。BBC 報導中還提到老兵麥克尼利，寫有一本《孫子與商戰藝術：經理人的六大戰略準則》。

　　英國《經濟學家》發表題為「孫子和軟實力之道」的文章稱，被全球管理精英推崇的孫子能讓中國更具吸引力，孫子還被頌稱為古代反戰先賢，理由是他那句婦孺皆知的「不戰而屈人之兵」。還有什麼比這更能證明中國是個愛好和平的國家呢？

　　該文認為，最近十年，打造中國軟實力已成為北京的重點工作之一。「軟實力」概念的首倡者約瑟夫‧奈也認為軟實力和孫子有關聯。而唯一未受過抨擊的中國古代思想家孫子正逐漸走到台前。

　　該文指出，《孫子兵法》已成為西方人茶餘飯後的熱

議話題。與之相關的書籍在西方比比皆是：《孫子兵法成功學》、《職場女王學：孫子兵法讓你成為工作贏家》、《高爾夫和孫子兵法》……從會議室到臥室，孫子的智慧已幾乎被用於西方所有人際交往領域。就連美國軍方也如飢似渴地研讀孫子著作。可見中國傳統文化對世界的影響。

英國《每日電訊報》網站 2010 年 5 月 13 日發表文章稱，經歷了十三年的執政後，英國工黨日前在大選中被保守黨擊敗，黯然下臺。新政府面臨諸多待解難題，工黨自我檢討需讀《孫子兵法》。孫子在書中寫道，為將者容易犯的錯誤包括：必死可殺，必生可虜，忿速可侮。正是這些缺陷，再加上《經濟學人》雜誌指出布朗存在的「熱衷陰謀」和「誇誇其談」的缺點終結了工黨執政。

英國電視臺不斷地播放二戰紀錄片，有倫敦大轟炸的畫面。英國電視評論員引用澳洲軍事作家小莫漢・馬利在展望二十一世紀的軍事理論發展時的預言：「正如十九世紀的戰爭受約米尼、二十世紀受克勞塞維茨的思想影響一樣，二十一世紀的戰爭，也許將受孫子和利德爾・哈特的戰略思想的影響。」

10. 英國專家學者百年不絕讚孫武

自從第一部英譯本《孫子兵法》1905 年出版，五年後，《孫子兵法──世界最古老的軍事著作》由倫敦札克公司出版，從此《孫子兵法》得以在英語國家廣為傳播，並為第二次世界大戰後英國軍界、政界和民間出現的《孫子兵法》熱奠定了基礎。可以說，英國許多專家學者對孫子讚揚褒獎，百年不絕。

英國著名戰略家利德爾‧哈特在其著作《戰略論》中寫道：「《孫子兵法》是世界上最早的軍事名作。其內容之博大，論述之精深，後世無出其右者。可以說《孫子兵法》是有關戰爭指導的智慧之結晶。」他在《孫子兵法》英譯本序言中寫道，相比之下，孫子的文章講得更透徹、更深刻，永遠給人以新鮮感。總之，《孫子兵法》是研究戰爭的最佳入門捷徑，又是深入全面地研究戰爭問題時經常要參考的寶貴的材料。

第二次世界大戰的名將蒙哥馬利元帥曾提出，要重視對中國《孫子兵法》的學習研究。蒙哥馬利是英國傑出的軍事家、戰略家，第二次世界大戰中盟軍傑出的指揮官之一，著名的阿拉曼戰役、諾曼第登陸為其軍事生涯的兩大傑作。1961 年，蒙哥馬利元帥應邀來中國訪問，他在會見毛澤東時，建議把《孫子兵法》作為世界各國軍事學院的必修教材。

英國作家克拉維爾在《孫子兵法》英譯本前言中寫道，二千五百年前，孫武寫下了這部在中國歷史上奇絕非凡的著作。我從內心感到，如果我們的近代軍政領導研究過這部天才的著作，大英帝國也不會解體，很可能第一次和第二次世界大戰可以避免。我希望，《孫子兵法》成為所有的政治家和政府工作人員，所有的高中和大學學生的必讀教材。

二十世紀 60 年代初期任英國空軍元帥的約翰‧斯萊瑟曾稱讚《孫子兵法》「能全面徹底地以明確的表達方式和簡練的語言告訴別人怎樣作戰」。他認為，《孫子兵法》最能「引人入勝」之處在於它具有一種時新的特點，「就像是昨天剛寫出來的一樣」，對現代戰爭具有指導意義。因此，他主張「所有的軍事學院都應該把這部著作列為必

讀之書」。

英國學者布勞稱讚說，《孫子兵法》這一部書，可以說是世界史中研究戰略戰術原理的第一部著作。但是書裡面所載的許多學理，確是非常適於現代的應用。而在某一點上，顯示出和我們現代的著作（包括洛倫斯和哈特）有著密切的聯繫。

英國多名學者對孫子的〈用間篇〉給予高度評價。理查·迪肯評價說，孫子的著作《孫子兵法》揭示了許多諜報活動的原理。雷蒙德·帕爾默持有同樣觀點：孫子在其偉大的軍事經典著作《孫子兵法》一書中，曾以〈用間篇〉作了詳細敘述。

英國史學家保羅·甘迺迪是牛津大學博士，曾任皇家歷史學會會長，現為耶魯大學國際安全戰略研究中心主任。他所著的《大國的興衰》一書，震動世界。他的歷史研究所獲得的結論，可以說是與孫子所見不謀而合。他在耶魯大學主持了一個特別課程——「大戰略」，參加授課的特別小組成員一共有三位戰略專家，目的是培養未來的領導人如何用長遠的、大戰略的視野來觀察與思考問題，課程涉及中國的《孫子兵法》。

不僅是軍事家、戰略家、史學家、作家，而且經濟學家對孫子也讚美有加。約翰·凱是英國最重要的經濟學家之一，現為倫敦商學院經濟學教授，牛津大學教授。在英國大選結束後約翰·凱曾表示：「對於探究工黨失利緣由的米利班德來說，最好還是看看《孫子兵法》。」英國倫敦經濟學院國際關係專業高級講師克里斯多佛·柯克博士以《孫子兵法》為理論基礎，對美國「反恐戰爭」擴大化的傾向提出了警告。

11. 英譯本引發西方世界《孫子》熱

　　中國二千五百年前的孫子，享有「百世談兵之祖」、「兵聖」的美譽，在世界範圍內除了軍事領域外，在政治、外交、經濟、體育、文化、生活等各個領域也產生了很深的影響。英國孫子研究學者稱，《孫子兵法》在全世界的影響離不開傳播和理解，在世界範圍內的傳播離不開對它的翻譯。

　　在西方，《孫子兵法》起初是由少數精通漢語的歐洲軍官用口語進行傳播。到了 1772 年，法國神父約瑟夫·阿米奧特在巴黎翻譯出版的法文版，開啟了《孫子兵法》在西方傳播的歷程，也為後來俄國人、英國人、德國人相繼翻譯出版《孫子兵法》開創了先河。

　　尤其是 1905 年第一個英譯本在英國產生，使《孫子兵法》得以在英語國家廣為傳播。隨之，在西方世界掀起了一股又一股經久不衰、居高不退的「孫子熱」。

　　1910 年，布魯諾·那瓦勒翻譯的德文《兵法——中國古典軍事家論文集》在柏林出版，前民主德國後來還根據蘇聯西多連科直接從中文翻譯的俄譯本轉譯成德文，並作為東德軍事院校的教學材料。接著，多種譯本相繼問世。這部著作博大精深的思想和超越時空的哲理，因翻譯而瞭解，因傳播而推崇。

　　1963 年，美國海軍陸戰隊准將格里菲斯翻譯的《孫子兵法》英譯本由牛津出版社出版，該書於當年被列入聯合國教科文組織的中國代表翻譯叢書，在西方再掀「孫子熱」。近幾十年來，該書不斷重印再版，在美國廣受歡迎，在西方各國廣為流行。近幾年，該書又躋身亞馬遜網站暢

銷書榜首。上世紀以來，僅由美國翻譯的《孫子兵法》已不下十多個版本，這在中國名著中是罕見的。

《孫子兵法》傳入西方後起了很大影響，吸引了一批政治家、哲學家、文學家、歷史學家爭相研讀。開始主要集中在軍事、政治、文學等領域，並滲透到了文化生活之中，受到各方面人士的高度評價。軍事家說它是「兵學聖典」；文學家說它是「大藝術品」；政治家說它是「政治秘訣」；外交家說它是「外交手冊」；哲學家說它是「人生寶典」。

之後，西方世界又把《孫子兵法》視為商戰中的「聖經」。許多西方商人用孫子的東方智慧與謀略，結合當代西方的理念和管理，更多地應用到戰略投資、商務談判、資本運作、市場行銷等諸多商業領域。由於這本「世界第一兵書」，很多西方人認識了孫子，有的人甚至知道他成書的背景和生活的年代。

目前在世界上已有三十多個國家、二十六種語言文字的譯本。西方國家有法文、英文、德文、俄文、西班牙文、葡萄牙文、捷克文、義大利文、荷蘭文、羅馬尼亞文、芬蘭文、瑞典、丹麥文、挪威文等。如今，《孫子兵法》在西方傳播甚廣，僅上個世紀的英譯本就有三十多種之多。

12. 牛津大學出版《孫子》成全球暢銷書

記者在牛津大學出版社倫敦辦事處瞭解到，由薩謬爾‧格里菲斯翻譯、牛津大學出版社 1986 年版的平裝本《孫子兵法》最受歡迎，常年位居科學類暢銷書排行榜的前幾位，曾連續多年雄踞亞馬遜網上銷售排行榜之首，一

度創下單月 16,000 本的銷量。

牛津大學出版社始創於十五世紀末，是世界上規模最大的大學出版社，通過在全世界開展出版活動來推動研究、學術和教育的一流水準的目標。五百多年來，該出版社通過高品質的研究與出版活動，已發展成每年在五十多個國家出版 4,500 多種新書的世界最大的大學出版社。

牛津大學出版社在向西方讀者介紹此書時宣稱，《孫子兵法》是軍事理論上的一把「瑞士軍刀」，足以應對任何局面。《孫子兵法》在該社出版的暢銷書中排名第二。

1963 年，格里菲斯根據孫星衍《十家注》重新翻譯的《孫子兵法》英譯本由牛津出版社出版。格里菲斯是美國海軍陸戰隊的一名准將，他五十二歲時被牛津大學授予博士學位，主修科目是中國軍事，曾被派往北平學習漢語。這位中國軍事博士，翻譯《孫子兵法》古代軍事術語得心應手，其譯文富有中國的軍事特色。

格里菲斯在導論部分，詳細介紹了他對孫子多年的研究成果，包括《孫子兵法》的作者、時代背景、孫子戰爭思想、毛澤東思想與《孫子兵法》等內容。該書於當年被列入聯合國教科文組織的中國代表翻譯叢書，近幾十年來多次重印再版，在美國和西方各國廣為流行，取代了翟林奈譯本在美國和整個西方世界的權威地位。

據 2002 年美國《洛杉磯時報》的一篇文章報導，有二千四百年歷史的中國《孫子兵法》在美國洛陽紙貴。出版《孫子兵法》英譯本的牛津大學出版社美國發言人利奧波德女士說，該出版社已經重印 25,000 冊《孫子兵法》以應付市場需求。她說，《孫子兵法》一向名列暢銷書龍虎榜。

《孫子兵法——美國人的解讀》一書，為亞馬遜書店連續一百多週上榜暢銷書，是牛津大學出版社正式授權全球唯一中文本。該書與中國出版的同類書籍不同之處在於：它簡單易懂，行文流暢而不失其精髓，並蘊於西方人的理念，與實際生活結合緊密，故而能為大多數讀者喜歡。

《孫子兵法》在西方被譯作《戰爭的藝術》，十八世紀以後，先後被譯成英、法、德、俄、捷等多國文字，國際上認為它是「世界古代第一部兵書」。進入二十一世紀的今天，《孫子兵法》在英美等國家出現了熱銷的局面，在世界最大的網路書店 Amazon.com，目前有多達 102 種與「孫子」相關的書目，有讀者在亞馬遜網站上評論：「如果人的一生只能讀一本書的話，那就應該是《孫子兵法》」。

擁有極高收視率的電視連續劇因《孫子兵法》的一段臺詞，不僅無意中給《孫子兵法》做了一次免費廣告，而且還給出版此書的牛津大學出版社帶來意想不到的一筆生意，立即加印 2.5 萬冊平裝本《孫子兵法》投放市場，以滿足廣大英國讀者的需求。

13. 西方現代軍事理論反思第一人哈特

中國孫子研究會副會長、首席顧問吳如嵩少將在接受記者採訪時說，西方的戰略家竟然把中國古代兵法家孫子請到今天這個核時代的世界上來，對《孫子兵法》作了新的解釋，制定出了所謂「孫子的核戰略」。他就是英國著名戰略家利德爾‧哈特，是第一個對西方現代軍事理論進行反思的人。

　　吳如嵩介紹說，利德爾‧哈特畢業於劍橋大學，是英國軍事理論家、戰略家。第一次世界大戰中開始研究軍事，先後任倫敦《每日電訊報》軍事記者、《泰晤士報》軍事專欄評論員、《不列顛百科全書》軍事編輯和陸軍大臣的顧問。

　　哈特一生勤於軍事理論、軍事歷史和軍事人物的研究，撰寫了《戰略：間接路線》、《戰爭中的革命》、《西方的防禦》、《威懾還是防禦》、《第二次世界大戰史》等三十多部著作，代表作是《戰略論》。戰後，利德爾‧哈特在世界軍事學界的地位達到最高峰，歐美各大學及軍事院校紛紛授與榮譽學位並聘邀客座講學，被封為「軍事理論教皇」。

　　吳如嵩曾主持和參加編寫了《中國古代兵法精粹類編》、《孫子兵法辭典》、《孫子兵法畫冊》，是孫子中國研究權威人士。他對記者說，第一次世界大戰使哈特對拿破崙戰爭以來的西方軍事理論產生了強烈的幻滅感。於是，他推崇研究孫子，贊成孫子理論，他的《戰略論》大量引用《孫子兵法》，他的戰略理論在西方獨樹一幟。

　　吳如嵩告訴紀者，哈特向人透露，他的軍事著作中所闡述的觀點，其實在二千五百年前的《孫子兵法》中就可以找到。他也確實對孫子及其著作深感興趣，不僅為《孫子兵法》英譯本作序，還在自己的得意之作《戰略論》前面大段引述孫子的格言。

　　一戰結束不久，哈特即發表文章，呼籲對「從克勞塞維茨那裡繼承下來的、流行相當廣泛的關於戰爭目的的觀點」「加以重新審查」。正是在對西方近代軍事理論的清算過程中，哈特發現了《孫子兵法》在戰略思維、戰略價

值觀上的重要啟發意義，並由此提出了「間接路線戰略」。

二戰之後，特別是隨著核武器的出現，西方開始對克勞塞維茨以來的軍事理論進行審視。哈特確信，「在戰爭中發生無益的大規模屠殺的主要原因，是由於戰爭的指導者固執於錯誤的軍事教條，即克勞塞維茨式的對拿破崙戰爭的解釋」。於是，以《孫子兵法》為代表的中國兵學價值重新顯現。

哈特在上世紀 60 年代初撰文指出，「在導致人類自相殘殺、滅絕人性的核武器研究成功後，就更需要重新而且更加完整地翻譯《孫子》這本書了」。他還說，孫子的兵法「使我認識到深邃的軍事思想是不朽的」。他認為，孫子思想對於研究核時代的戰爭是很有幫助的。因此，要將《孫子兵法》的精華使用到現代的核戰略。

哈特比較說，《孫子》寫得好，在西方，只有克勞塞維茨的《戰爭論》可以跟它相比，但《孫子》更聰明，更深刻。《孫子》比《戰爭論》早兩千多年，但比《戰爭論》更年輕，不像後者，強調暴力無限，顯得更有節制。如果早讀《孫子》，兩次大戰就不會那麼慘。哈特還認為，正是現在，我們才應「回到孫子」。

吳如嵩認為，哈特是第一個對西方現代軍事理論進行反思的人，但並非最後一個。進入二十世紀之後，人類歷史上空前的兩次世界大戰，特別是核武器出現之後，將西方軍事思想的缺陷暴露無遺。以西方人對克勞塞維茨以來的軍事理論進行反思為契機，中國傳統兵學的價值，又一次表現了出來。

14. 孫子理念更有助於全世界和平外交

　　2013 年 2 月，中國駐英國大使劉曉明在英國國防大學聯合指揮與參謀學院講壇上，作的題為「《孫子兵法》與中國的外交國防政策」的主題的演講，《孫子兵法》及中國古代的和平、不戰思想，是今天中國和平發展道路的濫觴。今天的中國繼承先賢的和平思想，立足中國國情，順應時代潮流，堅持獨立自主的和平外交政策，將維護世界和平、促進共同發展作為中國外交政策的宗旨。

　　2013 年 4 月，中國外交部發言人秦剛在引用《孫子兵法》談中國外交「軟」與「硬」時說，中國外交堅定地維護國家主權、安全和發展利益，積極促進世界的和平與發展。在處理具體問題時，中國外交既講原則，又講策略。我們的古人早就悟出這個道理，《孫子兵法》上說，上兵伐謀，其次伐交，其次伐兵，其下攻城。這是古人的智慧，仍具有現實意義。「不能說動刀動槍就是硬，談判磋商就是軟」。

中國駐英國大使劉曉明

　　劉曉明大使的主題的演講和中國外交部發言人秦剛的談話，向西方發出一個強烈的信號：《孫子兵法》及中國古代的這些和平、不戰思想，是今天中國和平發

展道路的濫觴。

《孫子兵法》已作為中國外交的國禮。2006 年 4 月，中國國家主席胡錦濤將國家外文局特製的一部《孫子兵法》贈給當時的美國總統布希。

2009 年 2 月，溫家寶總理與美國國務卿希拉蕊談起了《孫子兵法》，道明同舟共濟的真正來歷和涵義。2012 年 2 月 14 日，第十四次中歐領導人在北京會晤，溫家寶再次提到「同舟共濟」。他說，中歐作為全面戰略夥伴，在困難和挑戰面前，應該相互理解、同舟共濟，這符合雙方的根本利益。

孫子理念有助於全世界和平外交，也有助於全人類的和平與穩定，這個理念被世界普遍接受。九十年前，英國著名哲學家、思想家羅素在其著作《中國問題》中指出：「中國歷史上雖然征戰連綿，但中國人天性是喜好和平的。」九十年後，英國學者出版了《孫子的和平思想》一書。

英國 48 家集團秘書長麥啟安在談及中國應在公共外交中瞭解其他文化的想法時說，如果你可以去瞭解中國文化中最重要的部分，就是《孫子兵法》，它講的是你要知己知彼。所以中國應該做的就是在中國的公共外交中要去瞭解其他文化的想法，然後使用這種理解去讓其他的人，去瞭解中國的文化，而不會在中間引起很多的衝突這是非常簡單易行的方法。這也是把西方的精華和中國古老的文化精華結合在一起。

法國戰略研究基金會亞洲部主任瓦萊麗‧妮凱注意到，中國孫子研究學者發表了一篇題為「孫子的伐交思想與以和平方式解決國際爭端」的文章，將「伐交」解釋為

「用外交取勝」。外交與取勝這兩個詞使人想到了孫子的
另一思想——不戰而勝。

正如全國政協主席賈慶林在出席第八屆孫子兵法國際
研討會會議並發表講話時所強調的：「要全面準確地把握
《孫子兵法》的精髓，更好地運用這一人類共有的思想文
化遺產，為促進世界的持久和平和共同繁榮作出新的更大
貢獻」。

15. 駐英大使率先向西方傳播中國兵法

2012 年 2 月 9 日，中國駐英國大使劉曉明應洛克院長
的邀請訪問英國將軍的搖籃——英國國防大學聯合指揮與
參謀學院並作主題演講。劉大使曾在英國許多大學發表過
演講，包括牛津、劍橋、帝國理工等。而在英國軍事院校
作演講還是首次，他也是率先向西方傳播《孫子兵法》的
中國駐外大使。

劉大使率先在英國傳播《孫子兵法》有著特別的意
義。1905 年第一個英譯本在英國產生，從此《孫子兵法》
得以在英語國家廣為傳播，並加快了這部兵法聖典在世界
範圍內的傳播和應用；英國著名戰略家利德爾‧哈特又是
用孫子思想對西方現代軍事理論進行反思的第一人；英國
牛津大學出版的《孫子兵法》成全球暢銷書，連續多年雄
踞亞馬遜網上銷售排行榜之首。

劉大使開宗明義，既然是在軍事院校演講，我不妨從
中國古代的一部兵書談起，這就是著名的《孫子兵法》。
《孫子兵法》已有二千五百年歷史，被譯成許多種語言，
流傳到世界各地，僅英文譯本就有十七種之多。雖然作為

冷兵器時代的一部兵書，《孫子兵法》有些內容已經遠離當今時代，但其許多戰略、戰術思想並未隨歷史褪色，而仍熠熠生輝。

「我發現，《孫子兵法》對今天中國外交、國防政策的形成亦有深刻影響」。劉大使向西方發出中國的聲音：《孫子兵法》及中國古代的這些和平、不戰思想，是今天中國和平發展道路的濫觴。

劉大使在演講中說，《孫子兵法》開篇第一句話，就是：「兵者，國之大事，死生之地，存亡之道，不可不察也。」孫子還認為，「故上兵伐謀，其次伐交，其次伐兵，其下攻城。」可見，《孫子兵法》儘管是一部兵書，但其指導思想是「慎戰」和「不戰」。這與中國古代其他先哲的觀點如出一轍，如老子和孟子都認為：「兵者，兇器也。」

劉大使重申，今天的中國，宣導互信、互利、平等、協作的新安全觀，致力於和平解決國際爭端和熱點問題。他說，不久前，我在接受 BBC「新聞之夜」節目採訪時，主持人傑瑞米・帕克斯曼問我：「美國為了推行民主不惜發動戰爭。中國想推行什麼？」我當時就回答說：「中國致力於構建和諧世界。」

在談到與中國的和平外交政策相一致的防禦性國防戰略時，劉大使說，《孫子兵法》是一部兵書，是戰爭的藝術，那麼戰爭的最高境界是什麼？孫子認為是「百戰百勝，非善之善者也；不戰而屈人之兵，善之善者也。」孫子也提出：「非危不戰」，「無恃其不來，恃吾有以待之；無恃其不攻，恃吾有所不可攻也」。

劉大使坦言，只有具備制勝的力量，才能有效地遏制戰爭，這是古今中外歷史告訴我們的真理。《孫子兵法》

英國主流媒體採訪作者

從根本上主張不戰、慎戰，但並不懼戰、畏戰。同樣，我們講積極防禦，並不是軟弱可欺，而是後發制人。後發即「人不犯我、我不犯人」，制人則是「人若犯我、我必犯人」。中國積極防禦軍事戰略，以敢戰能戰來達到不戰而屈人之兵，以敢於「亮劍」而全力爭取戰爭勝利，這是孫子兵法的精髓，也是當代中國的軍魂。

　　在談到如何進一步發展中歐、中英關係時，劉大使說要借用《孫子兵法》及中國古人的一些智慧。《孫子兵法》裡有一句名言：「知己知彼，百戰不殆」。《孫子兵法》總共只有 6,074 個字，其中「知」字是出現頻率最多的一個字，共出現了 79 次。今天，中歐關係及中英關係是合作夥伴關係，不是競爭對手關係，要發展和深化這種夥伴關係，就要不斷加深瞭解，增強信任，化解疑慮，消除擔憂。

　　劉大使講述了《孫子兵法》裡還有一個著名的故事，是中國古時候吳國人與越國人不和，當他們同船渡河時，

遇到大風，他們相互救
援就像人的左右手一樣。
這個故事成為了一句成
語──「同舟共濟」。

　　劉大使表示，認識
《孫子兵法》這部古老的
兵書，瞭解中國思想文化
的源頭，能為理解今天中
國的和平發展道路增添一
條途徑，能為打消對中國
的不必要擔憂增加一些決
心，能為積極開展與中國
的交流合作增強一些動力。

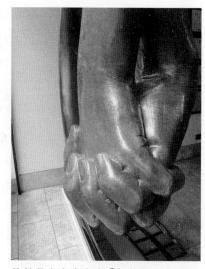

倫敦華人商店寓意「相救如左右手」
的雕塑

16. 英國學者的「知識產權兵法」
──訪原香港特區政府知識產權署署長謝肅方

　　「我們需要告訴世界孫子蘊含著這樣的智慧，讓大家
知道孫子是智慧管理之父。」原香港特區政府知識產權署
署長、亞太經濟合作組織知識產權委員會主席謝肅方在接
受記者採訪時說：「《孫子兵法》不僅僅講戰爭，更重要
的是講預防，而知識產權也是一種預防的兵器。」

　　謝肅方是英國人，畢業於愛丁堡大學，主修中國語
文及文學。旅居香港三十多年，他的普通話、粵語和其母
語──英語說得一樣流利。他有一個溫柔的中國妻子，有
三個活潑可愛的孩子，他的岳父陸智夫是當年與黃飛鴻齊
名的武館掌門人。

謝肅方告訴記者，他大學念的是中文系，開始接觸《孫子兵法》是為對射箭感興趣。他對中華傳統射箭文化情有獨鍾，收藏了兩百多件傳統弓箭，出版了《中國射學──射書十四卷》、《百步穿楊──亞洲傳統射藝》，其中《中國射學──射書十四卷》是當代學術界所見到的第一部關於中國射學的專著，具有相當的研究價值。

三國著名的草船借箭故事講的是巧借自然氣象，不用絲毫成本，不傷一兵一卒，就從曹操那裡「借」來 10 萬支好箭。孔明的智慧源於《孫子兵法》對戰爭物資之取用有一項最智慧的策略：「因糧於敵」。

謝肅方說，他讀《孫子兵法》也是為了學古文和研究戰略思想。當時愛丁堡大學把《孫子兵法》作為研究中國古代經典的重要內容。他熟讀後，對書中短短的古文經典和警句產生了興趣，在感歎中開始了對《孫子兵法》的研究，這一研究就是三十多年。

1994 年，謝肅方出任香港知識產權署署長，他致力於加強香港在保護智慧財產權方面的工作，除為香港制定符合國際標準的法律外，更積極推動智慧財產權保護的公民教育。他把《孫子兵法》應用於智慧財產權保護，形成了自己的理論。

在知識產權保衛戰中，《孫子兵法》有許多可以活學活用之處。謝肅方舉例說，比如〈作戰篇〉之「兵聞拙速，未睹巧之久也」，一旦發現有侵權情況便得馬上解決；〈謀攻篇〉之「全軍為上，破軍次之」，與侵權者溝通正式授權作為解決之道；〈虛實篇〉之「善戰者致人而不致於人」，採取防範措施避免侵權發生；〈九地篇〉之「奪其所愛」對侵權者最重要的資源做致命的一擊。他把這些

歸結為「知識產權兵法」，對於保護知識產權非常實用。

謝肅方認為，《孫子兵法》在全世界很有地位，它的運用領域早已超越軍事，廣泛被運用於商業等各個方面。做企業不懂戰略不行，懂戰略就要學孫子，保護知識產權也要學孫子，這是在世界市場競爭中取勝的最佳策略。

企業要有「雙贏」、「競合」的思路，如果遇到被人侵權的情況，道理上可以與對方打官司，致使對方從市場上消失。但是這樣做，企業自己也要耗費人力、物力、財力，並非上策。倒不如找侵權者商談，以收取版稅或專利稅的形式正式授權他去生產您的產品，作為解決的方法，這就是「雙贏」的思路。「在知識產權保護中，要拿起知識產權這個兵器。」謝肅方說。

17. 波司登把進攻當作最好防守

「進攻是最好的防守」，「進攻的方向至關重要」。全球眾多世界 500 強企業把《孫子兵法》應用得出神入化，而中國企業更應該應用得爐火純青，波司登就是一個經典案例。在國際化進程中，波司登掌門人高德康用中國兵家的謀略與智慧，在英倫創造了「中國品牌，歐洲製造」的奇蹟。

波司登是國際化進程中的領跑者，當一些服裝企業還在感歎「為什麼中國服裝產品只有掛著國外商標才能走出國門」的時候，波司登已經把自己的品牌推向了歐美發達國家了。

始創於 1976 年的波司登是中國最大的羽絨服品牌商，已十七年蟬聯中國國內市場冠軍，擁有服裝業唯一的「中

國世界名牌產品」。該公司在全球六十八個國家和地區註冊了「波司登」商標，並立足海外融資、融智，擴大國際影響和銷路，產品成功進入日本、美國、加拿大、俄羅斯、瑞士、英國等市場。

孫子說：「攻而必得者，攻其所不守也。」意思是進攻之所以能成功，是因為進攻的方向、時間等出其不意。這讓記者想起，西元前 506 年，吳王闔閭和伍子胥、孫武乘坐戰船，溯淮而上，與楚國交戰。楚軍以漢水為界，加緊設防。

不料，孫武突然改變了沿淮河進軍的路線，放棄戰船，改從陸路進攻，直插楚國縱深。伍子胥問孫武，吳軍習於水性，善於水戰，為何改從陸路進軍呢？孫武告訴他說，用兵作戰，應當走別人料想不到的路，逆水行舟，速度遲緩，楚軍必然乘機加強防備，那就很難破敵了。孫武最終以 3 萬軍隊攻擊楚國 20 萬大軍，獲得全勝。

生活和打拚在《孫子兵法》誕生地蘇州的高德康，孫子的智慧與謀略在他身上潛移默化，孫子「不走水路走陸路」的思路，啟發他「走別人料想不到的路」。

高德康表示，在波司登的戰略規劃中，四季化、多品牌化、國際化三足鼎立。作為行業領軍品牌，波司登敢於走上國際競爭舞臺，用高端的品牌形象、高品質的產品、大面積的零售終端，探索符合中國品牌的海外擴張之路，為中國品牌走向世界積累更多的經驗。

波司登在英國首次實現了「中國品牌、本土設計、全球採購、當地化行銷」的新模式。如果這套方案最終可行，那波司登完全可以因此提升品牌的世界檔次。而對於波司登公司來說，未來五年是希望可以實現 30% 到 40% 的營

波司登倫敦店聘用的英國員工

波司登英國商標是一隻展翅翱翔的雄鷹

收都來自非羽絨服板塊，所以波司登在英國出其不意的「進攻」，是最好的「防守」。

這也是中國品牌在全球金融危機陰雲籠罩下發起強勢「進攻」的一個典型案例。在 2009 年到 2011 年間，波司登已經在英國小城市試水過兩家店，結論是：歐洲大的城市更容易接受它的品牌。波司登在英國的目標市場定位為有一定經濟基礎的精英人士，他們不會因為經濟低迷而影響消費。

據波司登英國店長介紹，英國店衣服的款式由英國設計師設計，靈感來源於英倫范兒和中國元素的結合。波司登在中國大陸將近 1 萬 1,000 家商鋪裡的任何一件衣服，都不會出現在倫敦的店裡，中國的消費者要是渴望得到一個倫敦標籤的話，估計要不遠萬里來倫敦了。這不僅令英國人意想不到，就連中國人也始料不及。

2012 年 10 月 12 日晚，在具有八百多年歷史的牛津大學講臺上，首次出現中國民營企業家的身影。高德康的演講充滿了孫子的「東方智慧」：「打一場市場保衛戰，不如利用整個國際市場的容量和資源，打一場市場開拓戰役。」

18. 波司登倫敦奧運會「借雞生蛋」

懂兵法的人不僅會抓住機會，而且會「借雞生蛋」。在倫敦奧運會開幕前一天，波司登在英國倫敦頂級購物街牛津街的旁邊開出海外首家店鋪，波司登歐洲總部當天同時宣告成立。

當天，波司登在牛津街著實「牛」了一把。倫敦奧運

會使全球的目光都聚焦到了英國，而波司登倫敦旗艦店中西合璧的裝潢和獨具風格的服裝，吸引了世界各地遊客的目光。全球矚目的 2012 倫敦奧運會上，中國品牌能借勢崛起，引發英國及世界媒體的關注。

有評論說：這一天，聰明的中國人「掐準」了奧運馬錶，成功「搶灘」英國最繁華的商圈，把倫敦辦成了自己的主場。以 2012 倫敦奧運會為契機──中國品牌逆勢崛起，國際化的波司登把信心傳遞給了全球消費者，也為給世界品牌營運商們上了經典的一課。

英國《金融時報》稱，雄心勃勃的中國零售商如今正盼望讓自己的品牌成為英國家喻戶曉的名字。倫敦旗艦店是該品牌計畫在歐洲開的數家店中的第一家。波司登希望，五年後海外門市能夠貢獻大約 5% 的集團總收入。

有海外媒體認為，高德康成為第一個向西方擴張的中國時尚品牌老總。如果波司登能夠設法進行一些巧妙的行銷，調整其網站形象，並且效仿優衣庫，將亞洲品牌經營成為西方認可的知名品牌，才能最終大步邁入歐洲大陸。

這是一個精心挑選的時機，當天下午 4 點，從倫敦北部出發的奧運火炬傳遞隊伍經過了波司登旗艦店門前。「借助奧運，能夠讓來自世界各地的遊客發現波司登這個新品牌」。波司登英國公司負責人朱偉說。

這個機會也是給了作了充分準備的波司登。為此，該公司付出了巨額財力和巨大精力。深諳《孫子兵法》的波司登人，知道如何選擇機遇、借助機遇。

從 2010 年底籌備選址到 2011 年 5 月簽下購房合同，再到今年奧運開幕前一天開門迎客，用朱偉的話說，「這就是一個兵貴神速的中國速度」。

19. 波司登「借腦」打造世界高端品牌

《孫子兵法》提出了一個重要思想——「因糧於敵」，這一策略在現代企業經營中仍然可以發揮重要作用。這就是企業經營中的借力問題，可借用外部的技術優勢，借用外部的經營管理人才，借用外部原材料，借用外部的科研人員等等，而「借腦」是最要緊的。波司登在英國正是應用了孫子這一大智慧。

波司登英國旗艦店的商標與中國的不同，銷售的產品有別於波司登的其他系列，是全新的歐洲系列。波司登掌門人高德康計畫啟用一個可以被全球認可的全新的品牌名字和不同於中國國內的全新經營模式。

對此，波司登在英國採用了「中國品牌、本土設計、全球採購、當地化行銷」的新模式。通過組建以英國人為主體的專業、可靠、敬業、高效團隊，提供包括羽絨服在內的，從西裝、襯衫到T恤、毛衫到鞋襪服飾在內的四季化全系列產品，實現了從設計、生產、市場推廣、銷售各環節都圍繞歐洲市場、緊扣歐洲客戶的需求和口味。

而且，波司登英國的定位高於中國市場，欲打造世界高端品牌。高德康是這樣詮釋他的定位的：「只有全身心地融入英國社會，體驗英國生活，汲取英國文化，為消費者提供高品質的產品和服務，波司登才能在英國獲得品牌認同和價值共鳴，並最終落地生根開創大未來」。

波司登英國公司負責人朱偉介紹說，波司登在英國開的是一個高檔男裝店，包括男士所有的衣服、四季服裝，還可以自己設計定做，我們瞄準了Hugo Boss等品牌的客戶。我們是在英國設計，為歐洲製造中國品牌。

為了讓自己的產品適應市場，波司登已與英國頂級的男裝設計師尼克霍蘭和阿什甘戈特拉合作。朱偉對記者說，我們借用了英國人的「頭腦」，他們在英國有超過五十年的從業經驗。

該品牌的零售總監傑生登馬克說，波司登英國品牌吸收了中國的歷史和靈感，但同時亦能讓人感受到英國氣息。如果我們想要取得成功的話，我們必須打造一批適合歐洲市場的產品，即針對歐洲時尚消費者的專門產品，即時尚化、高檔化。

波司登正是借了英國設計師們的「頭腦」，從高檔男裝入手，設計出了中國元素和英國傳統有機結合的精品男裝，在款式上既有中國風格的羽絨服，又有英國傳統的燕尾服、毛呢大衣等。目前波司登男裝每套成衣售價在 500 到 1,000 英鎊，首次實現中國品牌在英國設計、歐洲生產。

20. 高德康用兵法在英倫颳起波司登旋風

「借船出海」、「巧借地形」、「借腦借力」、「借雞生蛋」……波司登掌門人高德康蘊含著濃厚的「中國智慧」，他用中國兵法謀略在英倫颳起波司登旋風。

波司登在英國的商標，是一隻展翅翱翔的雄鷹。波司登掌門人高德康已敏銳地看到，隨著中國國門的開放，全球競爭一體化必將加劇，越來越多的國際品牌將進入中國。與其等到「狼來了」以後再倉促應戰，不如主動進攻，搶先迎接國際挑戰。

精通兵法的高德康坦言：「下棋必找高手，弄斧必到班門。」他明白，與弱者為伍自己永遠是弱者，只有與強

者同行，才能像雄鷹那樣直沖雲天，翱翔全球。

做世界品牌一直是波司登創始人高德康的夢想，也是該公司的發展戰略。波司登倫敦旗艦店的建成，開始了波司登與國際時尚潮流、英國設計師的深度融合。一個更具「國際化」的波司登，正從 2012 倫敦奧運會啟程，開始了新的歷程。

波司登英國公司負責人朱偉告訴記者，波司登倫敦系列產品也不同於波司登在中國銷售的款式，除了羽絨服、休閒外套是波司登中國工廠生產的，大多數產品是在歐洲工廠、按照歐洲人的版型生產的。

波司登在英國的行銷更處處針對歐洲人的口味。朱偉介紹說，如宣傳片突出人和自然的和諧，在目標客戶最喜愛的媒體上做廣告等，並通過 DM 直投、地鐵派發、電郵廣告、Twitter、Facebook 等多種形式開展定向行銷。波司登旗艦店 25 名員工大都是老外，有的會講十五國語言。

朱偉表示，波司登進入英國主流市場至少有幾大優勢：優勢之一是有專業的英國團隊；二是波司登從不忌諱自己是一個中國品牌，無論從店面的陳設和細節設計還有衣服的商標上，都可以看出「中國血統」。「中國品牌並不是劣勢，我們從高端服裝做起，雖然品牌形象的建立需要花很長時間，但是我們對自己的品質和服務都有信心。」朱偉說。

波司登品牌贏得了許多歐洲人的支持，認為波司登倫敦系列超出了他們的期望，此舉改變人們特別是西方人對中國品牌的觀念。

「出其所不趨，趨其所不意」，「走別人料想不到的路」，孫子的智慧謀略成就了高德康開啟波司登國際化進程的精彩之作。

21. 中國人會「妙算」是全球最有智慧的人
──訪英國著名僑領、全英華人中華統一促進會會長單聲

「中國人應該是全世界最有智慧的人,因為中華傳統文化已流淌在中國人的血脈中。」在倫敦一條清靜街道上的古老花園洋房裡,記者見到了八十四歲高齡的英國著名僑領、全英華人中華統一促進會會長單聲。他開朗的談話透出超凡的睿智,矍鑠的目光閃爍著別樣的神韻。

單聲用一口流利的老上海話與同是上海人的記者侃侃而談,讓記者頗感意外和親切。單聲祖籍江蘇泰州,1929年出生於上海,在黃浦江畔度過了二十一個春秋。1951年從震旦大學畢業後赴法深造,三年後獲得巴黎大學國際法學博士學位。在遊學英國、西班牙後,被迫「棄學經商」,開始在歐洲各國做進出口貿易的生意。後來在德國和西班牙創辦了自己的公司,從而開始了他漫長的海外傳奇式的商旅生涯。

單聲思路敏捷,出語驚人,他對記者說,二千五百年前孫子提出在廟堂裡「廟算」,寫進了《孫子兵法》十三篇的開篇:「夫未戰而廟算勝者,得算多也;未戰而廟算不勝者,得算少也。多算勝,少算不勝,而況於無算乎!」如今,孫子的「廟算」已成了「妙算」,是中國人智慧的代名詞。

「中國人腦子活,對數字特別敏感,一句話,能算!」單聲告訴記者,一次他到英國帝國理工大學看到,考試分數排在最前面的都是中國人,尤其是數理化。在大英博物館,展出的中國算盤,算盤下面是中國的麻將,寓意孫子

的「妙算」。他風趣地說，中國有句老話，叫「麻將桌上
選女婿」，說的也是會算。

單聲結合自己的經歷說，做生意要會算，凡是做生意
成功的都會算。會算的人有智慧，不會算的人談不上智慧。
單聲自信自己「坐四等艙出來，坐頭等艙回去」，他的秘
訣是「神機妙算」，看準時機，果斷投資。上世紀 60 年
代初，他在西班牙投資房地產業，買下的地皮在三十年中
漲了 1,000 至 5,000 倍，這使他成為當地傳奇的華裔地產
商。如今，他已涉足證券、期貨的買賣，也非常會「算」。

單聲舉例說，他發現西班牙南方濱海地區正處於旅遊
觀光房地產事業的萌芽時期，地價相當便宜，只有 5 西幣
一平方米。也就是說，他每給一次 25 西幣小費就等於丟
了 5 平方米地皮。他計算當時一塊美金只能換三百多塊錢，
而一塊美金可以買很多地。

於是，他買了地，在這裡養奶牛，種果樹，還曾養過
26 隻孔雀。不久這個地方的旅遊業迅速發展，地價也一路
飆升。現在這個地已經被開發了，建有兩個五星的旅館，
有四百多幢花園洋房了，幾十年以後居然漲了五千多倍。

單聲又舉了個例子還是買房，就是他現在住的古老花
園洋房。說起這棟房子還有一段鮮為人知的故事，有一天，
他車子開過這一條路，看到這座房子很特別，房頂是圓的，
他「能掐會算」，估算這座房子非同尋常。

果然不出所料，這座房子藏著一個巨大秘密，原來是
英國近代非常著名的畫家愛德溫‧朗住過的，是當時非常
有名的建築師勃倫莫夫建的代表作品。朗生活在 1800 年
前後，他的畫在當時就賣到了 7、8,000 英鎊一幅，建這棟
房子花了 1,700 英鎊。而單聲花的代價遠遠低於其價值，

現在成為價值連城的傳世家產。

　　單聲感歎道，華人在海外創業非常艱辛，競爭非常殘酷，有時一丁點也不能錯算、漏算，一定要精算、細算，算本錢，算回報，算風險的程度，算成功的概率。口算、心算都很重要，算的快，算的準，就能當機立斷，否則就會錯失良機。只有算過對手，就贏過對手，這叫「勝算」。更絕的是「妙算」，是高手過招。

　　單聲說，中國經濟發展的這麼快，一枝獨秀，這是全球華人的驕傲。他堅信，中國不會垮，因為中國人是全世界最有智慧的人，能長袖善舞，能「借東風」，「算」是中國人的傳統文化，是智慧的象徵。在海外，無論是亞洲、歐洲還是非洲，沒有中國人經濟就垮了，就是因為中國人有聰明才智，懂得孫子的「妙算」。

22. 英國華社多種形式弘揚中國兵家文化
——訪英國中華傳統文化研究院院長桂秋林

　　「《孫子兵法》是中國傳統文化的瑰寶，作為弘揚中華文化為宗旨的英國中華傳統文化研究院，理應大力弘揚」。英國中華傳統文化研究院院長桂秋林在接受記者採訪時透露，該院將開設《孫子》講座，邀請海內外著名孫子研究學者來英國演講。

　　據介紹，英國中華傳統文化研究院成立於 2011 年，旨在向西方社會介紹中華傳統文化精髓，促進中西方的文化交流。該院成立以來，多次舉辦各類研討會，傳播孔子、老子、孫子及《易經》、風水等中國傳統文化，為英國及西方教育界、學術界提供了對話和交流的平臺，在英倫產

生了積極的影響。

　　桂秋林對記者說，中國傳統文化在明清之際，通過西方耶穌會士，通過東學西漸，傳播到了歐洲一些國家。從十七世紀開始，中國的一些儒家經典如《論語》、《孫子兵法》等，就通過法國傳到了歐洲其他國家。法國十八世紀的啟蒙思想家很少有不受中國文化影響的，他們對中國文化的推崇程度，讓我們現在都感到震驚。德國著名哲學家都研究過中國哲學，在不同程度上受到過中國儒家學說和兵家哲學的影響。

　　於是，古老的東方文化開始在西方施展她獨特的魅力，西方人士開始欣賞中華文化的真善美，吸收和諧的儒家文化和兵家文化的內涵，瞭解博大精深的中華文化。

　　中國傳統文化裡有太多的優秀精華可以為現代人所用。桂秋林說，比如《孫子兵法》，不僅可以用於現代戰爭，使善攻者攻於九天之上，善守者守於九地之下，也可以把它用於現代商戰。現在，通過一些專家的講解，包括歐洲在內的全世界企業家開始把它用於商業競爭中；各國的政治家、軍事家視它為「濟世寶典」；現代的哲學家、科學家更把它看作「智慧寶庫」。

　　桂秋林介紹說，英國中華傳統文化研究院舉辦的英國中華傳統文化學術研討會，自 2013 年 2 月開辦以來，彙聚各路精英，舉辦了豐富多彩的演講，為在英國的海外遊子提供了中華文化的精神盛宴。蔡虹冰的演講，主題聚焦中國古典哲學和傳統價值觀對現代經濟管理的影響，涵蓋了老子、孫子的哲學思想。

　　蔡虹冰女士從三個層面介紹了中國人的管理智慧：通過介紹中國古典哲學思想，分析傳統文化及價值觀對現代

經濟管理的影響；通過介紹中國人的思維方式，處事方法，達到高效溝通的目的；通過介紹跨國公司在中國運作的案例，分析跨文化商務溝通的挑戰及對策，並分享成功經驗。達到古典與現代、中國與外國、理論與實踐的融會貫通。

桂秋林說，除了學術研討會參透孫子哲學思想外，英國中華傳統文化研究院還採取多種形式弘揚中國兵家文化。如主辦中國武術研討會，邀請中國嵩山少林寺武僧總教頭林存國師傅講解了中國武術的精華，傳播少林七十二藝、十八般兵器、硬氣功、散手、擒拿、太極，及中華各派武術精粹，他帶領的學員在現場進行了精彩武術表演。

再如，舉辦慶祝倫敦京昆研習所成立十週年，英國著名僑領、全英華人中華統一促進會會長單聲，他也是英國中華傳統文化研究院名譽院長，精彩表演了反映中國兵家文華的《空城計》中諸葛亮的老生唱段。

桂秋林表示，包括兵家文化在內的中華傳統文化，是中國數千年沉澱下來的精華，有著自身的獨特性和優良傳統，是千百年來中國人智慧的結晶。學習中華傳統文化可以培養民族自豪感和增強民族凝聚力，為身處海外的華人增加一份自尊和自信。她希望做一個中華傳統文化的傳播者，共建一個和而不同的和諧文化交流舞臺。

23. 倫敦唐人街與中國留學生「遇風相救」

倫敦唐人街坐落於威斯敏斯特市的蘇活區，是倫敦市中心最繁華最正宗的黃金地段，距女王住的白金漢宮、首相官邸所在的唐寧街以及鴿子廣場都不遠，又緊挨在娛樂和夜生活中心 SOHO 區的旁邊，周圍是著名的休閒旅遊景

點，常年都吸引著來自世界各地的遊客。

正因為唐人街是倫敦最繁忙的區域之一，也是最受遊客歡迎的區域之一，所以也是倫敦租金最貴的地段之一。再加上日漸上漲的物價，房租也在不斷上漲，讓這裡的華人苦不堪言，憂心忡忡。據英國 BBC 報導，一名中餐館業者稱，他的餐館的租金由 1980 年的年租 8,000 英鎊漲到 2003 年的九萬英鎊，漲幅達 10.25 倍。

而中國留學生的大批湧入，無疑給本來已陷入泥潭開始枯乾的倫敦唐人街注入了一汪活水。近年來，大量的中國留學生進入英國留學，成為英國最大的海外留學生來源，總數突破 6 萬。這些留學生在生活上極其倚賴唐人街，用蘇州來倫敦留學五年的張勇的話說，唐人街簡直成了他「英國的家」，每週必來。

唐人街是華人的商業和服務業中心，是華人之立足之地、生財之地，也是就業的主要基地。十五分鐘就能走完的倫敦唐人街區裡匯聚了八十多家中餐館，還有食品超市、書店、理髮店、華文媒體、華人諮詢機構、中醫診所、旅行社等，形成一個完整的華人小經濟產業鏈。而龐大的中國留學生隊伍的加盟，使這個產業鏈越來越大，越來越堅固。

據介紹，原來的倫敦唐人街住的大都是二十世紀 60 年代後從香港來的華人，從事的也是傳統行業，如餐館和洗衣店等。由於語言和歷史的原因，唐人街成了一個獨立於英國社會的文化孤島。

如今，倫敦唐人街已經是一派「海納百川」的繁華景象，範圍也擴大到周圍的幾個街區。不僅有傳統的餐飲行業，還有涵蓋華人生活各個方面的行業，如銀行、律師樓、會計師樓、圖書館等設施，可以說是應有盡有。許多餐館

老服務員，紛紛被年輕、懂英文的留學生取代。而一些新行業，如銀行、旅遊、中醫、留學諮詢業，更是新移民的天下。

中國留學生現在成了倫敦唐人街經濟來源的主要有生力量，餐飲、零售、服務業，都被這些留學生的消費力量帶動。有媒體估斷，倫敦唐人街的擴大、發展，都是和中國留學生增多密切相關的。

這裡的華文報紙大都是免費的，給當地華人和留學生提供大量的生活、工作資訊。英國《華商報》社也設在倫敦唐人街，社長薛平告訴記者，來此間消費的中國留學生占了六成以上，如果沒有留學生，倫敦唐人街發展不會是現在這個樣子；而正因為有了留學生，倫敦唐人街規模經營化了，也形成了華人就業上的相對優勢。目前在這裡打工的，留學生至少占四分之一。真所謂「皮之不存，毛將焉乎」。

記者看到，歐美嘉、王朝、歐亞、遠東、陽光、益川等眾多華人旅行社，遍布倫敦唐人街各個角落，向華人特別是留學生及其親屬提供一日至五日遊的常規旅遊線路，價格優惠，生意興隆。留學簽證、辦理機票一條龍服務，倫敦往返北京、上海、廣州的機票授權代理的優惠價在500至600鎊，受到留學生的歡迎。

倫敦唐人街光華書店，成為留學生購書閱覽的好去處。書櫃裡擺放的大都是中國傳統文化書籍，《孫子兵法》雙語版放在醒目位置。書店老闆對記者說，倫敦唐人街與中國留學生的親密無間，互相依存，相救相助，正如孫子在〈九地篇〉中說：「當其同舟而濟，遇風，其相救也，如左右手。」

德國篇

1. 德國《孫子》出版百年不斷再掀高潮

記者在德國各大城市的書店看到，《孫子兵法》德語版大都印成口袋書，價格都在 7 歐元左右，最便宜的 5 歐元，《孫子兵法》德語漫畫 10 歐元一本。書店工作人員告訴記者，因價格便宜，便於攜帶，又非常實用，常年銷售火爆。

據德國美因茨大學翻譯學院漢學家、孫子研究學者柯山博士考證，最早的德語版《孫子》1778 年出版。在中國北京留學的俄國學生阿列克謝‧列昂季耶夫於 1772 年翻譯了《孫子兵法》首個俄譯本，引起歐洲國家的關注，很快在德國的魏瑪出版了德文譯本。

1910 年，在柏林出版了《中國古典兵家論戰爭的書》，譯者為布魯諾‧那瓦勒，是德國人。譯本中有中文原著的插圖，並附有「古代中國戰歌」。譯者在書中寫道：「《孫子》一書，必將為歐洲作者及其科學著述提供參考。」 此

德國漢學家、孫子研究學者柯山

書係為獻給當時德軍參謀長封‧莫爾特克將軍而翻譯的，為稀見之書，甚至引起人們對此書是否存在的懷疑。直到上世紀 90 年代，瑞士漢學家、著名孫子研究學者勝雅律在聯邦軍事圖書館中始見到原版，方消除懷疑，此版本成為彌足珍貴的孤本。

1957 年，在柏林又出版了《孫子》德譯本，譯者是伊娜‧巴爾西洛維亞克，由當年德意志民主共和國國防部出版社出版。它是按照 J. I. 西多連柯的俄譯本轉譯的，而此俄譯本則是直接從中文翻譯。該新版俄文譯本的出版，擴大了《孫子兵法》在前蘇聯及東歐各國的影響，前民主德國把它作為東德軍事院校的教學材料。

上世紀 70 年代後，《孫子》在德國出版頻繁。1972 年，《孫子》德譯本在德國慕尼黑出版，書名為《孫子兵法十三篇》，編譯者是 H. D. 貝克爾，撰寫引言的是京特‧馬希克，兩人都是德國人。1988 年，《孫子兵法》德文譯本由德國慕尼黑德勒默爾‧克瑙爾出版社出版，譯者不詳，此譯本根據 1983 年版詹姆斯‧克拉維爾的英譯本轉譯。1989 年，在卡爾斯魯厄出版了《孫子兵法》的德譯本，譯注者是克勞斯‧萊布尼茨。

1988 年以後，還出現過三種《孫子》德譯本，都是從美國轉譯過來的：《孫子兵法》，譯者是於爾根‧朗柯維斯基，由詹姆士‧克拉維爾作序並發行；《勝利者的戰略——孫子兵法新譯本》，克納爾袖珍本；《孫子：不戰而勝，正確戰略藝術》，由英格林德、菲舍爾和施雷勃意譯，湯姆斯‧克利蘭編輯，1990 年和 1992 年連續再版。

1991 年，漢斯‧格拉夫‧胡思於蘇聯解體前夕在慕尼黑出版的《德國這張王牌——莫斯科的新戰略》一書，書

中提出，孫子「不戰而勝」是那些最偉大的戰略思想家認為最理想的事，奉為座右銘。

柯山介紹說，1996 年以來，《孫子與商戰》的書籍在德國多了起來，說明孫子的謀略與智慧對德國乃至歐洲有需求，如西門子出版的《管理者的孫子》，被德國企業看好。2004 年之後，《孫子》出版在德國再次掀起高潮。而最新也是最完善的德語版《孫子兵法》2009 年出版，譯者是科隆大學漢學家、翻譯家的呂福克，他是直接從中國的古典原文翻譯的，受到德國讀者的好評。

2. 德國學者「商戰兵法」論文獲博士學位

在位於德國萊茵河畔的美因茨大學翻譯學院，記者見到了漢學家柯山博士。在這座德國著名的翻譯王國裡，設有法語、英語、西班牙語、葡萄牙語等歐洲各語種，以及漢語、日語和日爾曼語等，而柯山則把目標鎖定漢語，在漢語中鎖定中國古代典籍，在中國古代典籍中又鎖定了《孫子兵法》。

年近五十歲的柯山，曾經與記者是同行，從事過新媒體及行動電話新聞。他 1990 年至 1998 年在魯爾大學學習漢學，獲碩士學位；2003 年至 2005 年被德意志學術交流中心派駐北京，從事教學和跨文化交流；2005 年至 2009 年在埃爾朗根大學漢學系讀博士學位，論文選題為《兵法與工商：超文化反響在用孫子兵法當倡議的中西企業管理讀物》。

柯山告訴記者，他從 2005 年開始研讀《孫子兵法》，讀了便愛不釋手，認為非常經典，博士論文就選擇了《孫

子兵法》。當時指導老師雖然感到很驚奇，但持肯定態度，對他的博士論文評價很高。

在寫博士論文前，柯山對《孫子兵法》的翻譯和在工商領域的應用作了很詳盡的研究，到中國圖書館查閱目錄，參考了四百多本《孫子》書籍，寫了三年多時間。他還專程到孫子出生地山東和《孫子兵法》誕生地蘇州穹窿山考察。在德國，除了一位華人《孫子兵法》論文獲博士學位外，柯山是德國人中唯一以此獲得博士學位的。

柯山的博士論文共三十多萬字，分六個部分，以文化傳播的視角，詳盡介紹了《孫子兵法》的翻譯出版的歷史、現實意義和作用；介紹了作者、版本和注釋以及兵學文化交流。他還探討了為什麼《孫子兵法》在世界上影響如此之大？提出要在分開世界的神話裡，西方人如何正確理解東方兵學，如何全面考量中國古代兵學的實踐性，在中西方文化共融中接受《孫子兵法》的精髓。

柯山的博士論文重點解讀了「工商孫子的起源」，以中國、日本和美國為範例，尤其是中國改革開放以來企業管理者的最新典範，闡述「工商孫子與文化轉移」、「工商孫子不同形式的發展」、「工商孫子形式上的相似之處」，還闡述了德國對於工商孫子的翻譯傳播和應用，以及《孫子兵法》對全球的貢獻。

2010 年，柯山的博士論文《兵法與工商》，由德國諾摸思出版社出版，銷售量很高，被德國的圖書館收藏。該出版社稱《孫子兵法》為「商界中的戰爭藝術」，稱《兵法與工商》一書「用以孫子兵法為核心的企業管理讀物來闡釋中西方跨文化交融」。

3. 德國學者稱《孫子》貢獻在於全球應用

　　「孫子思想的普世價值越來越顯現，被東西方普遍接受，認可度極高」。德國美因茨大學翻譯學院漢學家柯山在接受記者採訪時表示，《孫子兵法》的特殊貢獻不是應用於戰爭而是應用於全球包括商戰在內的各個領域。

　　柯山說，他還沒有發現有哪一本書像《孫子兵法》那樣受到全世界的追捧，並在全世界廣泛應用。《孫子兵法》的應用已從軍事領域擴展到企業管理、行政管理、商業競爭、人才開發、體育競技、文化戰略、金融股市，乃至情報反恐等諸多領域，這是絕無僅有的。在各個領域廣泛的應用中，人們不僅在中國古人的深邃的思想中獲得啟迪，同時又為中國傳統兵學注入了新時代的活力。

　　柯山是唯一以《孫子兵法》論文獲得博士學位的德國人，他的博士論文題目是《兵法與工商：超文化反響在用孫子兵法當倡議的中西企業管理讀物》，他的論文出版後受到德國工商界的關注。

　　柯山對記者說，與多如牛毛的其他經濟管理書籍不同，《孫子兵法》具有不可替代的實踐和應用意義，孫子的智慧不可複製。他以中國、日本和美國經濟發展為範例，《孫子兵法》對日美企業的發展影響非常大，收益也非常大。從中還可以看到中國經濟發展的智慧和成功，孫子的理念對中國的崛起很有幫助，對歐洲乃至全球的經濟同樣會有幫助。

　　柯山表示，《孫子兵法》已經不是簡單意義上的戰爭著作，而成為政治、經濟、外交各個領域領導者的必讀書。孫子思想的世界性傳播有著重大的現實意義。西方許多權

威人士認為，孫子是超越中華文化圈對世界產生巨大影響的少數中國偉人之一，《孫子兵法》在世界範圍產生了廣泛而深刻的影響，是舉世公認的。

曾當過中德文化交流的大使的柯山，熱衷於中德跨文化交流。他認為，《孫子兵法》不僅具有獨特的商業價值，而且具有很高的文化價值和哲學價值。面對全球的衝突與和諧，戰爭與和平，很需要學習和應用孫子的思想，凡是有衝突的地方都要很好應用《孫子兵法》。

柯山表示，西方人稱孫子為「兵學鼻祖」，把《孫子兵法》視作「兵學聖典」，在許多西方人對東方文化還不夠瞭解、不夠理解甚至誤解，大多數東西方文化交融還面臨困難的大背景下，孫子思想卻得到東西方的高度推崇，證明孫子思想具有無與倫比的普世價值。

4. 德國酒文化學者「把酒話兵法」

萊茵河畔蜿蜒的葡萄園，古老的酒莊街道，別樣的酒桶旅館，獨特的葡萄酒窖，德國美因茨大學翻譯學院和語言學與文化學院中文系教授柯彼德博士，把記者帶進了一個充滿詩意的葡萄酒世界。

柯彼德是德國著名漢學家，他的博士論文是《現代漢語的詞類問題》，出版過《漢語語音學叢書》、《基礎漢語課本》，主編德語區漢語教學協會會刊《春》，撰寫了八十多篇關於漢語教學、中國文化及跨文化等方面的論文。

而柯彼德的業餘愛好則是中國酒文化，出版過《中國的葡萄酒文化——歷史、文學、社會與全球視角的研究》、《葡萄釀酒之橋——英漢義法德詞典》，曾在德國美因茨大

德國漢學家柯彼德博士在酒莊

學組織「中國與德國葡萄酒文化研究」國際研討會，多次參加中國舉辦的葡萄酒國際研討會，在天津大學馮驥才文學藝術研究院作題為「葡萄美酒──在中國忘卻的文化遺產」演講，提出「中國葡萄酒之路比絲綢之路更早、更長」。

柯彼德饒有興趣地帶記者來到萊茵河畔德國著名葡萄酒產區和酒莊。從上個世紀初，這裡就深受德國和英國的浪漫派詩人青睞。入夜，柯彼德一邊品嘗葡萄美酒，一邊與記者「把酒話兵法」。

「葡萄美酒夜光杯，欲飲琵琶馬上催。醉臥沙場君莫笑，古來征戰幾人回。」柯彼德吟誦著唐朝著名詩人王翰的〈涼州詞〉。他說，此詩描摹了出征將士開懷痛飲、盡情酣醉的場面。還有辛棄疾〈破陣子〉描寫：「醉裡挑燈看劍，夢回吹角連營。八百里分麾下炙，五十弦翻塞外聲，沙場秋點兵。」這些膾炙人口的詩詞是中國酒文化與兵家文化結合的代表作，千百年來，廣為傳誦。

柯彼德出語驚人：自古以來，酒與兵家有著不解之緣。

孫子在其兵法十三篇中儘管沒寫到酒，但字裡行間可以看出他是喝著酒寫出來的，否則不會成為「妙運從心，鏗鏘有聲」的千古警言。

況且，中國的酒文化與兵家文化是「兩兄弟」，中國兵家人物大都愛酒飲酒。柯彼德舉例說，《三國演義》的曹操煮酒論英雄、關羽溫酒斬華雄，都體現了酒文化與兵家人物的智謀與膽略。《水滸傳》高超的醉打描寫，使酒文化與武術文化水乳交融。

同樣喜愛酒文化的記者與柯彼德交流：楚莊王「善用酒謀」，越王勾踐「投酒鼓士氣」，劉邦醉唱〈大風歌〉，漢武帝送御酒到戰場，宋太祖趙匡胤「杯酒釋兵權」，朱元璋「借酒消患」，荊軻「酒後刺秦王」、項羽大擺「鴻門宴」，霍去病「傾酒入泉」，都是酒文化與兵家文化交融的經典。

2008 年柯彼德啟動「歐亞十七國絲綢之路萬里行」探訪，驅車數萬里，考察中西歷史文化交流。他介紹說，德語簡稱絲綢之路為絲路，最早來自於德國地理學家費迪南・馮・李希霍芬 1877 年出版的《中國——我的旅行成果》。

柯彼德認為，《孫子兵法》並非十八世紀傳入歐洲，而是通過絲綢之路，包括兵家文化在內的中國大量先進文化技術透過各種方式，早就流入歐洲地區。唐代詩人王維「勸君更盡一杯酒，西出陽關無故人」的酒詩，也反映了絲綢之路與兵家文化之間內在的聯繫。從漢代以來，陽關一直是中國內地出向西域的通道，從軍或出使陽關之外，在盛唐人心目中是令人嚮往的壯舉。

柯彼德對記者說，中國酒文化源遠流長，絲綢之路悠久綿長。無論是中國葡萄酒之路還是絲綢之路，在傳播中

國酒文化和絲綢文化的同時，都無不把中國博大精深的中國兵家文化傳播到了西方。

5. 德國學者稱孫子思想流傳千年仍然「活著」

「從德國火車站、飛機場到各個書店、大學圖書館，到處都能看到《孫子兵法》，從政治家、軍事家到文學家、企業家，都越來越喜愛中國的孫子」，德國漢學學會主席、科隆大學漢學家、翻譯家呂福克用驚訝的表情說，中國古代思想家孫子的思想流傳二千五百年仍然「活著」，這不能不說是人類思想史上的一大奇蹟。

最新德語版《孫子兵法》翻譯者呂福克，是第二批派往中國的留學生，在臺灣教學六年，在德國科隆大學中文系當講師二十二年，每年都要到中國進行文化交流。他評價說，孫子第一個提出戰爭後果的問題，這是對人類和平的巨大貢獻。對於這個貢獻，不僅是歐洲而且是全世界，認可度都非常高。

呂福克說，光看書名，孫子寫的是兵法，而看十三篇內容，其實寫的是和平。孫子提出「非危不戰」，「主不

德國科隆大學漢學家、翻譯家呂福克

可以怒而興師，將不可以慍而致戰」，「是故百戰百勝，非善之善者也；不戰而屈人之兵，善之善者也。」孫子強調不是非要打仗，要善用謀略減少流血，通過伐交和平共處，攻城是不得已而為之。要看到戰爭的後果，看到戰爭給國家和人民帶來的災難，盡可能避免戰爭，把戰爭的災難降到最低程度。如果誰讀懂了這一點，就真正理解了孫子的精髓。

與德國的《戰爭論》相比，《孫子兵法》不只是兵書，更是哲學書，文學書，在世界上地位很高。呂福克認為，孫子思想飽含的哲學思想，主要體現在兩句至理名言：「知彼知己，百戰不殆」，講的是樸素的唯物論；「兵無常勢，水無常形」，講的是辯證法。在文學藝術方面，孫子十三篇在世界兵書中獨領風騷，體現出不朽的文學價值，使其跨越時空，至今仍然「鮮活」。

《孫子兵法》比《三十六計》價值高出許多，不能同日而語。呂福克不認可歐洲有的學者把《三十六計》作為謀略和戰略，他認為《孫子兵法》是大方略、大謀略、大智慧，而《三十六計》是小計謀、小策略、小智慧，二者完全層次不同，不能同日而語。把《三十六計》等同或替代甚至高於《孫子兵法》的觀點，都是非常錯誤的。

呂福克表示，孫子在歐洲很有名，德國人還是很喜歡孫子的，有相當數量的讀者群，也有相當數量的應用者。孫子思想不僅對軍事、商戰，而且對現代社會有很大的影響，具有不可估量的現代意義。人們從這部享譽世界的智慧寶典中尋求兵法理論與哲學思想、管理理念的契合點，已經成為世界上許多國家的普遍現象，這就是孫子思想流傳千年仍然「活著」的重要原因。

6. 最新德語版《孫子》發行二萬成「搶手書」

　　記者在德國法蘭克福、慕尼克等各大城市書店看到，最搶手的《孫子兵法》，比口袋書略大一點，套紅硬殼。封面上，孫武身穿紅色戰袍，腳蹬黃色皮靴，騎著白馬，黑色帽子，黑色馬鞍，黑色馬鞭，馬脖子上掛的紅纓，遙視前方，臉藏神機。書店工作人員告訴記者，這是目前最新也是最準確的德語版《孫子》，非常暢銷。譯者中文名字叫呂福克，是德國漢學學會主席、科隆大學漢學家、翻譯家。

　　記者慕名來到德國科隆大學尋訪呂福克，他是中文系講師，剛退休，滿頭白髮，精神矍鑠。他準備搬遷的辦公室裡，堆滿了漢語書和各種版本的《孫子兵法》。

　　呂福克介紹說，德語版《孫子兵法》都是從俄譯本轉譯的，如 1910 年在柏林出版的由布魯諾・那瓦勒翻譯的，後來前民主德國國防部出版社出版的，都是這一類，再後來是從英文版轉譯的。他研究發現，所有的德語版《孫子兵法》

德國翻譯家呂福克翻譯的德語版《孫子兵法》

或多或少都有錯誤。而他 2009 年出版德語版《孫子兵法》，是直接從中國的古典原文翻譯的，相對比較準確。

　　長著地道的德國人臉、操著一口流利漢語的呂福克說，他上世紀 70 年代在北京學習漢語，是中德建交後第二批派往中國的留學生。到了中國後，他就買了《孫子兵法》、《孫臏兵法》，從此對孫子研究一發不可收拾。他家裡收藏了德語版《孫子》、竹簽《孫子》、郭化若譯注《孫子兵法》，以及美國哈佛大學教授翻譯的《孫子兵法》。

　　呂福克坦言，過去德國研究中國古典哲學的很少，研讀古典兵書的更少，德國人很固執，長期以來崇拜《戰爭論》，因為德國是克勞塞維茨的故鄉，德國人讀《戰爭論》的熱情一直很高，對中國的《孫子兵法》並不重視。現在有很大的改變，對中國文化、中國的古代經典，對中國的兵家文化感興趣的人越來越多，所以促成我的翻譯，成為第一個直接從中國的古典原文翻譯《孫子兵法》的德國人。

　　另一個原因是，德國的出版商對《孫子兵法》的出版感興趣，約呂福克翻譯的是德國有名的出版社。因從中文古典直譯難度很大，他瞭解《孫子兵法》的內涵，熟悉春秋戰國歷史文化背景，精通中國古典文化，所以出版社主動找到呂福克，呂福克也有這個願望，於是一拍即合。

　　呂福克說，翻譯《孫子兵法》的難度還在於中文古籍版本太多，選什麼版本很重要。他深知，自己翻譯的書不是給漢學家看的，而是給德國讀者看的，要容易讀，讀得懂，就需要吃透古典原文，在語言上把握，盡可能用簡單的大眾語言。為此，不算準備階段，他足足花了兩年時間，參閱了大量的歷史資料，僅古典原文中的一個「車」字，就花了許多時間推敲，做到精益求精。

德國篇

為了讓德國讀者讀懂《孫子兵法》，呂福克在他的最新德語版中介紹了司馬遷在《史記》中記載了《孫子·吳起列傳》，太史公是為中國古代最偉大的軍事家孫子立傳的第一人，孫子的生平也是通過《史記》第一次被載入史冊。同時介紹了《孫子兵法》成書的時代背景、作者以及孫子十三篇的作用和意義。

2009 年，法蘭克福舉辦大型書展，呂福克就把新出版的德語版《孫子兵法》推出，結果好評如潮，「最新、最好、最準確、最完善」，讀者把許多「最」都冠在他的頭上。呂福克頗為得意地說，目前，這本書已再版四次。在德國一般發行 3,000 冊的書就算很不錯了，而他的書發行二萬多冊，出版社非常滿意。

7. 德國漢學家稱《孫子》是世代相傳的史詩

德國漢學學會主席、科隆大學漢學家、翻譯家呂福克讚美說，《孫子兵法》看上去是本古代兵書，細細品讀，充滿韻律，是一部含蓄雋永的哲理詩，也是一部世代相傳的史詩。

呂福克是第一個翻譯德語版《唐詩三百首》的德國翻譯家，對中國的古詩詞特別鍾情，寫過《西方人眼中的李白》，稱李白「屬於全世界的詩人」。他也是最新德語版《孫子兵法》的譯者，是第一個直接從中國的古典原文翻譯《孫子》的德國人。他的譯本保持了古典原文中「詩」的韻味，再版四次發行二萬多冊，深受德國讀者的好評。

呂福克中國文學造詣很深，在科隆大學漢學系主要講授翻譯課程，主編《東亞文學》雜誌，還在編撰一部大型

工具書《中國文學大辭典》。他漢語流暢，舉止儒雅，談吐風趣，與記者侃侃而談。

「我研讀發現，孫子十三篇六千餘字，像散文詩一般的語言，許多地方是押韻的。」呂福克評價說，《孫子兵法》的文句實為詩句，朗朗上口，用文學的語言描寫兵法，實屬罕見，是一部開散文之先河的中國兵法文學精品。

呂福克對記者說，《孫子兵法》與其說是一部兵書，倒不如說是一部經典文學作品。在中國古代漢語課程裡，有孫子〈虛實〉篇章，在一些初中課程中有〈謀攻篇〉，顯然屬於古代文學。事實上，世界各國的許多讀者不僅把它當作兵書、哲學書而且當作文學書讀的，其文學價值得到充分認可。

《孫子兵法》句法用詞對後世文章章法的影響深遠，古人讚美「不知誰相師法，然皆出《孫武子》十三篇中」。劉勰讚譽它「辭如珠玉」，宋代嚴羽《滄浪詩話》讚美「少陵詩法如孫武」。

呂福克認為，孫子汲取百家之長，使十三篇的造句技巧達到了無與倫比的程度，是《道德經》等古代優秀散文的繼承和發展。古人說「老子、孫子一字一理，如串八寶珠瑰，間錯而不斷」。

「《孫子兵法》不僅在思想上而且在語言上，明顯汲取了老子《道德經》的營養。」呂福克告訴記者，孫子不僅把老子的「道」引進兵家，還把老子不拘一格的道術思想性哲學詩引進十三篇，抑揚頓挫，富有韻味，節奏感強，好讀好記，他在翻譯時也充分注意到了這一點。

德國篇

8. 德國美女擊劍冠軍從兵法中領悟劍法

「布麗塔‧海德曼是德國美女劍客，她研讀過《孫子兵法》，十年磨一劍，終於在北京奧運會圓了金牌夢。」法蘭克福工商會中國經濟合作部長蘇木琳對記者介紹說，她和海德曼同是科隆大學中文系畢業，是海德曼的學姊，而她們的老師就是《孫子兵法》最新德語版譯者呂福克先生。

海德曼身高 1.8 米，漂亮、聰明、出色，她在科隆大學學了五年中文，專業就是中國歷史、法律、經濟學。「她是絕對的中國通， 對漢語狂熱，對中國文化有著濃厚興趣，懂得《孫子兵法》，並運用於擊劍。」科隆大學講師呂福克如此形容海德曼。

身穿日本武士服的德國劍客

海德曼十四歲與中國結緣，那年暑假她與弟弟一起隨父母到中國遊覽，從此對中國文化產生了濃厚的興趣。回國後，海德曼和弟弟立即找到一所中文學校，開始學習漢語。一年後，海德曼得到了一次出國做交換生的機會，在填寫申請表時她毫不猶豫地選擇中國，在北京 25 中學習中文。她把北京當成了

第二故鄉，有一個很好聽的中國名字叫「小月」。之後，她先後又到中國近二十次。

1995 年海德曼迷上擊劍時，又來到了中國進行訓練，自此認識了中國女劍客李娜，並成為知心朋友。儘管海德曼擊劍起步比較晚，但是在與李娜一起訓練的時候，她的劍法得到了提高，很快在德國拿到了第一次全國冠軍。兩年後，已有五個全國冠軍在手的海德曼又將目標瞄準了女子重劍，她夢想成為世界劍壇的一名女將。

海德曼讀《孫子兵法》從中領悟劍法，她說，要成為一名真正的劍客，就要懂兵法，能在招式之間分出攻守進退，自成體系，避高趨下，因地制流，才有資格稱為「劍客」。世錦賽上，海德曼一路過關斬將，並最終在決賽中擊敗中國名將李娜，在拿到第一個世界冠軍的同時，也提前贏得了北京奧運會的參賽資格。

在北京奧運會準決賽時，海德曼跟李娜比賽的第一節，雙方都不想出劍，因此裁判向她們出示了兩張黃牌，一對場下好朋友，有人以為當時都不想贏下對方。海德曼則說，我們在場下是朋友，在場上則是對手。在體育競技場上誰都想戰勝對手，之所以沒有進攻出劍，那只是一種戰術，大家都在等待機會。是的，善於作戰的人，總是自己先立於不敗之地，而不放過任何一個打敗對手的時機。

在一次新聞發布會上，海德曼介紹她讀過《孫子兵法》，覺得《孫子兵法》很有意思，對她練劍有一定影響。她說，「有些東西可能是相通的，比如採取什麼樣的策略以及劍法」。其實，孫子的十三篇兵法是一套精妙絕倫的完美劍法，從起勢到收勢，出神入化，非常實戰。

9. 慕尼黑總部經濟很需要應用孫子謀略

　　記者來到巴伐利亞州首府慕尼黑，這裡是德國主要的經濟、高科技產業中心和生物工程學、軟體及服務業的中心，擁有寶馬、西門子、安聯保險、慕尼黑再保險、卡車製造、飛機引擎製造、注模機製造、照相機和照明設備、英飛凌等大公司的總部。此外，麥當勞、微軟、思科、雅培等許多跨國公司的歐洲總部也設在慕尼黑。

　　「慕尼黑總部經濟很需要應用孫子謀略」，瑞士著名謀略學專家勝雅律教授對記者說，孫子的現代意義和實用價值越來越顯現，德國企業家對《孫子兵法》和他的《謀略》書非常感興趣。近幾年，他經常應邀到慕尼黑企業講《孫子兵法》及其謀略智慧。

位於慕尼黑的寶馬總部

　　寶馬總部位於奧林匹克體育場旁邊，其博物館設在總部的旁邊。這裡聚集了一百多件代表不同年代寶馬文化的車型，是寶馬最富創意、最能將市場與企業文化巧妙結合的精典產品。寶馬是德國一家世界知名的高檔汽車和摩托車製造商，業務遍及全世界一百二十多個國家，

在全球經濟不景氣的情況下，寶馬公司的銷售量也仍然保持了增長勢頭，公司連年贏利。

據德國孫子研究學者介紹，寶馬的秘訣之一就是應用《孫子兵法・九變》：所以將帥精通「九變」的具體運用，就是真懂得用兵了；將帥不精通「九變」的具體運用，就算熟悉地形，也不能得到地利；指揮作戰如果不懂「九變」的方法，即使知道「五利」，也不能充分發揮部隊的戰鬥力。

寶馬戰略的實施依不同的國家而有所變化，這就是所謂「品牌全球化——行銷地方化」的行銷戰略。如在中國市場，華晨寶馬擴建項目在更多當地語系化研發的支持下進行，並將根據市場發展引入適合中國客戶需求的新產品。寶馬因國而異，從而大大提高了品牌的戰略地位，加強了公司的競爭力。目前，中國已是寶馬集團全球的第三大市場。

華晨寶馬原總裁兼首席執行官施潤博非常喜歡中國文化，他喜歡讀《孫子兵法》和《毛澤東傳》。《孫子兵法》讓他在現代商戰中領會中國傳統智慧的魅力；《毛澤東傳》讓他瞭解到近代中國社會發生的事情。而華晨寶馬現任總裁兼首席執行官康思遠在中國工廠開業時，特意選了一個紅色的領帶，而汗衫的袖扣竟是中國京劇的臉譜圖案，寓意華晨寶馬具有中國文化特色。

西門子也非常看重《孫子兵法》中的謀略，並將其應用於企業的管理體制中。 德國美因茨大學翻譯學院孫子研究學者柯山認為，西門子的成功其中很重要的一個原因是應用孫子「致人而不致於人」。在西門子的發明冊上，可以看到一系列歐洲和世界第一：第一部電話自動交換機，第一部長途電話，第一部電動機，第一輛電力機車，第一台電子顯微鏡，第一部電傳機，西門子總是在新技術產業

中牢牢地占據主動地位。

孫子在「將」的選拔中，提出「智信仁勇嚴」，把「智慧才能」排在「五德」之首。西門子之所以發展成為世界電氣界的一顆璀璨的明星，另一個重要原因是離不開高智力的人才。西門子公司規定，其後代子孫，必須是具有博士頭銜的技術專家和經營管理專家，才能參與公司管理工作，「智」的評判一定要有硬指標。同時，高薪網羅了大批優秀管理人才和科研專家。

負責在中國組建招聘團隊的吉田，在為西門子公司招聘了數千名員工以前閱讀了《孫子兵法》，這本兵書他反復閱讀了十三年。西門子電子和電氣工程公司中國中心便是他籌建的。他說：「我對戰爭並不感興趣，我只是想瞭解東方哲學，因為我一直想瞭解道教有關東方陰陽的東西。」

吉田認為，孫子關於領導力的理論也適用於人力資源，孫子所說的「士氣」與我們通常說的「價值觀」有著強有力的聯繫。價值觀是公司和經理人管理和激勵員工的基本要素。士氣始於孫子將軍，而價值觀始於企業的行政高管。

《管理大師的孫子兵法》是由長年任職北京的西門子高官維爾納・史旺菲勒德爾所撰寫，全球已售出二十多國版本。他自企業管理系畢業後，1976 年開始進入西門子，在一趟中國商務之旅中，接觸到《孫子兵法》，作他運用身為頂尖經理人的豐富管理經驗，自此致力於專研孫子的偉大戰略。

德國孫子研究學者柯山說，《孫子兵法》具有獨特的商業價值，孫子的理念對中國的崛起很有幫助，對德國的企業發展，同樣有幫助。1996 年以來，《孫子與商戰》的書籍在德國多了起來，西門子出版的《管理者的孫子》，

被德國企業看好。他出版的《兵法與工商》被譽為「商界中的戰爭藝術」，受到德國企業家的歡迎。

10. 慕尼黑達豪集中營真實再現戰爭災難

黨衛隊、死亡營、焚屍爐、毒氣室、火化場、射擊場、活人實驗、枯骨雕塑……距慕尼黑市 20 公里的達豪集中營，這裡原本是個藝術之鎮，二戰時卻成了納粹一千多座集中營的第一座集中營，它真實再現了充滿血腥和恐怖的戰爭災難。

達豪集中營之所以成為希特勒首選，是因為慕尼黑是希特勒發跡地，也是戰爭災難的製造地，德國法西斯的二戰總部就設在這裡。1919 年，納粹黨在慕尼黑成立；1923 年 11 月 8 日，希特勒在慕尼黑發動「啤酒館暴動」；1938 年 9 月 29 至 30 日，德國在進攻波蘭之前召開了「慕尼黑會議」，慕尼黑協定加速了戰爭的爆發。

達豪集中營展出充滿血腥和恐怖的圖片

　　1933 年 3 月 20 日，納粹黨衛軍頭目希姆萊宣布在達豪建立第一個集中營，建有用於大規模屠殺和進行人體試驗的毒氣室、屍體解剖室和焚屍爐。集中營紀念館收藏的一份圖表顯示，二戰期間，曾先後關押過 21 萬人，有記錄的死亡數字是 31,591 人，數以千計的蘇軍戰俘經常被就地處死，在被轉移過程中死去的人更是無可計數。

　　活人實驗室是令人毛骨悚然的滅人方式之試驗地，如殘忍至極的「真空試驗」、「高壓試驗」、「冷凍試驗」、「鹽水試驗」等。為了進行細菌戰爭，他們在活人身上培植瘧疾病菌，還進行使人體受到致命傷殘的生物化學試驗，甚至剖開犯人的腦殼，作活體解剖。

　　美國作家威廉・夏伊勒在巨著《第三帝國的興亡》中詳細記錄，所挑選的被試者，必須是完全健康的，因為他們試驗完畢死亡了，皮要被剝下，做成黨衛隊頭子及其太太們嗜好的精美飾品。

　　至於那些老弱病殘與婦女兒童，等待他們的是集中營的毒氣室和焚屍爐。毒氣室外表看起來像個浴室，裡面裝著蓮蓬頭，然而那裡流出的卻是窒息生命的毒氣。劊子手們用洗澡的謊言把囚犯們騙入「浴室」後，放入毒氣，幾分鐘後犯人全部死亡。陳列館有一張照片，上面是一個青年婦女，攙著三個天真的孩子，懷裡還抱著一個嬰兒，無可奈何地走向毒氣室。

　　緊挨毒氣室的是焚屍爐，屍體馬上被扔到焚屍爐裡焚燒。毒氣室和焚屍爐旁，讓人怵目驚心的是那些堆積如山的各式各樣的大大小小的靴子、鞋子，這是那些成千上萬的被害者被迫走向毒氣室前脫下的。在「達豪集中營一日遊」的宣傳單張上，對焚屍爐的去向有詳細一些的解釋：

現在，達豪集中營已經沒有焚屍爐了，焚燒人類的地方終將被燒掉。

達豪集中營還有一個專門的「射擊場」。1941 年德國法西斯入侵前蘇聯後，大批的前蘇聯人被押運到達豪，僅幾天 6,000 多名前蘇聯人全部被槍殺。達豪解放前夕，還發現約有 7,500 具屍體未來得及焚燒，戰爭結束後才移入達豪公墓。

記者注意到，所有的參觀者全都神色凝重、靜默寡言，包括那些德國工作人員。當參觀者從那令人窒息、充滿血腥與殘暴的黑黝黝的集中營裡出來，呼吸著清新的空氣時，每個人的心中都迴響著同一個聲音：我們要和平，不要戰爭！

德國二戰及孫子研究學者稱，孫武主張「止戈為武」，他提出「慎戰」、「非危不戰」、「不戰而屈人之兵」，以消弭戰爭，追求和平。德國好多地方都保留當年的集中營，以提醒人們不忘戰爭帶來的災難，珍惜來自不易的和平。

11. 德國人應用中國兵學思想反思「二戰」

柏林「恐怖之地文獻中心」、「恐怖刑場博物館」、「歐洲被殺害猶太人紀念碑」先後對外開放，專門揭露納粹的種種暴行。在德國境內還有二戰戰場遺址、集中營舊址、主要戰場、博物館及蘇聯紅軍、西方盟軍紀念碑和墓碑。每年德國領導人都會出席在這些地方舉行的紀念活動，提醒德國人不要忘記和忽視納粹犯下的罪行。

而希特勒及其黨羽在德國成為永久罵名，德國領土上沒有他們的墳墓，也沒有他們的任何紀念物。正如德國總

理施羅德所說：「對納粹主義及其發動的戰爭、種族屠殺和其他暴行的記憶，已經成為我們民族自身認同的一個組成部分」，「德國負有道義和政治責任來銘記這段歷史，永不遺忘，絕不允許歷史悲劇重演。我們不能改變歷史，但是可以從我們歷史上最羞恥的一頁中學到很多東西。」

1946年10月，德國導演沃爾夫岡‧施陶特斯執導的影片《殺人犯就在我們中間》上映。該片首次反映了德軍在蘇德戰爭中犯下的滔天罪行，在德國引起了巨大反響。二戰被一代代電影人從不同角度進行解讀，而德國電影人更以一種負責任的態度對二戰進行誠懇的反思，其中最值得一看的是德國電影《帝國的毀滅》。

在二戰結束六十週年之際，「德國之聲」網站發表文章指出，正是由於德國堅定地承擔了歷史責任，才贏得了今天在世界上的地位。戰後六十年來，通過反思歷史和戰爭賠償，德國贏得了國際社會的認可和尊重，從而走出了

柏林街頭展出的反思「二戰」的圖片

恥辱，走進了繁榮，成為當今國際舞臺上一個負責任的大國。德國人的反思真正觸及到了民族的靈魂。從學齡兒童到政治領袖，德國上下已經完成了深層意義的民族救贖。

記者在柏林「恐怖之地文獻中心」留言本上看到，許多德國民眾寫下了「戰爭是魔鬼，和平是天使」、「和平萬歲」的留言。一位德國學者寫道：「二戰前，德國人狂熱崇拜《戰爭論》；二戰後，德國人開始信奉《孫子兵法》。」

德國二戰及孫子研究學者表示，二戰前，德國人對克勞塞維茨的《戰爭論》頂禮膜拜，信奉武力征服，信奉血腥暴力，信奉戰爭解決一切問題，對中國二千五百年前的孫子不屑一顧；二戰後，對孫子為代表的中國兵學思想開始重視，並用以反思二戰。聯邦德國國防部長韋爾納博士1977年在與記者談話時，曾引用了中國古代兵法家孫子的話，並說：「很可惜，在西方許多人不熟悉這一點。」

戰爭暴力和災難不可避免，但戰爭暴力和災難應不應該減少和降低、能不能減少和降低，無論是古代還是當今時代，都面臨這個重大問題。德國學者比較說，「不戰而屈人之兵」是孫子最為推崇的、也是他提出的最著名的命題。盡量避免戰爭，因為戰爭充滿風險和災難，最大的風險是失敗，最大的災難是亡國。而克勞塞維茨不贊成減少暴力，他得出結論：「暴力的使用是沒有限度的」，從而為導致暴力升級提供了理論依據。

德國學者稱，從十九世紀到二十世紀，德國名將普遍受西方兵家思想的影響，大多是《戰爭論》的忠實讀者，希特勒深受其影響成為「戰爭狂人」，妄圖征服整個世界，最終以徹底失敗並給德國乃至歐洲帶來深重災難而告終。而二十一世紀的戰爭將受以孫子為代表的東方兵學思想的

影響，主張「慎戰」、「非戰」，崇尚和平、和諧是《孫子兵法》的思想精髓，這也是當今時代的潮流，勢不可擋。

12. 德國奧運會與世界盃中的中國兵法

專家稱，《孫子兵法》與奧運競技關係密切。從一定意義上說，體育競賽領域與戰爭領域有更多的相似性，體育競賽理論從兵法理論中也可以借鑑、移植更多的有益法則。孫子「攻心奪氣」、「知彼知己、百戰不殆」等兵學思想，對奧運競技也十分有用。而和平是奧林匹克精神的重要內涵，奧運盛會已成締結世界和平的紐帶，其崇尚和平的理念符合孫子的精髓。

1972 年，在德國慕尼黑舉辦的第二十屆奧運會上，因恐怖分子闖入奧運村殺害多名以色列運動員，使奧運會在歷史上留下了難以磨滅的黑色記憶。但面對這起震驚世界的恐怖事件，國際奧會沒有向恐怖分子屈服，來自 121 個國家的奧運健兒團結在五環旗下，象徵和平的現代奧運聖火熊熊燃燒，5,000 隻象徵和平的鴿子在天空飛翔，所有數字均創造了紀錄，共產生了 600 枚獎牌。

被稱為排球界「孫武」的松本康隆，在慕尼黑奧運會上將日本的排球「垃圾之隊」打造成世界冠軍隊，從而第一次打破了東歐男排一統天下的格局。有意思的是，《孫子兵法》一直被他視為制勝法寶，松平康隆將「知彼知己，百戰不殆」應用到排球比賽中。他在接受媒體採訪時坦言，「我們的基本戰術思想來源於中國的《孫子》」。

美國游泳選手施皮茨堪稱本屆奧運會上「全勝」傳奇人物。他在男子 100 米自由泳、200 米自由泳和 100 米蝶

位於慕尼黑的奧林匹克體育場

泳、200 米蝶泳以及三項接力比賽中均創造世界紀錄，在短短八天之內，創造了一鼓作氣奪得七金的神話，成為奧運會歷史上一屆比賽上獲得金牌最多的「全勝」運動員，這一紀錄至今無人能夠撼動。他成為當時與美國總統尼克森齊名的知名人士，而尼克森寫的《不戰而勝》，是《孫子兵法》的最高境界。

在德國世界盃葡英大戰鏡頭中，閃過葡萄牙主教練斯柯拉里手中的《孫子兵法》，吸引著記者們的眼球。深諳孫子攻心為上戰術的斯柯拉里，在德國的枕邊放的這本中國的古書，其原因是：相信戰略研究能夠讓他幫助每個球員提高戰力。他在德國每晚都讀《孫子兵法》，並取得了在世界盃歷史上史無前例的十二連勝。

2006 年德國世界盃，巴西隊主教練佩雷拉在酒店的會議室裡為全體球員召開了第一次動員大會，研讀《孫子兵法》，進行戰略部署，要求進行有針對性的訓練。這部被翻譯成《戰爭的藝術》的世界第一兵書，已經被有戰術理

論大師之稱的佩雷拉研究得很透徹，並應用得遊刃有餘，每次外出比賽總要隨身攜帶著它。

而真正理解《孫子兵法》真諦的則是德國人克林斯曼。據德國國家電視臺報導，德國足球隊前幾場表現神勇，其中有一些中國因素。克林斯曼的太太是位具有中國血統的美國模特。平時，克林斯曼喜歡研讀《孫子兵法》，德國隊很多戰術源自這本中國古代兵書。

據介紹，德國世界盃賽場上發生的很多故事都符合《孫子兵法》的精髓。例如「以逸待勞、以飽待饑」，經常被東道主德國隊充分使用，他們在每場比賽之前，休息的都比對手多一天。在世界盃比賽中也可以經常看到，例如在德國隊對瑞典隊的比賽中，德國隊在領先兩球後不再猛攻對手，而是以控制球為主，這種強隊面對弱隊時經常採取的策略，是典型的「不戰而屈人之兵」。

13. 德國孔子學院致力弘揚中國兵家文化

記者走進慕尼黑孔子學院，映入眼簾的是紅燈籠、中國結、孔子像、關公刀，中國傳統文化的氛圍十分濃烈。在院長辦公室上方，醒目地掛著《孫子兵法》「為將五德」的竹牌。在教室裡，中國老師正在教德國少年打中國太極拳，一招一式，有模有樣。

慕尼黑孔子學院德方院長高芳芳，是在德國生活了二十多年的華人。她向記者介紹說，該孔子學院由慕尼黑東方基金會和北京外國語大學合辦。德國人對包括儒家學說和兵家文化在內的中國傳統文化越來越喜愛，對中國功夫非常崇拜，對孫子的智慧謀略從不瞭解到信奉，受到學

術界和企業家的歡迎，東方基金會創立人帕拉特教授對此也樂此不疲。

高芳芳表示， 慕尼黑孔子學院在開設漢語課程和舉辦中國傳統文化活動等多方面都取得了成績，近年來舉辦「少兒中華文化體驗課」、「中國文化週」、「文化沙龍」，都融入了中國兵家文化內容。她向記者透露，德國眾多跨國公司總部設在慕尼黑，是很需要瞭解中國的智慧謀略。該院打算從 2013 年起，「文化沙龍」開設《孫子兵法》課程，邀請中國和德國的孫子研究學者授課。

在法蘭克福孔子學院，牆上掛著《孫子兵法》、《三十六計》竹簡，圖書室有完整的《孫子兵法》連環畫。近年來，該院舉辦「漢字五千年多語種發布」，涉及到上下五千年博大精深的中國兵家文化；在「中國戲曲日」演出《空城計》等反映中國兵家文化內容的劇碼；在「中華文化體驗週」，邀請國內武術老師，每年舉行兩至三次中

法蘭克福孔子學院《孫子兵法》連環畫

國功夫訓練，在「兒童週」裡，也表演中國少林武功。

法蘭克福孔子學院中方院長、復旦大學歷史系教授趙蘭亮博士介紹說，2009年，中國連環畫選展在該學院開展，共展出五百多冊連環畫，其中中國兵家文化連環畫占了相當比例，豐富多彩的展示內容、新穎別致的設計風格、濃郁厚重的文化氛圍，為萊茵河畔增添了一道亮麗的中國文化風景。德國觀眾從文化和藝術的角度解讀中國歷史，解讀中國兵學文化，進而加深對中國傳統文化深厚內涵的理解。

復旦大學「中華文明國際研究中心」將走出國門，走進法蘭克福。趙蘭亮透露，這個中心的重要使命是與國外大學合作，建立學術交流平臺，而孔子學院是最佳平臺。該中心將以法蘭克福孔子學院為主，進行漢學與中國文化研究，包括儒家、兵家、諸子百家，以文史哲、中國古代經典為重點，開展專題研究、學術交流，舉辦報告會，出一批學術成果。

趙蘭亮表示，現在對孔子學院的定位更加清晰了，是傳播中華文化的載體。孔子學院用了孔子的名字，實際上代表了諸子百家，代表了中華文化。孔子學院要向前走一步，就是要把儒家學說、兵家文化等中國傳統文化傳播的層次提升一步。

柏林自由大學孔子學院舉行氣功研討會、讀書會、電影沙龍，漢字展覽，在柏林吹熱「中國風」。該孔子學院通過舉辦開放日柏林少林學校武術、太極拳表演，吸引眾多德國民眾觀看，還成功舉辦了多達六十餘次的專題講座、展會和研討會，運用多種形式系統介紹包括中國兵家文化在內的中國傳統文化。

義大利篇

1. 義大利有三十多個版本《孫子》再版不斷

羅馬火車站書店裡，《孫子兵法》版本很多，有精裝本、簡裝本、插圖本、小書本，封面設計也都頗有特色，體現了中西文化的融合。書店女銷售員對記者說，到目前為止，義大利已有超過三十個版本《孫子兵法》，來購買的人常年不斷，以大學生居多，也有不少商界人士。

記者買了三個義大利版本《孫子兵法》，其中一本2001年出版2003年又再版，該版本在介紹中寫道：耶穌前三百多年創作的中國兵法，集孫子前的兵法智慧之大成，這部東方軍事哲學書影響了許多世紀，現在這部書居然在管理上全世界都在應用。

該版本還介紹說，因為孫子不僅教怎麼在戰場上取得勝利，而且教其他領域和日常生活中最經典的謀略——「不戰而勝」。《孫子兵法》是一部很有思想哲理的書，孫子的智慧是對人類有很多的啟迪。再版此書，為了讓義大利人瞭解中國孫子的智慧，更好地學習應用。

據介紹，《孫子兵法》義大利文本，最先由義大利帕多安翻譯，1980年義大利米蘭蘇卡爾科出版社出版；還有二本出版年代不詳的義大利文譯本，一本由義大利亞歷山大大羅·科乃裡根據英國人賈爾斯1910年譯本轉譯；另一本《孫子兵法》義大利文譯本是義大利鮑爾蓋斯出版社出版。

而古代和近代羅馬也出了不少兵家名著，凱撒大帝的戰爭回憶錄，是他親身經歷的傳世著作；記敘古羅馬兵法的最著名的著作《兵法簡述》，被譽為西方「古典世界最偉大的軍事理論家」；《論戰爭藝術》是西方軍事學術思

羅馬書店的義大利版
本《孫子兵法》

羅馬書店各種版本的義大利文《孫子兵法》

想經典讀物中很有代表性的著作，被譽為「近代史上的第一部兵書」。據瞭解，這些羅馬兵書的版本目前都沒有超過《孫子兵法》。

《孫子兵法》不斷再版，深受義大利人的歡迎。正如義大利埃尼公司總裁貝爾納貝說，「關於戰略這一題目，我正在讀《孫子兵法》，這是一本大約 2500 年前由一位中國將軍孫子所寫的經典教科書，這是一本關於戰略的全面的教科書，今天仍能運用到人類的各種活動中去」。

2. 義大利有數千高層次《孫子》研究者
——訪義大利前國防部副部長斯特法諾・西爾維斯特里

在羅馬一座建於十八世紀的巴洛克風格的精美建築「龍迪尼大廈」內，記者見到了抽著雪茄的義大利前國防部副部長、義大利國際事務研究所主席斯特法諾・西爾維斯特里。

記者看到，在西爾維斯特里的辦公室裡，掛滿兵家畫像和圖案，有一千八百多年前的古羅馬戰爭圖畫、羅馬騎兵圖畫、兩伊戰爭的戰鬥機及各種武器圖，「兵」味很濃。

「近二十年來，《孫子兵法》在義大利受到重視，成為一種時尚，有數千名專家教授為主體的研究者，有完整的義大利翻譯本，被軍事院校、企業廣泛應用。」西爾維斯特里與記者侃侃而談。

西爾維斯特里曾在義大利多個政府中，擔任國防部副部長、外交部歐洲事務顧問理事會主席，多年從事外交部、

國防部和工業領域的顧問工作，從事外交政策和防禦問題的研究。他在約翰‧霍普金斯大學博洛尼亞中心、倫敦國際戰略研究所任職，並擔任地中海地區安全問題講師。他還是義大利工業聯合會董事會董事，係航太航空、國防和安全 (AIAD) 和三邊委員會成員。

西爾維斯特里告訴記者，他從上世紀 60 年代就開始讀《孫子兵法》，後來因從事國防戰略和外交安全事務又重讀。1979 年到中國訪問，有機會與中國軍方人士交流。之後，由兩國國防部出面，他每年有一次機會來中國，曾二十多次到訪中國，對以孫子為代表的中國兵家文化發生濃厚興趣。

經過數十年研讀，西爾維斯特里對孫子的精髓把握的很透徹，尤其是對孫子的當代意義理解很深刻。他對東西方兵學思想進行比較，認為孫子思想更高一籌。

「我讀《孫子兵法》，這是一部非常好的著作。」西爾維斯特里說，我研讀時發現，它好就好在不僅是一部軍事著作，更像一部政治書、外交書、哲學書。孫子從國家的角度看戰爭，論戰略，講謀略，更關注的是國家的利益，國家的安危，這讓許多國外戰略家對博大精深的中國傳統戰略文化為之驚歎。

西爾維斯特里謙虛地說，他不是最好的孫子研究者，但願意努力做一名最好的孫子實踐者。他向記者表示，很願意參加中國舉辦的孫子國際研討會，與包括中國在內的世界各國學者共同研討孫子，共同弘揚孫子；他也很樂意為推進《孫子兵法》在義大利的傳播和應用做些事情。

3. 義大利前防長稱孫子欲將和平進行到底

義大利前國防部副部長、義大利國際事務研究所主席斯特法諾‧西爾維斯特里在接受記者採訪時出語驚人：中國的《孫子兵法》與西方的《戰爭論》最大的區別是，《戰爭論》要把戰爭進行到底，而孫子則宣導把和平進行到底。

西爾維斯特里長期從事國防、外交與安全事務，他的主要著作包括「政治使用武力」、「北約南翼」、「歐洲安全」、「蘇聯的戰略，理論與實踐」、「恒星防禦盾問題 SDI 與歐洲」、「未來的核威脅力量」、「義大利國防新模式」、「多國部隊」、「海灣國家的安全系統──對於西方的思考」、「對 C3I 系統最高國家決策的組織和架構的思考」等。

「我認為，有一點特別重要，那就是孫子彌補了《戰爭論》的缺陷。」西爾維斯特里強調說，孫子十三篇包括〈始計篇〉、〈謀攻篇〉、〈地形篇〉等，這部書不是為了戰爭而寫戰爭，而是為了不發動戰爭而寫戰爭，不寫全部戰爭而寫部分戰爭或戰爭準備，不主張毀滅性戰爭而主張降低戰爭的災難。

西爾維斯特里說，實際上，孫子是講和平，而不是真正講戰爭。孫子既不否定戰爭，又反對窮兵黷武。孫子的戰爭觀最主要的核心，就是「慎戰」，謹慎地對待戰爭。老想到打掉別人，自己也很受傷。過急了就違反了戰爭的客觀規律。

西爾維斯特里把戰爭分為兩種，一種是「殘酷戰爭」，另一種是「謀略戰爭」。「殘酷戰爭」是講摧毀，擴大戰

爭的惡果；而「謀略戰爭」是講方法，盡量減少損失。這就是西方的《戰爭論》與東方的《孫子兵法》最大的不同點。

「要打留有餘地的戰爭，打相對毀滅的戰爭，這比往死裡打、打毀滅性戰爭要好」，西爾維斯特里比喻說，打仗不能像水裡的鰻魚，性情兇猛、貪食。朝鮮戰爭，中美沒有直接打仗。毛澤東兵法也講留有餘地，毛澤東對《孫子兵法》研究很深。

這位對未來的核威脅力量頗有研究的地中海地區安全問題專家說，就像最近十多年發生的戰爭一樣，不是一場世界性的戰爭，不應該使用核武器。在高科技條件下的現代戰爭，追求的是局部勝利、相對勝利或不完全勝利，不能把戰爭的一切手段都用盡。

西爾維斯特里表示，《孫子兵法》在西方被譯作《戰爭的藝術》，這本書對後世的影響是非常大的，對西方軍事思想的影響也非常大的，完全適合當今世界的實際，符合現代戰爭的實際。因此，孫子「不戰而勝」的思想對世界的和平與發展有著重大意義。

4. 義軍事專家論羅馬兵法與中國兵法

「羅馬兵法與中國《孫子兵法》有相似也有區別」，義大利前國防部副部長、義大利國際事務研究所主席斯特法諾‧西爾維斯特里在接受記者採訪時表示，義中兩國都有悠久的歷史和燦爛文化，都是古代的超級大國，都經歷了無數次鐵與血的考驗，兵家文化都源遠流長。

據介紹，古羅馬存在於西元前 745 至西元 476 時期，

大致與中國春秋至南北朝時期平行。古代和近代羅馬出了不少兵家名著，凱撒大帝傳世著作是他親身經歷的戰爭回憶錄；《兵法簡述》是一部記敘古羅馬兵法的最著名的著作，被譽為西方「古典世界最偉大的軍事理論家」；《論戰爭藝術》是西方軍事學術思想經典讀物中很有代表性的著作，被譽為「近代史上的第一部兵書」。

中國是世界上兵書最早也是最多的國家，有《太公兵法》、《孫子兵法》、《吳子兵法》、《孫臏兵法》、《六韜》、《司馬法》、《三略》、《尉繚子》、《李衛公問對》等眾多著名兵書，而產生於中國春秋末期的《孫子兵法》，是世界上最傑出的一部兵書。孫子出生於西元前 535 年左右，他被公認為「百世兵家之師」、「東方兵學的鼻祖」。

西爾維斯特里認為，儘管兩個古代超級大國在兵法上有不少相似之處，羅馬軍隊編制嚴整、訓練有素、軍紀嚴明、勇敢作戰一直以來名揚天下，而中國軍隊的戰鬥力也相當強悍。但畢竟文化背景和戰爭環境的不同，羅馬兵法與中國兵法差異很大。

「羅馬軍隊最大的特點是，士兵至少在軍隊二十五年。」西爾維斯特里介紹說，羅馬兵法的核心是，戰爭的勝利並不完全取決於人多勢眾，或者說作戰兇猛，只有武藝精湛，熟諳兵法，訓練有素，才能確保勝利。由於這個特點，在戰爭中人數雖少但軍事技能高，能打勝仗。羅馬帝國之所以能夠征服世界，靠的是軍事訓練，靠的是機巧地安營紮寨的技藝和自身的軍事素養。關於這個傳奇軍隊的故事也一直被世人所廣為傳頌。

西爾維斯特里話鋒一轉說：「羅馬帝國不斷發動戰爭，讓這個優勢逐漸削弱。」羅馬帝國的優勢在於士兵的力量，

羅馬軍隊的士兵堅強而富有戰鬥力，但羅馬兵法過分突出士兵的力量，在不斷發動的戰爭中，衝在第一線的優勢兵力不斷傷亡，不斷減少；而《孫子兵法》突出指揮員的謀略，運籌於帷幄之中，決勝於千里之外。在戰場上，有時一個優秀的指揮員能抵上幾個師團。

羅馬兵法講究的是戰術，重視軍隊設備、編制和訓練，重視戰鬥隊形、衝擊和防禦要塞的方法及海戰和攻城等技術，重視騎兵在戰場的作用；而中國兵法講究的是戰略，《孫子兵法》是一本戰略書，是東方式戰略，是以智克力，是統帥戰略，決策戰略，而不是西方式戰略以力克力。中國兵法注重謀略，是大智慧，不拘泥於技術。西爾維斯特里說：「所以，《孫子兵法》裡沒有寫騎兵兵法。」

羅馬兵法一味主張戰爭，迫切需要向外擴張，羅馬帝國在長達幾個世紀的歷史長河中橫跨歐、亞、非三大洲，曾經控制著大約 590 萬平方公里的土地，最終兵源不足，無力抵抗「蠻族」入侵，是導致羅馬帝國滅亡的一個重要原因；而《孫子兵法》主張「不戰而屈人之兵，善之善者也」，這是最理想的戰略追求。「因此，中國兵法比羅馬兵法要高明。」西爾維斯特里如是說。

5. 兵法輩出的義大利奉《孫子》若神明

義大利學者稱，於一世紀前後擴張成為橫跨歐洲、亞洲、非洲稱霸地中海的龐大羅馬帝國，是古代的超級大國，兵法大家輩出，羅馬兵法享譽西方世界。然而，時至今日，中國的《孫子兵法》仍列為世界兵書之首，

這個地位是不容動搖的。義大利版《孫子》有三十多個版本，再版的次數與數量也居高不下，這是其他兵法無法替代的。

義大利學者將東西方兵學、古希臘和古羅馬的軍事著作與中國兵書進行比較，認為以《孫子兵法》為代表的中國兵法更具有軍事哲學價值，更具有超越時代的理論價值，也更具有世界價值；羅馬兵法中有許多中國兵法的影子，這或許與孫子學說經過絲綢之路傳至羅馬帝國有關。

凱撒大帝是羅馬共和國末期傑出的軍事統帥，他花了八年時間征服了高盧全境，大約是今法國，還襲擊了日爾曼和不列顛。西元前 49 年，他率軍占領羅馬，打敗龐培。凱撒主要的傳世著作是他親身經歷的戰爭回憶錄，至今仍被西方學校作為拉丁語教材。他的備忘錄《高盧戰記》共七卷，涵蓋了西元前 58 年到西元前 52 年的戰事。現存的《非洲戰記》、《亞歷山大城戰記》和《西班牙戰記》可能是凱撒軍中的士兵所寫。

古羅馬軍事理論家弗拉維烏斯・韋格蒂烏斯・雷納圖斯，在西方軍事思想史上占有非常重要的地位，是當之無愧的軍事理論巨匠，也是古代西方屈指可數的幾個兵法大師中的佼佼者，被譽為西方「古典世界最偉大的軍事理論家」。他所著的《兵法簡述》是一部記敘古羅馬兵法的最著名的著作，在中世紀就被翻譯為多種文字在歐洲廣為流傳，被當時歐洲軍界奉為經典，有人說它是從羅馬帝國時代直到十九世紀在西方最有影響的兵書。

義大利歷史學家、軍事理論家尼可羅・馬基雅維利，寫出了與中國《孫子兵法》、西班牙《智慧書》相並列的

世界三大奇書之一《君主論》，提出君主應注重實力，精通軍事。他還著有《論戰爭藝術》，是西方軍事學術思想經典讀物中很有代表性的著作，被譽為「近代史上的第一部兵書」。

《兵法簡述》論述的古羅馬和古希臘軍事學術理論，包括戰略與戰術，進攻與防禦，強調將帥必須充分暸解敵我雙方的一切情況，制定正確的作戰方針，提出兵馬糧秣、戰爭中的突然性、兵貴神速等，與孫子「知彼知己」、「因糧於敵」、「兵貴勝，不貴久」等經典如出一轍。該書一開始就談論選才練兵，士兵的素質是第一要務，這不禁讓人想到孫子「三令五申」的故事，孫子連宮女都可以訓練有素，整齊劃一。

《論戰爭藝術》提出的軍隊的訓練、布陣、開戰、行軍、宿營、攻城、圍困以及部隊管理等一系列論述，與孫子小巫見大巫。義大利軍事專家杜黑在二十世紀初寫出了《制空權》算是現代的，也受孫子「善攻者，動於九天之上」的影響。

義大利前國防部副部長斯特法諾‧西爾維斯特里說，《孫子兵法》中沒有寫騎兵兵法，以騎兵為代表的羅馬兵法，開始並沒有受到重視，直到中世紀步兵出現後，《兵法簡述》才引起西方軍事家的重視與推崇。但與孫子縝密的軍事、哲學思想體系，深邃的智慧、哲理相比，羅馬兵法顯得遜色。

而讓兵法走出軍事範疇，被廣泛運用於商業競爭和社會生活方方面面的是中國的《孫子兵法》，這是世界上任何一部兵書所不可比擬的。就連義大利隊主教練、國米新帥里皮都熟讀《孫子兵法》。

　　義大利學者認為，必須把《孫子兵法》研究置於東西方軍事文化比較的大背景中，只有同西方的強勢文化相比較、相融合、相競爭，才能真正凸顯其無與倫比的世界價值和現代價值。

6. 義女學者稱《孫子》不只是寫給男人的

　　義大利主流媒體《信使報》總編輯陸奇亞‧波奇在接受記者採訪時，對中新社記者「孫子兵法全球行」，當好孫子的「信使」，在全世界範圍內傳播孫子文化表示欽佩。她對記者說，如果義大利成立孫子研究會，她會很樂意參加。

　　陸奇亞‧波奇典雅美麗，性格開朗。作為女性，她對女人研讀《孫子》的話題更感興趣。她向記者打聽臺灣有一位將《孫子兵法》運用於生活的女性學者嚴定暹，如何用女性的審美眼光和思維方式，把枯燥乏味的兵家文化融入現實生活，把深奧的經典智慧，吸收為平淺易懂的實用生活方法，賦予人生的哲理。

　　嚴定暹著有《突破人生危機──孫子兵法的十五個生活兵法》、《紅塵易法》、《談笑用兵》、《格局決定結局：活用孫子兵法》等書，在中國大陸和臺灣十分暢銷，多次再版。她提出「用兵不只在戰場，也在你我生活中」。在她的書中，可以領略女性特有的細膩和聰慧哲理的完美結合。這讓義大利的女總編輯讚歎不已。

　　陸奇亞‧波奇告訴記者，她曾三次到過《孫子兵法》誕生地蘇州。被譽為「東方威尼斯」的蘇州與義大利威尼斯是友好城市，東方水城，小橋流水，水鄉周莊，給她留

下美好的印象。難怪孫子在蘇州寫出的《孫子兵法》水味十足，剛柔相濟。

韓國拍了電視劇「戀愛兵法」，很有意思。陸奇亞‧波奇說，把孫子文化融入生活，更能體現孫子的現代價值、生活價值。她家裡也收藏了三本《孫子兵法》，她很喜歡研讀。孫子不再是男人們享用的專利，也是現代女性的武器。

義大利女翻譯家莫尼卡‧羅西也持有同樣的觀點，她認為，《孫子兵法》原來主要是為男人寫的，因為女人在古代戰爭中沒有地位。而現在不同了，《孫子兵法》可給男人、女人、任何人讀，只要為了立於不敗，都可以讀，都可以應用。

莫尼卡‧羅西翻譯的義大利文《孫子兵法》已兩次再版。記者注意到，像這樣熱衷於翻譯《孫子兵法》的女翻譯家，在義大利不是一個，而是一個群體，不少義大利版本的《孫子兵法》均出於女性之手。

記者在採訪法國著名《周易》學家夏漢生時，他說孫子提倡「以柔克剛」，中國古代「柔」與「剛」都是武器，「柔」是鉤，「剛」是劍，在戰場上有時鉤比劍的作用和威力要大。

在義大利，在法國，乃至在整個歐洲，孫子研究者中女性逐漸增多。這一現象表明，與男性一樣，女性對《孫子兵法》同樣熱衷。再則，女人的武器不可輕視，「柔性攻勢」有時比「剛性攻勢」更能解決問題，正如孫子所說，「柔弱勝剛強」。

義大利篇

7.《孫子》是促進世界和諧的「和平兵法」
——訪義大利重建共產黨國際部長法比奧‧阿馬托

　　「我出訪過六十多個國家，據我瞭解，《孫子兵法》整個世界都在應用，已成為世界時尚，順應了當今世界的潮流。《孫子兵法》在世界兵書中排名第一，當之無愧。」義大利重建共產黨國際部長法比奧‧阿馬托在接受記者採訪時感歎道，義大利人也很喜歡孫子，義大利版《孫子兵法》越出越多。

　　身材高大，留著鬍鬚的法比奧‧阿馬托，是義大利左翼聯盟政治委員會成員，重建共全國領導機構成員、國際部長，歐洲左翼黨書記處書記。義大利重建共產黨簡稱義重建共，是義大利共產黨的共產主義遺產主要繼承者，也是一個革新共產主義政黨。在對外政策上，該黨秉承歐洲左翼聯合的觀點，是歐洲多個左翼政黨組成的歐洲左翼黨

義大利重建共產黨國際部長法比奧‧阿馬托與作者合影

的發起者和成員之一。

法比奧‧阿馬托對記者說，他讀過《孫子兵法》，很認同孫子的思想。在國際交往、政黨交流中，非常需要孫子的「伐交」思想。解決國際爭端最有效的辦法是談判。交流重在交談，不能關起門來，要把爭端與衝突放到桌面上來。

2013 年 3 月，法比奧‧阿馬托來到湖南長沙，考察橘子洲、毛澤東故居，接著來到《孫子兵法》誕生地蘇州考察。他認為，孫子和毛澤東是中國古代和當代最偉大的兵法家，他們的思想對當今世界很有借鑑意義。學習應用孫子和毛澤東兵法，「知彼知己」，互相瞭解，無論是對國際政黨之間的交流還是對處理國與國之間的關係，都是十分有益的。

在多極化世界不平等、不平衡的格局下，更需要孫子和平思想。法比奧‧阿馬托比喻說，好比兩個人或幾個人打架，怎麼讓他們和解？最好的辦法讓他們停下來談判，如再有人調解就更好，盡量不要往死裡打，要當好「維和部隊」。

法比奧‧阿馬托告訴記者，他太太是巴勒斯坦人，岳父曾受到戰爭的傷害，所以他厭惡戰爭，希望和平。作為一個黨派，義大利重建共產黨國際部的負責人，更希望有一個和平安寧的環境，這是他畢生的追求。

全球進入新戰國時代，可以類比古代中國春秋戰國時期的春秋五霸和戰國七雄。但這種多極化不同於歷史上的列強爭霸，經過上個世紀兩次世界大戰和一次冷戰的劫難，今天的多極化趨勢反映了各國人民維護世界和平、促進共同發展的願望。人們期待沒有戰爭、沒有掠奪的永久

和平。因此，孫子的和平思想更具有世界意義和時代意義。

維護世界和平與促進共同發展，是中國共產黨在新時期的任務之一。中共提出全面準確地把握《孫子兵法》的精髓，更好地運用這一人類共有的思想文化遺產，使以孫子為代表的中國兵學文化更好地為世界的和平與發展服務。

法比奧‧阿馬托表示，正如孫子所說，「百戰百勝，非善之善者也，不戰而屈人之兵，善之善者也」。孫子的和平主義思想，有利於促進世界和平發展和人類共同繁榮。從這個意義上說，《孫子兵法》實質上是一部「和平兵法」，而不是「戰爭兵法」。

8. 羅馬競技場「上兵伐鬥」鬥死 70 萬人

野獸咆哮，鬥士吶喊，刀光劍影，腥風血雨，二千多年前的古羅馬競技場，曾上演了一幕幕「上兵伐鬥」的驚心動魄的人獸大戰，在競技場建成後的持續一百天裡，隨著瘋狂的喊殺聲和野蠻的喝采聲，9,000 頭猛獸與 3,000 名角鬥士「鬥」得兩敗俱傷，同歸於盡。

據介紹，羅馬競技場是在西元 72 年，羅馬皇帝韋帕薌為慶祝征服耶路撒冷的勝利，由強迫淪為奴隸的 10 萬猶太和阿拉伯俘虜用八年時間建造起來的，占地面積約 2 萬平方米，可以容納近 9 萬人數的觀眾，是古羅馬帝國專供野蠻的奴隸主、貴族觀看鬥獸或奴隸角鬥的地方。羅馬貴族最喜愛對血淋淋的角鬥場面作壁上觀。

這是最殘酷的格鬥和搏殺，也是超級的屠殺表演，參加的角鬥士要與一隻野獸搏鬥直到一方死亡為止，也有人

古羅馬競技場

與人之間的搏殺。角鬥士通過「活命門」進入競技場。他
們用盾牌保護自己，劍折斷了就幾乎意味著百分之百地被
殺死。更有甚者，在競技場裡注滿了水，放入了鱷魚，一
場人與鱷魚的海戰在這裡展開。

　　當時羅馬還出現了專門培訓角鬥士的角鬥學校，這四
所學校可以容納 2,000 名角鬥士，由競技場提供資金。其
實，這些學校是訓練營和監獄的組合體，因為絕大多數的
角鬥士都是來自羅馬帝國各個地方的奴隸和俘虜，他們沒
有任何自由和權力。

　　據學者估計，有 70 萬人在競技場中喪生。死在這裡
的有角鬥士、罪犯、士兵、普通平民，甚至還有婦女和兒
童。所有這些人都是在眾目睽睽之下死去的，他們的屍體
通過羅馬帝國最宏偉競技場的大門被抬出去。有人形容
說，只要你在競技場上隨便抓一把泥土，放在手中一捏，
就可以看到印在掌上的斑斑血跡。

　　「鬥者無域，紛爭不息」。羅馬競技場上演「上兵伐

鬥」，羅馬帝國向外擴張也同樣上演「上兵伐鬥」，「鬥」的屍橫遍野，血流成河，到了西元前二世紀成為地跨歐、亞、非三洲的強大帝國。然而，正是羅馬競技場角鬥士斯巴達克領導的奴隸大起義，震撼了整個義大利，加速了羅馬帝國的滅亡。

競技場的命運是與羅馬帝國的命運緊密相連的，隨著羅馬的陷落，競技場也衰敗了，它是西方世界最強大而又最野蠻的一個大帝國盛衰的見證。正如英國史學之父比德所慨歎的，「競技場站立，羅馬就站立；競技場倒下，羅馬也倒下」。

此間學者稱，同在二千多年前，中國古代的孫子提出「上兵伐謀，其次伐交，其次伐兵」，也就是上兵伐謀，中兵伐策，下兵伐鬥。用兵的最高境界是使用智謀而非鬥力，是主張中和而非搏殺。羅馬帝國如同羅馬競技場一樣，「上兵伐鬥」，終究被「鬥」得斷垣殘壁。

9. 義大利華商轉型巧用《孫子兵法》
——訪義大利知名僑領鄭明遠

近十年來，義大利華人已驟增到 40 萬之巨，大大小小華人企業數萬家。縱觀華人企業的從業範圍，可以用一句話來概括：窄得不能再窄。義大利有 80% 以上的華人企業從事紡織品、箱包相關產品的生產和經營，從事其他行業的華人鳳毛麟角。特別是經濟危機以來，喜歡紮堆的華人經營狀況每下愈況。義大利華人經濟普遍面臨著規避經營風險、在危機中尋找機會進行轉型的問題。

那麼華人新的經濟增長點在哪裡？華人企業該如何確

定自己的行業定位？如何去尋找新的商機呢？近日記者採訪了僑居義大利佛羅倫斯、浙江溫州籍人士、義大利知名僑領、著名華人企業家鄭明遠先生。他提出義大利華商在轉型中，要巧用《孫子兵法》。

鄭明遠多年來以經營箱包批發業務為主，是佛羅倫斯華人箱包批發企業的佼佼者。鄭明遠介紹說，經營箱包曾經為我的企業帶來了豐厚的利潤，但是隨著經濟危機的到來，大部分華人經營箱包的企業舉步維艱，市場在逐年萎縮，使我不得不重新選擇行業。

為自己去選擇一個全新、陌生的行業絕非易事。鄭明遠說，《孫子兵法》中的廟算，就相當於今天的企業戰略規劃。知彼知此，方能百戰不殆。通過近一年的市場調研，我選擇了併購一家大型洗滌廠。我主要有三個方面的考慮，一是洗滌廠是人們生活的必需；其二、出於城市環保考量，政府將不再批准設立新的大型洗滌廠；其三、洗滌廠競爭對手少，危機是併購企業的最佳時機。

鄭明遠表示，中國傳統的儒、釋、道、理、法、兵等的傳統文化和思想，在多年的經營過程中使我受益匪淺。儒家思想可以修身治企、法家思想可以創新管理、孫子謀略可以指導商道。

《孫子兵法・謀攻篇》說：「故用兵之法，十則圍之，五則攻之，倍則分之，敵則能戰之，少則能逃之，不若則能避之。」形象地闡述了企業競爭對手間的力量對比，所採取的不同策略與方法。根據義大利的經濟環境，在我併購洗滌廠後，佛羅倫斯地區的其他洗滌廠採取的是退和守的措施，而此時形勢對我大舉進軍市場和擴大市場占有率極為有利。

　　鄭明遠說，《孫子兵法》是我生活中最喜歡讀的一本
書，特別是孫子針對不同環境條件下的諸多分析，就好比
企業市場環境與競爭對手分析和自身優劣勢分析一樣。競
爭對手不斷縮減經營規模，削減員工以應對經濟危機，這
為我提供了千載難逢的商機。併購洗滌廠兩年多，不僅企
業的營業網點擴充了三倍，營業額也比併購時翻了一番。
這一切都得益於正確把握形勢和市場，得益於中華文化精
髓的支撐。

　　鄭明遠最後表示，義大利大部分華人企業都將在危
機中面臨著轉型的問題，我真誠地希望大家能夠堅持《孫
子兵法‧九變篇》的原則，根據不同情況採取不同的戰略
戰術。華人企業要因勢利導，不斷適應市場的變化。應該
說危機中商機更多，華人企業應把握時機、動觀形勢，選
擇更加適合自身發展的行業，不斷提升企業的綜合競爭能
力。

俄羅斯篇

1. 歐洲第二種《孫子》譯本出自俄羅斯

拜占庭帝國皇帝聖君利奧六世在位時，曾編輯了《戰爭藝術總論》一書，書中介紹的詭計詐術與孫子學說不謀而合。此間學者認為，有可能孫子的學說經過絲綢之路和波斯傳至東羅馬帝國，首先是通過拜占庭傳至俄國。另根據格里菲斯的說法，孫子的思想是通過蒙古一韃靼人傳至俄國的。

據考證，1742 至 1755 年在中國北京留學的俄國學生阿列克謝‧列昂季耶夫是俄國最早的中國學家之一。他在 1772 年翻譯《中國思想》，將《孫子》的部分譯文收入其中，是《孫子兵法》的首次俄譯，引起歐洲國家的關注，1778 年和 1807 年分別在德國的魏瑪和德雷斯頓出版了德文和法文譯本。

而《孫子》的俄文本正式出版於 1860 年，是由漢學家阿列克謝‧斯列茲涅夫斯基翻譯，在《戰爭手冊》第 13 卷上發表的，篇名為《中國將軍孫子對其屬下將領的教誨》，這是第一本俄譯本，也是歐洲第二種《孫子》文字譯本。

1889 年，在俄國發行了《亞洲地理地貌及統計資料彙編》一書的第 39 版，書中載有俄軍總參謀部八‧Ｂ‧普佳塔上校的一篇文章，題為《中國古代統帥論戰爭藝術》，文中對《孫子兵法》進行了詳細介紹，對《孫子》、《吳子》及《司馬法》中的重要問題進行了討論。

1943 年，正值第二次世界大戰期間，前蘇聯元帥伏羅希洛夫根據高等軍事學院學術史教研室建議，根據萊昂納爾‧賈爾斯 1910 年的英譯本為藍本而轉譯的《孫子兵

法》俄譯本問世，該譯本被列為蘇聯軍事學術史教學與研究的重要內容。

戰後的 1950 年，前蘇聯科學院東方研究所出版了前蘇聯漢學家 Н. И 孔拉德的宏篇專著《孫子兵法的翻譯與研究》。孔拉德認真研究了《武經七書》和所有中日注釋者對孫子的研究成果，以中國《孫子十家注》和日本《孫子國字解》兩書為藍本，把《孫子兵法》全文翻譯成俄譯本，在莫斯科、列寧格勒分別出版。

該書共五個部分，有前言、注解、注釋，對原文文字作了科學分析。譯者還以「孫子的學說」為題，對孫子學說世界觀的基礎，《孫子兵法》和《易經》的關係，《孫子兵法》出版的歷史背景及作者和年代等問題作了介紹，並對它在軍事科學中的地位給以高度評價，被當時蘇聯學術界稱為「彷彿是一部中國古代軍事詞典」，「對蘇聯軍事歷史科學的寶貴貢獻」。

1955 年，前蘇聯國防部軍事出版社出版了新的《孫子兵法》俄文譯本，該譯本是以上海 1936 年印行的《諸子集成》中《十家注孫子》為藍本，由 J. I. 西多連科上尉直接從中文翻譯，前蘇聯軍事理論家 J. A. 拉辛少將為之作序。該新版俄文譯本的出版，擴大了《孫子兵法》在前蘇聯及東歐各國的影響。前民主德國後來還根據這一俄譯本轉譯成德文，並作為東德軍事院校的教學材料。

1957 年，前蘇聯國防部軍事出版社出版了《論資產階級軍事科學》一書，1961 年經修改後再版，書中保留了對《孫子兵法》的評價。作者認為，在古代中國軍事理論得到了特別高度的發展，孫子總結了當時中國奴隸主所進行的戰爭的豐富的實踐，奠定了古代中國軍事科學的基礎。

1977 年，孔拉德的《孫子兵法》俄譯本再版，1978
年該書被編入蘇聯出版的《中國古代哲學文集》上冊。
1979 年，蘇聯學者 K. E. 克平又把中文《孫子兵法》原文
譯成俄譯本。這個譯本是繼孔拉德、西多連科之後的第三
部俄譯本。至此，蘇聯已經有三部從中文原文直接譯為俄
譯本的《孫子兵法》。這三人堪稱是把中文《孫子兵法》
原文直接譯成俄譯本《孫子兵法》的奠基人。

2. 俄羅斯從總統到公民都認同《孫子》

在俄羅斯的書店裡，有關中國的書籍林林總總。老莊
哲學、孔孟之道、易經風水和傳統武術等內容的書籍都深
受俄羅斯人的歡迎，而最緊俏的要數《孫子兵法》。

記者在莫斯科新阿爾巴特大街上的「書之家」和聖彼
得堡最大的書店看到，俄羅斯版的《孫子兵法》簡裝本銷
售一空，只有少量的精裝本和插圖本，為大開本，裝幀十
分精美，價格在 1 萬盧布以上。而簡裝本價格在 2,000 盧
布左右，一上市便很快脫銷。

書店工作人員告訴記者，俄羅斯從總統到普通公民都
認同孫子。前蘇聯的《蘇聯大百科全書》、《蘇聯軍事百
科全書》都列有孫子的條目。有關《孫子兵法》的書籍，
讀者都很有興趣。

美國人詹姆斯‧克拉維爾曾指出，《孫子兵法》譯成
俄文已有上百年，是蘇聯歷屆軍政領導人的必讀之作。二
戰中，蘇軍將《孫子兵法》列為軍事學術史教學研究的重
要內容，並在衛國戰爭中得到應用。

據報導，俄羅斯總統普亭和總理梅德韋傑夫都曾在公

莫斯科書店正在熱銷的彩色圖文版《孫子兵法》

聖彼得堡最大書店的俄羅斯插圖版《孫子兵法》

開講話中，從中國古代經典中引經據典：「孫子曰：兵者，詭道也。故能而示之不能，用而示之不用，近而示之遠，遠而示之……此兵家之勝，不可先傳也。」他們似乎都對中國春秋時期大軍事家孫子的一段話有著更為深刻的理解和特殊的心得，而且已認真實踐並達到爐火純青的境界。

俄羅斯前軍事科學院副院長基爾申指出，《孫子兵法》精博深邃的思想不僅在過去對中國乃至世界軍事理論的發展產生了深遠的影響。俄羅斯國防部軍事歷史研究所外國軍事研究部部長維克托‧加夫里洛夫上校說，現在在俄羅斯，特別是在俄羅斯武裝力量中，研讀《孫子兵法》的人越來越多。

俄羅斯人民友誼大學東方學院院長馬斯洛夫‧阿列科賽，能說流利的英文和中文。他酷愛中國功夫，幾乎每個月都要去河南少林寺向其武術老師學藝，中國傳統文化已經超越了研究興趣，融入了他的生活。

據俄新社報導，近年俄羅斯葉卡捷琳堡掀起一股「中國古典文學熱」，當地書店的中國古典文學書籍銷量異常「火爆」。書店的工作人員表示，俄羅斯人中的確有一群中國文學的愛好者。而葉卡捷琳堡孔子學院教學秘書安德列，從大學時代就開始對中國文化產生興趣，看過俄文版的《孫子兵法》。

3. 俄學者評價《孫子》為世界第一流

近代俄國一位學者郭泰納夫在所著《中國軍人魂》一書中，稱孫子是「確實可以算是世界第一流的軍事學家」。俄國學者拉津教授說，孫子「在古代中國軍事理論思想發

展中所起的作用之大，相當於古代世界的亞里斯多德在許多領域發展的知識」。如此高的評價，在前蘇聯和蘇聯解體後的俄羅斯，頻現於報端和書籍之中。

前蘇聯軍事理論家 J. A. 拉辛少將在 1955 年俄文譯本《孫子兵法》的長篇序言中指出，軍事科學的萌芽在遠古時代即已產生，人們奉為泰斗的通常是希臘的軍事理論家。但實際上排在最前面的應當是古代中國，中國古代軍事理論家中最傑出的是孫子。

拉辛認為，孫子的哲學思想，達到了古代理論發展的極高水準。如孫子率先提出了古希臘、羅馬軍事理論家與哲學家從未研究過的許多理論問題；孫子的功績在於企圖證明戰爭不是各種偶然性的湊合，而是在其客觀基礎；孫子是提出戰爭計畫問題的第一人。

對於「孫子十三篇」在理論上的貢獻，拉辛則從以下七個方面作了概述：關於戰爭的意義、目的及作戰方針；關於作戰手段；關於致勝的基本原則；關於知彼知己及用間；關於戰爭和戰鬥的計畫問題；關於戰略進攻思想；關於指導戰鬥的思想。這些論述其中不少至今仍很有教益。

蘇聯米里施坦因・斯洛博琴科在 1957 年出版的《論資產階級軍事科學》一書中，對《孫子兵法》作了簡要的介紹和較為公允的評價。他認為，最早、最優秀的是孫子的著作。在這本著作中，孫子總結了當時中國奴隸主所進行的戰爭的豐富實踐，奠定了古代中國軍事科學的基礎。「孫子十三篇」，單單這些篇名就足以說明作者具有極為豐富的軍事知識，說明他具有研究軍事問題的極為深刻的方法。

米里施坦因・斯洛博琴科闡述說，孫子很重視軍隊的後勤保障以及要善於利用地形，有四篇專門論述物質保障

和地形問題。在誘敵深入、偵察和突然性等問題上，孫子也有極深刻的見解。首篇〈始計〉強調預先估計情況和計畫戰鬥行動具有決定性意義，預見是取得勝利的基礎。末篇〈用間〉說明，傑出的將帥之所以能打勝仗是因為他們「先知」，而有關敵人的情況不能求之於鬼神，應該從活人那裡得知。孫子認為偵察在戰爭中具有十分重要的意義。

俄羅斯國防部軍事歷史研究所外國軍事研究部部長維克托・加夫里洛夫上校表示，《孫子兵法》這部誕生於二千五百多年前的偉大軍事經典，不僅在中國的歷史上，而且在全世界包括俄羅斯，都占有顯赫的地位，受到人們的推崇。

4. 俄學者論《孫子》的現代價值體系

前蘇聯軍事理論家 J. A. 拉辛少將高度評價了「孫子十三篇」在軍事理論上的貢獻，人們對《孫子兵法》的興趣之所以經久不衰，是因為孫子的許多觀點包含了深刻的思想，至今仍有道理，都令人深感興趣。

漢斯・格拉夫・胡思在蘇聯解體前夕的 1991 年慕尼黑出版的《德國這張王牌——莫斯科的新戰略》一書中提出，「不戰而勝」是那些最偉大的戰略思想家認為最理想的事，奉為座右銘。在蘇聯對此有深入的研究。在蘇聯的政治教育中學習孫子的原則——「不戰而勝」。這也是二十世紀社會主義政治的座右銘。

「孫子提出的某些進行戰爭的規則直到現在仍有一定的意義」。《論資產階級軍事科學》一書作者米里施坦因・斯洛博琴科評價說，孫子的著作對亞洲各國各個歷史時期

軍事科學的發展都有巨大影響。在十九世紀，甚至二十世紀，中國、朝鮮和日本都把《孫子兵法》規定為訓練軍官的必修課程。

俄羅斯前軍事科學院副院長基爾申指出，《孫子兵法》精博深邃的思想不僅在過去對中國乃至世界軍事理論的發展產生了深遠的影響，其思想核心和精髓，「非戰」、「不戰而屈人之兵」思想，對我們深入思考和全面領悟新世紀戰爭的哲學本質，更是具有重大的借鑑意義。

俄羅斯國防部軍事歷史研究所外國軍事研究部部長維克托‧加夫里洛夫上校表示，《孫子兵法》這一偉大的世界文化遺產，可以為國際和平和安全做出貢獻。

俄羅斯《中國》雜誌社長兼總編魏德漢認為，《孫子兵法》在現代世界有非常特殊的意義，非常大的價值。孫子所說兵者國家大事，不可不察；而包括俄羅斯在內的世界各國對《孫子兵法》不可不研究。

魏德漢說，現代戰爭主要是思維方式的戰爭，思想的戰爭，各種各樣價值體系的戰爭，最主要的衝突和矛盾在於東西方價值體系。中國是東方的，美國是西方的，俄羅斯既不屬於東方，也不屬於西方。有人說，俄羅斯人長得是歐洲人的臉，身上流的是東方人的血脈。俄羅斯 75% 的土地在亞洲，西方是高山，東邊的領土是平原，平原和高山的思維方式是不一樣的，價值體系也是不同的。

現在最大的戰爭是價值體系的戰爭。魏德漢比較說，托爾斯泰寫的《戰爭與和平》與中國的《三國演義》在思維上是相似的，但價值體系不一樣，《三國演義》中的許多經典戰例的理念源於《孫子兵法》。

魏德漢還認為，目前，全世界把孫子研究放到經濟方

面，對人們的思維方式起很大的作用，《孫子兵法》的應用的意義就在於此。研究孫子的哲理可以解決世界面臨的根本性的矛盾。各種各樣的研究最重要的就是要改變現在的生活，而《孫子兵法》在這個方面可以使我們達到這個目的。

5. 俄軍事專家稱《孫子》符合新型戰爭觀

俄羅斯前軍事科學院副院長基爾申在題為《孫子非戰思想與二十一世紀的新戰爭觀》的文章中指出，人類社會所面臨的各種威脅要求人們重新審視戰爭行為，確定一種富於哲理和社會政治、軍事戰略性質內容的新型戰爭觀，而孫子的非戰思想符合現代新型的戰爭觀。

基爾申認為，《孫子兵法》是中國一部久負盛譽的軍事理論著作。它的內容精博深邃，其中許多思想至今依然閃爍著真理的光輝，對中國乃至世界軍事理論的發展產生了深遠的影響。作為《孫子兵法》的核心和精髓，「非戰」、「不戰而屈人之兵」思想對深入思考和全面領悟新世紀戰爭的哲學本質，更是具有重大的借鑑意義。

對此，基爾申提出如下思考：

化解爭端、謀求永久和平的目的應該成為不同社會制度、文化背景國家的共同追求；愛好和平國家都將致力於使用非暴力方式和竭力達成戰爭的和平目的；在戰爭指導方面，愛好和平的國家追求最小傷亡、遵守國際人道準則、最低限度地破壞經濟和生態環境的境界；在戰爭倫理精神方面，愛好和平國家重視人道主義關懷，實現絕對戰爭向可控性戰爭的轉變。

孫子有關用兵方略的思想，對愛好和平國家籌畫指導戰爭有重要的現實意義。愛好和平國家進行戰爭是以高超的戰爭指導為前提條件的。其主要內容包括：軍事藝術；經濟、外交、資訊等非暴力鬥爭藝術；各種鬥爭樣式特別是暴力與非暴力有機結合的藝術。

孫子主張將戰爭災難降到最低程度，如何實現戰爭中的最小損耗，是軍事藝術的首要任務。有關軍事藝術運用的基本標準，即成功達成作戰行動和取得戰爭勝利是在如下三種情況下實現的：己方部隊和居民的最小傷亡，最低程度上阻礙經濟發展；遵守國際人道準則；最低限度地破壞自然生態環境。

孫子的許多觀點蘊含著普遍意義的人道倫理原則。例如，孫子把將帥必備的五種素質之一稱為「仁」，強調愛撫士卒，優待俘虜。他把人的生存權利置於很高的地位，主張以最小的損耗達成軍事行動勝利，反對攻城，反對戰爭久拖不決，主要原因就在於攻城、持久作戰會造成大量人員傷亡。他甚至還關注著敵國的生存權利，指出：「凡用兵之法，全國為上，破國次之；全軍為上，破軍次之。」

人道主義在愛好和平國家的新戰爭觀中將具有重要意義。戰爭人道化體現在限制各種鬥爭方式首先是武裝鬥爭的強度，提高非暴力比重。不經大規模交戰就能達成戰爭目的的戰略是有效的，同時也具有人道意義。愛好和平的國家在抗擊外敵入侵中控制暴力還體現在反擊行動上。例如，在邊境衝突中不採取升級行動，在不威脅國家生存的情況下不使用核武器。

愛好和平國家新戰爭觀有助於平息有關戰爭與和平問題的爭論。在建立和形成國際新秩序的今天，西方國家處

於解決戰爭與和平問題的危機狀態。西方國家要想擺脫在戰爭與和平問題上的危機，出路在於使自身的安全戰略和防務政策更加符合時代潮流。

6. 俄羅斯注重兵法與競技的實戰應用

俄羅斯學者認為，《孫子兵法》雖為古代兵書，但因其在樸素唯物主義和辯證法思想指導下所總結的作戰原則與作戰方法，與包括體育競技在內的社會生活中的許多領域，都有著直接的共通性。

1942 年曾參加過蘇聯抵抗德國侵略的衛國戰爭立過戰功的馬特維也夫，是前蘇聯現代體育理論的首席專家，國際體壇的理論權威之一。他的理論以唯物辯證法作為方法論基礎，汲取了《孫子兵法》的精髓，揭示形成競技狀態的客觀規律。

「賽場如同戰場」。就戰爭與現代競技體育運動相比較，由於它們不僅在直接目的上而且在運動手段上，都是直接相通的。俄羅斯國立體育學院注重兵法與博弈的教育訓練，俄羅斯體育界重視對孫子與競技的薰陶與應用，俄羅斯藝術體操個人全能冠軍納耶娃也喜歡讀《孫子兵法》。

俄羅斯著名棋手兼教練亞歷山大‧奇佐夫認為，國際跳棋與《孫子兵法》有相通之處。奇佐夫已奪得十屆國際跳棋世界冠軍，執教長達二十多年。他在國際跳棋的地位幾乎相當於卡斯帕羅夫在國際象棋的地位，他們兩人都是俄羅斯人。

奇佐夫在幾年前讀到俄文版的中國古代軍事著作《孫子兵法》，書中豐富的辯證法思想和戰略戰術，讓他聯想

聖彼得堡夏宮收藏的用中國玉雕刻的國際象棋

到國際跳棋戰略及戰術手段的運用。他說，《孫子兵法》使他加深了對國際跳棋的研究和理解。而他的兒子迷上了中國武術，武術與兵法有著深厚的淵源。

在北京奧運會倒數第二個比賽日當中，俄羅斯體育代表團發揮出色，取得了 4 金 3 銀 6 銅的成績。俄羅斯《蘇聯體育報》發表題為《後發制人》的文章說，在中國的《孫子兵法》中有一招叫做後發制人，而昨日進行的男子單人划艇500 米的比賽中俄羅斯選手奧帕列夫就使用了這一戰術。

在比賽進行到一半後奧帕列夫突然發力，而其他選手也似乎無力追趕，只能眼睜睜的看著距離越拉越大，最後俄羅斯選手奧帕列夫以 1 分 47 秒 14 獲得冠軍，領先第二名近兩秒。

2012 年歐洲杯足球賽場，俄羅斯隊用久違的飄逸姿態闖入球迷視角。有媒體評論，可以用 AK 步槍、T 系坦克、哥薩克騎兵等硬朗的概念來表達對俄羅斯隊的讚美。在這

個全世界面積最大的國家，足球勢力已沉寂了近二十年。再戰江湖，如《孫子兵法》中的「其疾如風、其徐如林、侵略如火、不動如山」，初戰輕鬆告捷後，2012 年升級版的俄羅斯隊儼然已在 A 組一枝獨秀。

7. 莫斯科大學邂逅孫子崇拜者

記者慕名來到坐落在莫斯科市西南外列寧山的莫斯科大學，該大學是俄羅斯規模最大、歷史最悠久的綜合性高等學校，也是全俄最高學府和世界一流教學科研中心之一，曾培養出許多傑出人才。

在大學主樓的平臺上，記者與崇拜中國孫子的 3 名異國學子不期而遇，談起孫子話題來也十分投機。這 3 名學子兩男一女，兩位帥氣的男生都是俄羅斯人，一個叫伊萬，另一個叫高里，而長髮披肩的秀麗女生則是韓國人，叫英子。

作者與莫斯科大學的學生合影留念

伊萬手指著高大雄偉的莫斯科大學主樓對面的圖書館，自豪地對記者說，這是俄羅斯高校中最大的圖書館，共有藏書 1,000 萬冊，藏有 52 種外文的科學文獻 740 多萬冊，國外文獻 240 多萬冊，其中不乏歐洲與東方古籍珍本。

伊萬接著說，在莫斯科大學圖書館裡，中國的書籍很多也很全，尤其是中國的古代經典，從老子的《道德經》、孔子的《論語》、《易經》，到《孫子兵法》、《三國演義》，應有盡有。我喜歡研究兵家文化，經常到圖書館閱覽兵書。我最崇拜的是孫子，因為《孫子兵法》是世界第一兵書，是無法超越的。

「在莫斯科大學孔子學院舉辦的中國文化節上，中國武術競技太精彩了。」高里說，莫斯科中國武術學校的學生叫維克多，是俄羅斯人，他在臺上表演了一套頗具神韻的太極拳，讓我很羨慕。孔子學院開設了武術和太極拳等中國文化輔導班，弘揚中國傳統兵家文化，受到俄羅斯學生的歡迎。

高里還說，今年 4 月，中國邀請我校學生暑期到中國研修，去了 300 人，遊覽秦始皇陵、兵馬俑等，感受神奇的中國傳統文化和現代文明。研修生回校後說，他們以前就在電視上看到過兵馬俑，但這次在博物館親眼看到，覺得很震撼，我沒有去感到特別遺憾。

英子說，她自從讀了一本介紹孫子的書，就開始迷上了中國古代哲學。她希望自己能更多地瞭解孫子思想。她介紹說，韓國人把《孫子兵法》當作哲學書研讀的，主要應用於社會文化生活領域，孫子的哲學思想和智慧影響了一代又一代的韓國人，湧現出一批哲學和社會科學研究家。

英子告訴記者，中國傳統文化對莫斯科大學的學生的影

響很大，不僅是俄羅斯大學生，對中國兵家文化感興趣的各國學生不在少數。在莫斯科大學文科一號樓教室，她看到學生經常圍坐一起，在認真地用漢語朗誦《孫子兵法》的警句。

8. 兵法演繹出神入化的朱可夫元帥

在莫斯科市中心紅場革命博物館前，一座用青銅鑄造的朱可夫元帥紀念碑特別引人注目，那橫跨戰馬在紅場上進行勝利閱兵時的雄姿，展現了創造世界戰爭史上奇蹟的叱吒風雲的前蘇聯軍事謀略家的兵家風采。

朱可夫是蘇德戰爭中繼史達林後第二位獲此殊榮的蘇軍統帥，因其在蘇德戰爭中的卓越功勳，被認為是第二次世界大戰中最優秀的將領之一，也因此成為僅有的四次榮膺蘇聯英雄榮譽稱號的兩人之一。

朱可夫元帥雕塑

1924 年，已任為騎兵第 39 團團長的朱可夫，以優異成績考入列寧格勒高等騎兵學校，後又進入著名的莫斯科伏龍芝軍事學院高級進修班深造。他以「狂熱的頑強性」投入學習。朱可夫博覽群書，從凱撒的《高盧戰記》到克勞塞維茨《戰爭論》；從蘇沃洛夫《制勝科學》到中國

《孫子兵法》等軍事理論著作，都潛心研讀。

1939 年 9 月，朱可夫被任命為駐蒙蘇軍第 1 集團軍司令員，指揮對日作戰。他在短時間內成功地組織和實施了哈勒哈河戰役，以傷亡 9000 人的較小代價，取得殲敵 5 萬餘人的巨大勝利。在這一仗中，朱可夫初露鋒芒，表現出他高超的兵法謀略和指揮才能，大膽實施迂迴包圍，出其不意地殲滅敵軍主力。當他凱旋莫斯科受到舉國讚揚，榮膺「蘇聯英雄」稱號，並提前晉升為大將。

朱可夫一生戰功卓著，在蘇聯衛國戰爭中，無論是莫斯科保衛戰還是史達林格勒保衛戰，每當緊要關頭，他力挽狂瀾，扭轉戰局，贏得了「蘇德戰場上的救火隊員」的美譽。

有學者認為朱可夫的兵法謀略受《孫子兵法》的影響，他的用兵法則是「戰略為先，執行制勝」。

如在史達林格勒保衛戰，朱可夫通過「避實就虛」，打擊德軍虛弱的外側來將德軍包圍在史達林格勒市區；在庫爾斯克戰役，採用「後人發，先人至」的策略；在第聶伯河會戰，虛虛實實，真真假假，採取了一系列造勢欺敵的行動；在柏林會戰中，朱可夫更是把兵法演繹的出神入化。

隨著原蘇聯的秘密檔案的解密，某些歷史學家認為，朱可夫在總參謀長任上提出防禦德國攻擊的計畫，他曾在 1941 年 5 月提出先發制人的進攻德國的方案，但是被史達林否決了。

朱可夫善於運用豐富的實踐經驗訓練軍隊，具有組織指揮大軍團作戰的卓越才幹，所組織指揮的重大戰役，較好地體現了蘇聯的軍事學術原則。朱可夫在現代戰爭史上占有很重要的地位，他對軍事指揮及軍事學術所作出的貢獻，已為世界軍界所公認。

9. 二戰初期蘇軍失利主因「無備而患」

位於紅場西北側克里姆林宮紅牆外的亞歷山大花園裡，有一個無名烈士墓，墓前五星狀的火炬噴出火焰。該墓從建成時一直燃燒到現在，從未熄滅，象徵著為蘇聯衛國戰爭犧牲的 2,700 萬人的英靈永在，也點燃著刻骨銘心永不忘懷的歷史記憶。

那不熄的火焰把前來瞻仰的人們帶進了二十世紀最為慘烈、最為血腥的戰爭歲月。

1941 年 6 月 22 日拂曉，德國撕毀了《蘇德互不侵犯條約》，動用了 190 個師的兵力、近 5,000 架飛機、3,712 輛坦克、47,184 門火炮和 60 萬輛運輸車，共計 550 萬人，發動了對蘇聯的突然襲擊，軍事行動代號為「巴巴羅薩」，妄想在三個月內征服蘇聯。蘇軍倉促應戰，一退千里，大片國土迅速淪喪、被俘人數以百萬，損失巨大，德軍兵臨莫斯科城下。

蘇德戰爭是一場決定人類命運的大戰。兵力和裝備總數占優勢的蘇軍為何會在戰爭初期的六個月內全線潰敗呢？歐洲二戰和孫子研究學者用《孫子兵法》來重新審視二戰初期蘇軍嚴重失利，認為主要原因是沒有防範於未然，從而導致「無備而患」。

戰前，蘇聯首先是精神上無準備，雖然認為蘇德之戰不可避免，但還在一廂情願地幻想盡量推遲戰爭爆發時間。其實，蘇聯不止一次地收到來自各方面的情報，其數量之多，頻率之高，超乎想像，但遺憾的是史達林並沒有重視，因為他迷信《蘇德互不侵犯條約》。「巴巴羅薩」計畫出臺半年後，蘇聯竟然還渾然不覺。

據俄羅斯學者伯里斯‧瓦季莫維奇‧索科洛夫出版的《二戰秘密檔案》一書中披露，史達林還曾有一個進攻德國的「大雷雨計畫」，比「巴巴羅薩」計畫出臺更早，只是由於蘇聯的戰爭準備還沒有達到進攻的要求，而被德國的「巴巴羅薩」計畫先行一步。可見史達林對德國的進攻計畫是完全沒有防備的。

戰爭剛開始，德軍的突然襲擊不僅達到了戰略突然性，也達到了戰術突然性。面對有備而來的德軍，蘇軍猝不及防。在戰爭爆發的第一天，蘇聯西部六十六個機場遭到猛烈轟炸，損失飛機達到 7,564 架，接近西部五個邊境軍區在戰爭爆發時裝備飛機的總數，約 200 座軍械、彈藥、油料庫落入德軍手中。

由於大量工作未能搶在戰爭爆發之前就緒，因而在戰爭開始時嚴重失利。由於蘇軍裝備陳舊，指揮人員素質較差，對敵主攻方向判斷失誤等原因，致使戰爭初期便有 28 個師被全殲，70 個師人員武器損失過半。經過五個多月的戰爭，蘇軍損失人員約 700 萬，其中被俘 300 餘萬，損失坦克 24,000 餘輛，飛機 16,000 餘架。

《孫子兵法》開篇就提出「夫未戰而廟算勝者，得算多也」，孫子十分注重戰前的準備工作，強調有備無患，未雨綢繆，自保而全勝，創造對敵的勝勢，決不打無準備之仗。歐洲二戰和孫子研究學者認為，二戰初期蘇軍失利誠然有軍事戰略、經濟、政治等諸多原因，但蘇軍戰爭準備不充分是一個很致命的原因。

另一個致命的原因是「蘇聯大清洗」清洗了許多紅軍將領，紅軍的精髓喪失殆盡，對二戰初期蘇軍失利有著重大的影響。在戰爭突然爆發的情況下，一大批新提拔卻缺

乏軍事素養的年輕將領，面對突如其來的閃電進攻束手無
策，蘇聯紅軍的潰敗也就不足為奇了。

10. 莫斯科保衛戰「知天知地，勝乃可全」

在莫斯科衛國戰爭中央博物館中有六幅畫，藝術地再
現了二戰期間蘇聯軍民進行的莫斯科保衛戰等六次最重要
戰役的壯麗畫卷。而莫斯科保衛戰無疑是所有戰役中最輝
煌的，因為它宣告了德軍在二戰中第一次大失敗，標誌著
希特勒「閃電戰」的徹底破產，為第二次世界大戰的根本
轉折奠定了堅實的基礎。

1941 年 9 月 29 日，德軍統帥部制訂了「颱風行動」
作戰計畫，以各坦克集團實施突擊，割裂蘇軍防禦。9 月
底，德軍集中 74 個師，包括 14 個坦克師和 8 個摩托化師，
向莫斯科發動大規模進攻，要在十天內拿下莫斯科。最終
的結局是蘇聯取得了莫斯科會戰的勝利，打破了德軍「不
可戰勝」的神話。

歐洲二戰和孫子研究專家用《孫子兵法》重新審視，
莫斯科保衛戰在粉碎向莫斯科進攻的德軍「中央」集團軍
群各突擊集團，在寬達 300 餘公里的地區所實施的一系列
防禦戰役和進攻戰役是成功的，符合孫子積極防禦、後發
制人的基本思想和強攻弱守的軍事運動的一般規律。

莫斯科保衛戰眾志成城，嚴防死守，也體現了《孫子
兵法》「上下同欲者勝」的思想。蘇聯軍隊和民眾在莫斯
科近接地構築新防禦地區，三天之內組織了 25 個工人營，
12 萬人的民兵師，169 個巷戰小組，有 45 萬人參加修築
防禦工事，其中 75% 為婦女。

但歐洲專家同時認為，莫斯科保衛戰取得重大勝利的一個重要因素是，少不了「老天爺幫忙」。孫子說：「知天知地，勝乃可全。」弱小的一方如果依靠天時地利，能起到出奇制勝的效果。莫斯科保衛戰正是這樣，天氣的變壞使德軍的攻勢銳減，德軍於是被迫全線停止前進，以待大地封凍，從而給蘇軍贏得了寶貴的喘息時間。

孫子在〈作戰篇〉中說：「凡用兵之法：馳車千駟，革車千乘，帶甲十萬，千里饋糧；則內外之費，賓客之用，膠漆之材，車甲之奉，日費千金，然後十萬之師舉矣。」十六世紀的奧地利將領蒙特庫科利曾說：「飢餓比鋼鐵更為可怕，食糧的匱乏將會比戰鬥殲滅更多的大軍。」腓特烈二世也曾說過，最卓越的軍事計畫，將會因供應匱乏而毀於一旦。

1941 年 12 月初，莫斯科的天氣異常地嚴寒，氣溫已下降到攝氏零下 20 至 30 度。德軍因戰線過長，補給不足，戰役中消耗過大。由於認為在入冬前就能結束戰事，德軍既沒有設防禦陣地和戰役預備隊，又無在冬季條件下作戰的準備和裝備，沒有棉衣和保暖設備，坦克和其他車輛都因為低溫而不能動彈，槍栓拉不開，武器失靈，士氣嚴重受挫。

與此相反，蘇軍則士氣高漲。蘇軍習慣寒帶生活，而且穿上了棉衣、皮靴和護耳冬帽，槍炮套上了保暖套，塗上了防凍潤滑油。僅英、美根據莫斯科議定書就給蘇聯運送了 150 萬雙軍靴，1 萬多噸製靴皮革。隨後又運去 700 萬雙軍靴。在 1941 年德蘇戰場的整個冬季戰役中，德軍被擊潰 50 個師，陸軍傷亡 83 萬多人。

11. 列寧格勒保衛戰「善藏於九地」

倘佯在聖彼得堡街頭，帝俄時代和前蘇聯時期的歷史遺跡隨處可見，彼得保羅軍事要塞、冬宮與皇宮廣場、夏宮花園與夏宮、海軍總部大廈、聖伊薩克大教堂、斯莫爾尼宮、俄羅斯博物館、喋血教堂，無數外國風格建築物仍然保持著當年的外貌，涅瓦河靜靜地流淌著燦爛輝煌的俄羅斯文化。

聖彼得堡是歐洲十八世紀建築成就集大成者，是彼得大帝打開的「歐洲之窗」，素有「地上博物館」之稱。市內有一千多個保存完好的名勝古蹟，包括 548 座宮殿和古建築物、32 座紀念碑、137 處藝術園林、260 座博物館。聖彼得堡是惟一一座整個城中心都列入世界文化遺產名錄的大都市，2012 年第 36 屆世界遺產大會在該城市舉辦。

在第二次世界大戰期間，聖彼得堡當時叫做列寧格勒。這裡曾上演了一段氣吞山河的悲壯歷史，德國軍隊將這座城市圍困了九百天，是二戰時期持續時間最長的圍困與反圍困作戰。

1941 年 8 月下旬，希特勒在北翼調集了 32 個步兵師、4 個坦克師、4 個摩托化師和 1 個騎兵旅共 70 萬兵力，配備了 1,200 架飛機、1,500 輛坦克、12,000 門火炮，向列寧格勒發動猛烈攻勢，希特勒狂妄地叫囂「要從地球上抹掉列寧格勒」。

在接下來的九百個日日夜夜，戰火、飢餓、寒冷、死亡籠罩在列寧格勒上空。德軍僅在 9 至 11 月在列寧格勒就投下約 7 萬枚炸彈和燃燒彈，並進行了 27 次猛烈炮擊，全城共凍餓致死 64 萬餘人，被德軍空襲和炮擊致死 2.1 萬人。

　　然而，這座「英雄城市」不屈不撓，拚死反抗，沒有讓德軍再前進一步，沒有交出自己的城池，守住了家園，守住了遺產，最終奪得了列寧格勒保衛戰的勝利。

　　此間學者認為，希特勒的狂轟濫炸，三面圍城，沒有摧毀這座城市，也沒有顛覆這個歷史與藝術的殿堂，除了歸功於精通兵法的朱可夫大將精妙絕倫的防禦計畫，防禦體系堅不可摧外，更要歸功於列寧格勒的百萬民眾。正如美國軍方在《第二次世界大戰》資料片中評價列寧格勒戰役所說的「一個將軍可以贏得一次戰役的勝利，但是，只有人民才能贏得戰爭的勝利！」

　　《孫子兵法》提出「善守者，藏於九地之下」。所謂九地，並不是說是地下，而是指民間。所以孫子講善守者，要把自己的軍事力量藏於民間。列寧格勒以老人和婦女為主的民眾，忍著飢餓與寒冷，挖了 93 公里防坦克戰壕、7179 條步兵班戰壕和 389 英里的交通壕，設置了 125 英里的鐵絲網等，用血肉之軀建起鋼鐵防線，使聖彼得堡成為不可摧毀的真正堡壘，文化遺產才沒遭到更大的破壞。

　　另據披露，列寧格勒和其他它歐洲城市的建築風格是一致的，建築採用石頭材料，門窗是木結構的。德軍的目的是把城市燒毀夷為平地，但沒有成功。因為在列寧格勒有一座過磷酸鹽工廠，為全國提供製造化肥的原料。化學家得出結論，磷酸鹽可以有效地防止火災發生，科學家以過磷酸鹽為原料，製造了防護衣，套在屋頂上，城市就像有銅牆鐵壁一樣擋住了火災的襲擊，有效保護了最珍貴的建築物。

12. 史達林格勒保衛戰德軍「臨陣換將」

史達林格勒保衛戰被譽為二戰經典的轉折之戰，此戰役以德軍失敗而宣告結束，德軍損失 150 萬人，從而迫使希特勒轉入戰略防禦。因此，史達林格勒會戰也就成了蘇德戰場和第二次世界大戰的歷史性轉捩點。

德軍在史達林格勒的失敗，除了戰略企圖與實力相脫節，過高估計自己的力量；兵力部署分散，形不成進攻重點；戰線太長，後勤供應困難等主要原因外，臨陣換將不能不說是一個嚴重致命傷。

「臨陣換將乃兵家之大忌。」孫子在〈計篇〉中提出了著名的「五事」，其中「將」是決定戰爭勝負的重要因素；還提出「知兵之將，民之司命，國家安危之主也」。對於史達林和希特勒來說，史達林格勒戰役都是事關成敗的關鍵一戰，而雙方的將領則是關鍵的關鍵。

當霍特第 4 裝甲集團軍的前鋒逼進沃羅涅日時，希特勒突然改變了計畫，決定不占領該城，而包克元帥卻想占領沃羅涅日，以徹底殲滅該地域內的蘇布良斯克方面軍主力。這使希特勒大為惱怒，當即撤銷了包克元帥的 B 集團軍群司令之職，由第 2 集團軍司令魏克斯上將接任。

當 A 集團軍群司令利斯特元帥拿下油田進展緩慢時，希特勒免去利斯特元帥的 A 集團軍群司令的職務，由第 1 裝甲集團軍司令克萊斯特上將接任。克萊斯特上任後，雖然竭盡全力，也無法再前進一步，因為衝擊力喪失的主要原因是缺乏燃油。

當德國陸軍參謀總長弗朗茲・哈爾德表示憂慮和異議，認為史達林格勒是不可陷入的，力主放棄這個作戰並

向西撤退時，希特勒免去了哈爾德陸軍總參謀長的職務，任命原駐法國的德軍總司令庫爾特‧蔡茨勒上將為新一任陸軍總參謀長。

當蘇軍在不斷加強對史達林格勒的包圍圈時，希特勒下令將曼施泰因元帥的第11集團軍擴建為頓河集團軍群，由曼施泰因元帥任司令，並把保盧斯第6集團軍、霍特第4裝甲集團軍和羅馬利亞第3、第4集團軍交與他指揮。而曼施泰因沒有回天之力，代號為「冬季風暴」的反攻宣告失敗。

當第6集團軍面臨全軍覆滅時，希特勒授予保盧斯德國陸軍元帥節杖，以鼓勵其繼續抵抗下去。他說：「在德國歷史上，還從來沒有元帥被生俘的。」希特勒希望保盧斯能夠戰鬥到底或自殺殉國。具有諷刺意義的是，保盧斯最終還是選擇了投降。

而蘇軍在史達林格勒的勝利，顯示了蘇軍指揮員較高的軍事才能。鑑於史達林格勒異常嚴峻的形勢，史達林任命朱可夫為最高副統帥。熟諳兵法的朱可夫其謀略是將德軍繼續牽制在城內，然後通過「避實就虛」，打擊德軍虛弱的外側，從而將德軍包圍在史達林格勒市區。

13. 第聶伯河會戰蘇軍「虛實結合」

二戰中，蘇軍將《孫子兵法》列為軍事學術史教學研究的重要內容，並在衛國戰爭中得到應用。以第聶伯河會戰為例，蘇軍虛實結合、避實就虛、隱蔽行軍，以假亂真，把孫子的虛實之道演繹的爐火純青。

此次戰役，以蘇軍發動進攻開始，目的是解放左岸烏

克蘭、頓巴斯、基輔，並在第聶伯河右岸奪取登陸場，奪取第聶伯河右岸各登陸場。會戰開始蘇軍採取實打猛攻，向第聶伯河左岸烏克蘭和頓巴斯實施進攻，粉碎德軍在這一地區組織防禦的計畫。蘇軍從登陸場轉入進攻，解放了塔甘羅、波爾塔瓦、蘇梅、切爾尼戈夫。

德軍無力阻擋蘇軍的迅猛進攻，退守「東方壁壘」，企圖憑藉江河屏障，固守右岸烏克蘭，繼續控制黑海諸港和克里木半島。德軍統帥部特別重視沿第聶伯河防禦，因為該河水量大，河面寬闊，是繼伏爾加河和多瑙河之後的歐洲第三大河流，且河右岸高，可控制左岸，適於防禦。

德軍抓住第聶伯河，把它當作一根救命稻草，在認為蘇軍可能渡河的地方，都構築了極為牢固的多地帶防禦，形成了火力很強的橋頭堡，並在周邊構築了特別強大的工事，這就是所謂「東方壁壘」的基本部分。希特勒聲稱，第聶伯河是攻不破的天然堡壘，除非第聶伯河水倒流，否則俄國人是攻克不了它的。

據蘇聯國防部中央檔案館檔案記載，蘇軍最高統帥部代表朱可夫和方面軍司令瓦杜丁決定避實就虛，把主要突擊方向轉移到德軍防禦力量較弱的基輔北側，命令近衛坦克第3集團軍等主力部隊，再悄悄地調回到第聶伯河東岸，然後沿著戰線往北隱蔽行軍，在基輔以北約 40 公里處重新渡河，從柳捷日登陸場發起攻擊。

為了掩蓋這一行動，在朱可夫的指揮下，蘇軍採取了一系列造勢欺敵的行動。蘇軍首先偽造了一個暫停進攻、就地轉入防禦的假命令，並使其落入德軍手中。蘇軍還在整條戰線上廣泛製造轉入防禦並準備從布克林重新發起進攻的假象，如主力部隊夜間撤退後，在原地留下一個指揮

所和幾部電臺照常工作；在德軍陣地前方播放機械化部隊行軍的聲音。德軍誤以為蘇軍繼續在向當前方向集結兵力，主力仍固守布克林不動，並從其他方向抽調了大批預備隊。

結果，當蘇軍主力突然在基輔方向發起進攻時，德軍被打了個措手不及，立時潰不成軍。蘇軍實施強渡，突破德軍第聶伯河防線，並以相對優勢兵力在幾個方向實施進攻，解放了 160 座城市、3.8 萬多個居民地，奪得了 25 個登陸場，收復了重要的經濟區。

蘇聯軍隊達到了戰略目的，為解放烏克蘭和克里木創造了條件。希特勒企圖使戰爭採取陣地戰的形式，沿第聶伯河確立戰線和建立「東方壁壘」的所有計劃都落空了。

14. 庫爾斯克會戰希特勒「優柔寡斷」

庫爾斯克會戰是德軍最後一次對蘇聯發動的戰略性進攻，欲南北夾擊，合圍殲滅中央突出部的蘇軍，重奪戰略主動權。但由於希特勒優柔寡斷，貽誤戰機，給蘇軍留出時間和空間做好嚴密防務的準備，調動了數量極為龐大的駐守兵力，德軍進攻步伐緩慢且損失慘重，大批有生力量被殲滅並且趕出俄國領土。此次，德軍再也無法對蘇軍產生威脅。

戰前，德軍主要指揮官曼施泰因曾提醒希特勒注意，無論如何推遲和中止這個戰役將在整個戰略上非常不利的，當戰役過程中希特勒猶豫和退縮時，他異常堅決的要求將這個戰役堅持下去。

曼施泰因提出兩種建議，一是趁蘇軍立足未穩，先期

發動進攻戰役；二是等待蘇軍先行進攻，待其疲憊和能量耗盡之後，德軍再行反攻，並抄擊蘇軍後路。曼施泰因更為看好後者。希特勒拒絕了後者選擇了前者，但又一再猶豫和推遲，期待己方力量的增加，而全然不顧蘇軍的力量增加的更快。

庫爾斯克會戰是第二次世界大戰期間蘇德戰場的決定性戰役之一，也堪稱世界軍事史上最大的坦克大會戰，參戰裝甲部隊坦克超過 5,000 輛。德軍裝甲兵總監古德里安上將認為，對庫爾斯克的進攻將使坦克遭受很大損失，他的改編裝甲兵的計畫也將破產。希特勒對此也猶豫不決。

希特勒最終還是決定採納曼施泰因的計畫，決定發動一個鉗形攻勢以摧毀在庫爾斯克突出部的蘇聯軍隊，作戰代號為「堡壘」。該作戰按計畫應於 5 月 4 日發動，但由於這年雨季結束的較晚以及德軍準備上的不足，作戰計畫不得不一再延期。

德軍第 9 集團軍司令莫德爾上將帶來了一疊航空照片，顯示蘇軍在德軍計畫的進攻路線上已經構築了大量的防禦工事，他認為進攻的最佳時機已經失去了，蘇軍已經恢復了元氣，「堡壘」計畫應該放棄。希特勒再次顯示出猶豫。

當希特勒和他的將軍們為「堡壘」計畫爭吵不休的時候，蘇軍已運籌帷幄。朱可夫元帥先制定了保持防禦狀態，以堅強的防禦消耗掉德軍進攻能量，摧毀其裝甲兵力，然後再發動反攻的計畫。這個運用孫子「後人發，先人至」的策略，得到了史達林的批准。於是，蘇軍開始在庫爾斯克轉入了積極的防禦準備，朱可夫元帥親自在此坐鎮指揮。

《孫子兵法》提出，「致人而不致於人」，就是要掌握戰場主動權。孫子在《虛實篇》中講「凡先處戰地而待

敵者佚，後處戰地而趨戰者勞」，闡明了爭取先機的重要性。誰爭得了先機之利，誰就有可能爭得整個戰場的主動權，從而取得戰爭的勝利。

庫爾斯克戰役蘇軍獲得了戰場的主動權，比以往任何一次大規模反攻戰役的準備都好，不僅完全掌握了制空權，而且地面部隊的坦克和兵力對比也占絕對優勢。在兵力構成上，炮兵團首次超過了步兵團，每英里防禦正面可以得到 148 門火炮支援，遠遠超過了德軍為發動進攻而拼湊的數目。

希特勒當斷不斷，反受其亂，導致納粹德國卻永久性地喪失了戰場主動權。此後，德軍再也沒有在東線發起有威脅的攻勢。

15. 蘇軍強攻柏林兵貴神速勢不可擋

歐洲二戰和孫子研究學者表示，1943 年，二戰中的蘇聯伏羅希洛夫總參軍事學院把英文《孫子兵法》譯成俄文，這是第一部俄文全譯本，被列為蘇聯軍事學術史教學與研究的重要內容。

事實上，蘇聯軍隊也早就研究孫子謀略，湧現出像朱可夫元帥這樣精通《孫子兵法》的卓越軍事指揮員，並在二戰中已經應用，而在柏林會戰中體現的最為精彩。

1945 年 4 月 16 日，蘇軍出動 250 萬兵力，開始強攻柏林。在這個戰役中合圍、分割和殲滅百萬裝備精良、作戰強悍的現代化德國軍隊，震撼了全世界。

集中兵力。孫子說，「兵之所加，如以投卵者」，就是說，軍隊進攻敵人，要能像以石擊卵那樣，所向無

莫斯科二戰紀念碑上的雕塑

敵。柏林會戰，蘇軍集團共有 162 個步兵師和騎兵師，21 個坦克軍和機械化軍、4 個空軍集團軍，250 萬人，火炮和迫擊炮約 4.2 萬門、坦克和自行火炮 6,250 餘輛、作戰飛機 7,500 架，對柏林形成了圍攻之勢。這樣就造成了數倍於德軍的優勢：人員比德軍多 1.5 倍，炮兵多 3 倍，坦克和自行火炮多 3.1 倍，飛機多 1.3 倍。各方面軍主要突擊方向對德軍的優勢更大。

戰陣之勢。孫子說：「故善戰人之勢，如轉圓石於千仞之山者，勢也。」4 月 16 日清晨，蘇軍發起總攻時，以 140 餘部探照燈和所有坦克、卡車燈構成的大功率電光劃破夜幕，突然照射德軍前沿陣地。德軍眼花繚亂、驚恐萬狀。接著，蘇軍數千門大炮、迫擊炮和「卡秋莎」火箭炮同時開火，德軍陣地頓時變成一片火海。蘇軍三十分鐘整整發射了 120 多萬發炮彈，德軍陣地未發射一發炮彈。勢不可擋的炮火打擊德軍的防線，在幾乎沒有抵抗的情況下被摧毀了。

戰術停頓。孫子說：「善戰者，先為不可勝，以待敵之可勝。不可勝在己，可勝在敵。」蘇軍反攻部隊逼近

俄羅斯公園裡的二戰圖片展

柏林時，出現了後續脫節、保障困難的情況。朱可夫果斷採取了「戰術停頓」的策略，命令部隊暫停攻擊，並急調第一坦克集團軍北上，從而粉碎了德軍威脅極大的翼側反擊，化解了危機，保障了柏林戰役的順利進行。

分割殲滅。孫子說：「凡戰者，以正合，以奇勝。」蘇軍以三路進擊柏林，在寬大正面實施數個猛烈突擊，合圍柏林集團，同時予以分割，逐一消滅。蘇軍突擊隊從四面八方向市區突進，一小段一小段的前進，向著市中心希特勒的老巢挺進，從後院、地下室甚至地下鐵道和下水道滲透進去，攻占每一條街道，每一座樓房。

兵貴神速。孫子說：「兵貴速，不貴久。」據最新解密的資料，當時蘇聯間諜機構獲得的情報表明，1945 年 3 月，英國首相邱吉爾在對德作戰即將結束時，曾命令英軍參謀長制訂一項代號「難以想像」的對蘇作戰計畫。希特

聖彼得堡二戰紀念廣場的紀念碑和雕塑

勒死守柏林，也在等待美英盟軍到達柏林地區，或將柏林交給美英盟軍，或等美英與蘇聯發生衝突。史達林在獲悉英國正在準備反蘇戰爭，特別是在得知羅斯福總統逝世和杜魯門上臺的消息後，認為蘇聯同西方進行戰爭的危險大大增強，於是決定一定要搶在盟軍之前攻占柏林。

俄羅斯歷史學博士法林認為，攻克柏林徹底改變了世界歷史進程，粉碎了英美對蘇宣戰的企圖，避免了第三次世界大戰的爆發。

16. 從蘇德之戰看戰爭沒有真正贏家

記者在俄羅斯發現，無論走到哪裡，每個角落都能發現二戰的影子，城鎮中最主要的地方一定會有二戰紀念碑和長明火，一定會有勝利廣場，也一定會有戰爭博物館。二戰的陰影仍在俄羅斯人民心中繚繞縈回，難以散去。

蘇聯衛國戰爭以德國無條件投降、以蘇聯大獲全勝而宣告結束，蘇聯這個最大的贏家，付出了過分巨大的代價。蘇德戰場被稱為二十世紀最為慘烈、最為血腥的戰場，蘇聯是所有參戰國中人員傷亡最大的。

1946 年，史達林在莫斯科市選舉時宣布本國共死

位於莫斯科的二戰紀念碑

亡 700 萬人。蘇聯解體前提倡「公開化」，查證檔案後於 1991 年 6 月宣布戰時軍人因戰事死亡 688 萬（作戰傷亡共 2,335 萬），加上被俘後遇害共死亡 866 萬人，再加上平民犧牲，全國共死亡 2,700 萬人。

俄羅斯衛國戰爭損失統計委員會最新公布的資料：這場慘烈的戰爭共奪走了 2,660 萬蘇聯人的生命，其中有近 870 萬是軍人。蘇聯紅軍與德軍的陣亡比例為 1.3：1。

蘇德戰爭中，蘇聯共有 1,700 個城市和市鎮被破壞，有 7 萬多個村莊被燒毀，有 3 萬多個工業企業、6 萬 5 千公里鐵路被炸毀，有 10 萬多個集體農莊和國營農場變成廢墟，經濟損失 7,000 億盧布。蘇聯全國的成年男子有一半非死即殘。僅戰爭初期蘇軍就損失人員約 700 萬，其中

被俘 300 餘萬，損失坦克 24,000 餘輛，飛機 16,000 餘架。

列寧格勒保衛戰，全城共凍餓死民眾超過 100 萬人，被德軍空襲和炮擊致死 2.1 萬人；史達林格勒保衛戰，在德軍攻入城區的短短一星期內，超過 4 萬蘇聯民眾被殺，而在整個戰役中犧牲的平民人數遠遠超過這個數字，此役蘇軍的損失仍然要超過德軍；庫爾斯克會戰付出了慘重代價，損失兵力 80 多萬，坦克 6,000 多輛，坦克的損失數更是超過德軍的 20 倍。

柏林會戰 30 萬蘇軍倒在勝利前夜，平均每八個蘇軍官兵中就有一個人倒在攻克柏林的道路上。有歷史學家經過統計後認為，柏林戰役中蘇軍實際的傷亡數字是 50 餘萬人。

有學者稱，對於蘇聯來說，雖然取得了最後勝利，但是，驚人的傷亡資料使得人們對這場戰爭的詮釋變為「雖勝猶敗」。

莫斯科大學的大學生伊萬對記者說，蘇德之戰告訴人類，戰爭是可怕的魔鬼，戰爭沒有真正贏家，戰爭給俄羅斯及所有參戰國人民造成了深重災難。全世界應崇尚孫子的「非戰」、「慎戰」思想，遠離戰爭，降低災難，珍惜生命，熱愛和平。

西班牙篇

1. 西班牙《孫子》再版十四次供不應求

記者在馬德里大學書店買到一本西班牙文《孫子兵法》，譯者是費爾南多・蒙特斯，1974 年出版第 1 版，2008 年再版已是第 14 版。一本中國二千五百年前的古書，在歐洲國家再版次數之多，閱讀熱情之大，令人為之驚歎。

馬德里大學翻譯學院教授、公立馬德里語言學校中文系主任黎萬棠告訴記者，西班牙很重視《孫子》的翻譯出版，西班牙人也很喜歡讀《孫子》，學習研究漢語和中國文化的大學生尤其喜歡，常常供不應求，所以一再出版。

再版十四次的西班牙版《孫子兵法》，在序言裡介紹了世界各國專家學者對這本中國古代經典的讚譽，介紹了孫子的生平及成書背景，還介紹了中國其他兵法大家和著名的戰役和戰例。序言特別提到梁啟超對《孫子兵法》的高度評價。

這本書的序言用現代眼光解讀中國古代經典，認為孫子十三篇，每篇講的都是戰略，集戰略思想之大成。《史記》中的馬陵之戰運用了其謀略，在戰國爭霸中被廣泛應用，不僅僅展現了完美的戰爭藝術，而且對現代軍事和商業競爭具有現實的價值和意義。

西班牙翻譯者對孫子研究很深。另一本西班牙文《孫子兵法》序言說，關於孫子，在司馬遷的《史記》裡就有介紹，大約生活在西元前 500 年。這本書裡面沒有提到騎兵，因為西元前 320 年才有騎兵，由此推算，是在此之前寫的。書中常提到箭和弩的運用，根據在軍事推測，的確在西元前 300 至 400 年寫的。根據文風的流暢度來看，的確出於一個人之筆，這是無可置疑的。

據介紹，西班牙版《孫子兵法》的翻譯十分嚴謹。譯者對東西方兵家文化進行比較，參考了各種版本，有英國皇家騎兵團上尉 E. F. 卡爾思羅普的《兵書：遠東兵學經典》，有倫敦大英博物館東方藏書手稿部助理部長萊昂納爾‧賈爾斯的《孫子兵法——世界最古老的軍事著作》，有美

馬德里書店的西班牙文《孫子兵法》

國將軍塞纓爾‧B‧格里菲斯的《孫子——戰爭藝術》英譯本，還參閱了《史記》、毛澤東的系列軍事著作，使西班牙版《孫子兵法》更加準確、權威。

2. 中國《孫子》是全人類的智慧寶庫
——訪馬德里大學西班牙及中國語文教授馬康淑博士

「西班牙的《智慧書》是處世經典，而中國的《孫子兵法》不僅是軍事經典、哲學經典、經商寶典，而且是全人類的智慧寶庫」。馬德里大學西班牙及中國語文教授馬康淑博士在接受記者採訪時說，這兩本書，都是智慧書，是東西方不同的智慧，但比起孫子的東方智慧來，西方的《智慧書》是小巫見大巫。

在馬康淑的辦公室裡，醒目地掛著她與中國兵馬俑合影的照片。她每年都要去中國進行學術交流，去過北京、上海、西安、杭州、桂林等著名城市，而到西安臨潼兵馬俑博物館去了不下八、九次。她看到整個兵馬俑的壯觀場景，對博大精深的中國兵家文化很驚奇。

馬康淑告訴記者，她在中國大陸考察和在臺灣學習漢語期間，就開始關注中國文化，關注中國的孔子、孫子。我發現，無論是中國大陸還是臺灣，都在傳承中國傳統文化，兩岸都是中國人，都很有智慧。

馬康淑對中國文化的熱衷緣於她的臺灣丈夫──公立馬德里語言學校中文系主任、馬德里大學翻譯學院兼任教授黎萬棠。1980 年，這位芳齡十八歲的西班牙美女在大學圖書館與黎教授邂逅，她對這個彬彬有禮的華人小伙子和中國博大精深的文化及語言產生了好奇。結識三個月後，就開始跟隨黎教授學習漢語，並結合音譯和意譯獲得了一個美麗的中文名字──馬康淑。

結為伉儷後，馬康淑為學習漢語，赴臺灣淡江大學任教了近一年。

馬德里大學西班牙及中國語文教授馬康淑博士

回到西班牙後，先在馬德里大學下屬的語言學院從事中文教學工作，後任西班牙文學系教授。她獨自編著了數本漢語教科書和文字學著作，夫妻二人花了十年心血用西文合著《中國語文文法》，專供西語人士學習中文所用；還與一位法國教師合作，將法中雙語教材譯成西語版本。

馬康淑介紹說，《智慧書》是格拉西安的代表作，彙集了為人處事的三百則箴言，談的是知人、觀事、判斷、行動和成功的策略，不失為處事修煉、提升智慧、功成名就、走向完美的經典。自問世以來，一直受到各國讀者的喜愛。幾百年來，與中國的《孫子兵法》和義大利的《君王論》，並稱為「人類思想史上的三大奇書」。

馬康淑認為，《智慧書》提出了戰勝生活中的尷尬與困頓的種種小策略，是雕蟲小計；而《孫子兵法》講的是治國、治軍的大戰略、大謀略；《智慧書》的人生格言，諸如「讓事情暫時秘而不宣」、「讓別人依賴你」、「避免讓你的上司相形見絀」、「不要被激情所左右」、「走運的訣竅」等等，只告訴你做人做事的巧門；而孫子十三篇警句闡述的既有兵家智慧，又有人生智慧、經商智慧、談判智慧，是無與倫比的大智慧。

馬康淑對記者說，她家裡有三個版本的西班牙文《孫子兵法》，經常研讀。她在西班牙亞洲之家聽過孫子與商戰的講座，西班牙人很想到中國做生意，很想學孫子智慧。隨著東西方文化經貿的不斷交流，包括孫子在內的中國的智慧正在被越來越多的西班牙人接受。

馬康淑表示，《孫子兵法》才真正是全世界的智慧，孫子的智慧不僅全世界認可，而且全世界至今都在應用，這是《智慧書》不可比擬的。

西班牙篇

3. 西班牙學者稱毛澤東是孫子最佳實踐者

西班牙學者費爾南多‧蒙特斯在他再版十四次的《孫子兵法》序言中高度評價毛澤東兵法。他在翻譯孫子的兵書前，系統研究毛澤東兵法，閱讀了《論持久戰》等一系列的軍事著作，還讀了斯諾的《紅星照中國》一書，從而得出結論：毛澤東是孫子最佳實踐者。

費爾南多在序言中用了較多篇幅系統介紹毛澤東兵法和毛澤東的戰略藝術，他認為毛澤東是中國近代最偉大的兵法家、戰略家和哲學家，在孫子思想的實踐和運用上有自己獨特的創造，並達到「出神入化」的地步。

費爾南多介紹說，毛澤東在青年時期就研究中國的經典哲學思想，其中孫子是他研究的重要部分。毛澤東研究的中國經典古籍，還包括《三國演義》、《水滸傳》。通過研究古籍歷史，他認為《孫子兵法》具有實際意義，可以運用到中國的實際中去。在八年抗日戰爭和三年解放戰爭中，毛澤東有機會實踐《孫子兵法》。

毛澤東領導的中國革命取得勝利，與汲取孫子思想有很大的關係。費爾南多說，毛澤東運用孫子的戰略思想，取得的許多成功的戰例，如五次反圍剿、長征等。他在《論持久戰》中，也寫孫子的戰略思想，寫了孫子的名句「知彼知己，百戰不殆」。毛澤東「敵進我退，敵駐我擾，敵疲我打，敵退我追」的「十六字」方針，是孫子戰略思想的高度體現。

歐洲不少學者都把《孫子兵法》和毛澤東兵法結合起來研究。義大利前國防部副部長、義大利國際事務研究所主席斯特法諾‧西爾維斯特里對孫子的精髓把握的很透

徹，尤其是對孫子的當代意義理解很深刻。他認為《孫子兵法》講留有餘地，毛澤東兵法也講留有餘地，毛澤東對《孫子兵法》研究很深。

法國國防研究基金會研究部主任莫里斯·普雷斯泰將軍認為，「不戰而屈人之兵」是孫子整個戰爭思想中的核心思想，在中國許多戰爭和戰役中都能得到體現，毛澤東的戰略思想就是孫子思想的最好體現。

法國著名《周易》學家夏漢生對孫子和毛澤東有研究，他說《孫子兵法》與《周易》有著內在的聯繫，毛澤東也懂《易經》。如遯卦主張「以退為進」。孫子和毛澤東兵法也都主張「以退為進」，「三十六計，走為上計」說的就是「以退為進」。毛澤東是「以退為進」的高手，退出延安就是典型的案例。

4. 馬德里孔子學院學員崇拜中國孫子

記者在坐落於馬德里市中心一座稱作賞花殿的亞洲之家內的孔子學院見到了吉瑞，他是該學院的學生，長得特別的帥氣。他拿出一本孔子學院圖書館借閱的西班牙版《孫子兵法》對記者說，我最喜愛和崇拜中國的孫子。

馬德里孔子學院是前中國國家主席胡錦濤去年訪問西班牙時兩國簽署的協議，中國國務院副總理回良玉與西班牙教育與科技大臣卡布萊拉女士為該學院揭幕，合作方是馬德里自治大學和上海復旦大學，以在西班牙促進漢語教學和推廣中國文化。

曾在中國雲南進修過漢語的吉瑞說，孫子的智慧謀略，讓全世界如此折服。至少至今還沒發現，有哪一個人出的

馬德里孔子學院西班牙學員吉瑞

書全世界都在讀，都在用，況且又是一本流行了二千五百多年的古書。

吉瑞告訴記者，馬德里孔子學院的《孫子兵法》版本很多，他抽空就會借閱，這本書確實給人智慧，給人啟迪。一年前，他聽過一次講座，是西班牙孫子研究學者講的，非常有趣。前兩個月在馬德里自治大學也聽過類似的講座，聽課的大都是西班牙商界人士，講如何將《孫子兵法》的謀略應用於商業競爭中，非常實用，許多經典的案例讓我拍案叫絕。

馬德里孔子學院公派教師郝麗娜向記者介紹說，《孫子兵法》在西班牙影響很大，西班牙版本多次再版，她聽到不少西班牙人經常談論孫子。一些大學講跨文化管理，都離不開《孫子兵法》。在他們學院，大部分學員學習漢語是出於對中國文化的迷戀，學員們相信，在孔子學院能更好地學習漢語和中國文化，許多學員都讀過《孫子兵法》。

西班牙中國學生學者聯誼會主席周芳玲說，馬德里孔子學院學員學漢語、學中國文化，也帶動了當地的中國文化熱。自 2010 年西班牙中國漢語年舉辦以來，各孔子學

院和文化機構舉辦了近百項中國文化宣傳活動。尤其是孔子學院率先開展學兵法、練武術活動，許多中文學校開設武術課，在馬德里練少林、太極武功成風，穿的中國武術服裝，刀、棍、劍、拳，一招一式，有板有眼。

吉瑞認為，中國的武術與兵法融為一體，不可分割，練少林、太極不僅可以鍛鍊身體修養身心，提高學習興趣與效率，而且可以體驗中國兵法的奇妙。但如果只學中國武術而不學《孫子兵法》，就不夠有味了。因此，中國的武術應該與兵家文化一起進入孔子學院。由少林、太極的吸引而進一步喜愛和學習中國文化。

5. 皇馬最高境界是孫子「風林火山」

記者來到位於西班牙首都馬德里的皇馬足球俱樂部，但見正門上方掛著鑲有皇冠的徽章，象徵著國王賜封「皇家」尊稱，陳列室內一個個大牌球星們閃爍出耀眼的星光。皇馬是現今歐洲乃至世界足壇最成功的俱樂部之一，2000年被國際足球聯合會評為二十世紀最偉大的球隊。

足球作為世界第一運動，在今天世界上的影響力是非常之大的，而《孫子兵法》對戰爭的深刻分析及戰略戰術思想，幾乎可以完全用於世界足球大戰之中。皇馬就是一支運用《孫子兵法》的球隊，這部有關戰爭藝術的典籍，皇馬將其運用得淋漓盡致。

曾執教皇家馬德里足球俱樂部的教練，都熟《孫子兵法》。如盧森柏格，經常一個人聚精會神看竹簡《孫子》，他挽救了皇家馬德里隊，甚至被認為是不可戰勝的。巴西人都認為他是一位最適合執教一支進攻型球隊的教練，他

不僅能率隊取勝，還能指導球隊踢出漂亮的比賽。

而皇馬的最高境界則是孫子的「風林火山」，即「其疾如風，其徐如林，侵掠如火，不動如山」，這是兵法戰術的所謂最高境界，也是世界足壇戰術打法所追求的最高境界，目前最接近這種境界的無疑是當今世界的最佳俱樂部——皇家馬德里。媒體和球迷們是這樣形容的：

歐文與羅納度是「風」。從 1998 年世界盃以來他們兩人就代表著這個世界足球場上最快的速度，像風一樣。歐文在頂峰時期的速度是 10.8 秒左右，30 米衝刺很快，有出色的柔韌性，很難有人能防住。羅納度在球迷心中是公認的貝利之後最偉大的前鋒，精彩進球無數，人們稱呼他為「外星人」，一個時代的球王。

齊達內與勞爾是「林」。在一場同比利亞雷亞爾的比賽中，皇家馬德里僅僅和對手戰成了 3 比 3 的平局，而齊達內則為皇家馬德里攻進了第二個球。進球後，他沒有作出任何慶祝，他似乎像「林」一樣已經達到了無欲無求的

世界各國球迷在皇馬大牌球星照片前留影

境界。勞爾從 1994 年開始一直效力於皇家馬德里，十六年來幫助球隊贏得了六次聯賽冠軍、三次歐洲冠軍聯賽冠軍和兩次世界盃冠軍等榮譽，他為皇馬總出場數已經超過了 600 次，是足球場上不老的傳奇。

菲戈、小貝和卡洛斯是「火」。菲戈人稱滿場飛，左右腳功夫一流，能在關鍵的時刻傳出關鍵的球，能找到最好的空間和時間攻入一個又一個不可思議的入球；小貝最著名的是他右腳精準的長傳、傳中和極其出色的定位球；而卡洛斯左腳大力任意球功夫出神入化，防守兇狠，助攻犀利，是助攻型邊後衛的代表。他們三人出現在球場，球迷們不能不聯想到「侵掠如火」的氛圍。

凱西利亞斯與埃托奧是「山」。皇馬需要一座令對手仰止的高山，凱西利亞斯心理素質好，狀態穩定，防守上沒有明顯弱點，可謂「不動如山」。埃托奧是一名速度飛快的射手，更有疾如閃電一般的接球轉身動作。他在等待之時「不動如山」，但一旦接到足球，則動如雷霆。

皇馬的「風林火山」自然離不開「將」。菲戈和齊達內是皇馬擁有的「世界上最貴的兩個球員」，前者 5,610 萬美元，後者 7,600 萬歐元。葡萄牙人菲戈的到來，幫助皇馬贏得了 2001 年的西甲聯賽冠軍；而在另一場號稱「有史以來最為懸殊」的比賽中，齊達內以一粒石破天驚的半轉身凌空抽射將比分定格為 2 比 1，皇馬第 9 次成為冠軍盃冠軍。在那個俱樂部百年大慶的賽季，皇馬以兩座超級盃、一座冠軍盃和一座豐田盃完成了這家偉大俱樂部的百年完美謝幕。

接著，主宰了 2002 年世界盃的羅納度也在當年夏天從國際米蘭轉會皇馬，成為伯納烏第 3 位先生級別的巨星。

羅納度的到來為皇馬奪得了第 29 座西甲冠軍。2003 年夏天，當時世界上最具商業號召力的球員貝克漢從曼聯轉會皇馬，皇馬此時達到了春秋鼎盛時期，旋即超越了曼聯，成為「世界上最富有」的足球俱樂部……

「皇家馬德里足球俱樂部熟悉《孫子兵法》，許多隊員會背孫子警句，並善於用孫子的戰略進攻防守」。西班牙華僑華人協會常務副主席兼秘書長陳勝利評價說，《孫子兵法》在歐洲被譽為《戰爭藝術》，而在馬德里足球教練眼中，是「足球戰爭藝術」。大牌球星們創造了皇馬的輝煌，閃爍著「足球戰爭藝術」的智慧之光。

6. 西班牙僑領陳勝利的「勝利觀」

「在我眼裡，《孫子兵法》是一部『勝之兵法』，它教我們『知勝』、『道勝』、『先勝』、『奇勝』、『全勝』」，西班牙華僑華人協會常務副主席兼秘書長、西班牙歐誠集團董事長陳勝利對孫子的「勝」特別有研究，並有一套自己獨特的「勝利觀」。

陳勝利對記者說，他從小就讀過《孫子兵法》，在西班牙電視上能看到孫子影視劇，孫子的動畫片也越來越受到西班牙人的喜愛。在歐洲，《孫子兵法》被譽為《戰爭藝術》，而在馬德里足球教練眼中，是「足球戰爭藝術」，在西班牙商界人眼中，是商戰藝術。

《孫子兵法》短短 6,000 餘字，通篇充滿了「勝」。陳勝利列舉說，孫子主張「知勝」，就是「知彼知己」；主張「道勝」，就是用「五事七計」的正道取勝；主張「先勝」，就是「先為不可勝」地取勝；主張「奇勝」，就是「出

其不意」地取勝；主張「全勝」，就是「不戰而屈人之兵」地取勝。

陳勝利告訴記者，西班牙移民論壇和西班牙法定員警日，他代表華人社團參加。我們協會是唯一的西班牙移民論壇執行代表，長期以來一直為中國移民爭取合法權益而奔波。旅西華人遭警侮辱毆打事件，我們出面主持正義。近年來，西班牙政府及地方政府多次邀請華人代表參加此類活動，充分表明旅西華人的地位在日益提高，華人移民也越來越受西班牙政府及當地百姓的認同。這就是我們「道勝」的體現。

西班牙華僑華人協會是旅西僑團歷史最長、實力最強的全國性僑社組織，是西班牙華僑社會的中流砥柱，被中國國務院僑務辦公室譽為全球標兵僑團之一。而陳勝利任董事長的歐誠集團，是西班牙專業化大型企業，集團總公司設在馬德里，在中國設立了四家分公司。

陳勝利介紹說，在西班牙移民總人數大幅下降的情況下，中國移民人數卻出現了逆勢增長。旅西華人經濟在危機中逆勢發展，大量新店不斷開業。現在，旅西華人所從事的產業已經不僅限於餐飲業，而是呈現出多樣化的發展趨勢，像倉儲批發、百貨零售等行業。正如孫子所說，「勝於易勝者也」。取得勝利要建立在自己實力強大，不可戰勝的基礎上，使自己處於不可戰勝的地位，然後等待取勝的時機。

在西班牙奮鬥二十二年的陳勝利，從打零工、做西式糕點、開酒吧到辦大型企業，選擇戰機，占領市場，步步為營，穩紮穩打。他的秘訣是孫子的「算勝」，「夫未戰而廟算勝者，得算多也」。他主打的產品是衛浴、建材、

太陽能、照明、消防器材五大類，供大型超市，具有得天獨厚的優勢。陳勝利在西班牙一步步走向「勝利」，離不開孫子的「勝之兵法」。

「不可勝在己，可勝在敵」。陳勝利對記者說，歐誠集團大部分員工都是外國人，中國員工只占了不到十分之一。有人說他「一個中國人領導了一批洋人」，陳勝利回答說，在危機到來了，我們照常用四百多名西班牙員工，照常八小時上班，照常發工資、納稅，這充分顯示了我們華人企業的實力，體現了孫子的「全勝」思想。

陳勝利表示，學習和實踐孫子的致勝觀，就要用中國人的智慧，立於不敗之地。在歐洲嚴重金融危機面前，許多外國商店都關門大吉了，而我們西班牙華人華僑企業，面對危機，修道保法，保存自己，再圖發展，哪怕微利也不關門。《孫子兵法》這本戰爭藝術將在西班牙華人華僑中大放光彩。

7. 西班牙鬥牛緣何讓位給中國太極？

2011 年 9 月 25 日，巴塞隆納鬥牛場上演完最後一場鬥牛表演，這座 19 世紀的古建築無可奈何地變成了百貨商店。因巴塞隆納所在加泰隆尼亞地區成為西班牙本土第一個全面禁止鬥牛的地區，鬥牛禁令定於 2012 年 1 月 1 日生效。

鬥牛是西班牙最具民族標誌性的運動，從十八世紀開始流傳至今，被稱為西班牙的「國粹」。每逢鬥牛旺季，成千上萬的觀眾會從世界各個角落蜂擁至此，觀賞一場讓人血脈賁張的血腥表演。在幾百年的時間裡，西班牙人把這個殘忍的遊戲推廣至全世界，並把它驕傲地當作一張傳統標籤。

　　據介紹，巴塞隆納是最為著名的反鬥牛中心，曾有 18
萬加泰隆尼亞人簽名請願取消鬥牛賽，成為第一個反對鬥
牛的西班牙城市，西班牙還有 42 個城市也宣布反對鬥牛。
西班牙政府明令禁止十四歲以下公民觀看鬥牛表演，也禁
止十四歲以下青少年成為鬥牛士。

　　取而代之的是，中國太極像雨後春筍，在巴塞隆納蓬
勃興起。據西班牙華文媒體《聯合時報》報導，2012 年第
十屆馬德里太極拳表演大會拉開帷幕，近千名太極拳愛好
者、研究者雲集巴塞隆納，觀者如潮，場面壯觀，不亞於
西班牙鬥牛的場面。

　　西班牙鬥牛聞名全世界，為何不鬥了，讓位給中國太
極拳了呢？酷愛《孫子兵法》的馬德里孔子學院學員吉瑞
比較說，西班牙鬥牛主要靠勇敢而不是智慧，鬥的是力氣
而不是謀略。儘管鬥牛也需要策略和戰術，如何馴服動物，
但主要靠勇氣、力氣。

　　吉瑞說，鬥牛是人與動物鬥，是根據動物的運動態勢
來判斷的；而武術是人與人鬥，是靠戰略頭腦來判斷的，
層次不一樣。人與人之間的比拚主要靠的是謀略，高於人
與動物的比拚，有更高的境界；而人與動物的比拚，是低
層次的，動物的謀略怎麼能與人類相提並論？

　　西班牙學者認為，人與自然、與動物和諧相處，也是
孫子「中和」的理念。中國功夫講留有餘地，不致於人死
地，是東方兵家文化；而西班牙鬥牛講死打硬拚，置牛於
死地而後快，這是西方兵家文化。

　　當地華人告訴記者，西班牙鬥牛太殘酷了，在被刺殺
以前，公牛要被鬥牛士戲耍，背上還要刺上好幾支箭。西
班牙每年要在鬥牛場上殺死大約 5 萬頭公牛；而在西班牙

的三百年鬥牛史上，125 名有記錄的主鬥牛士中，有四十多位死於牛角之下，這是多麼血腥的資料！

中國太極為何受到巴塞隆納人的青睞？五年前公派私助來到巴塞隆納大學任客串教授的張修睦，武術和太極造詣很深。他詮釋說，太極拳講究陰陽平衡，天人合一，最高目的是圓轉如意，符合《孫子兵法》的最高境界「不戰而屈人之兵」。

西班牙中西文化交流協會會長楊若星介紹說，如今，巴塞隆納已見不到鬥牛了，有上萬人打太極，成立了多家太極協會、武術學校。西班牙廣場經常舉辦大型太極表演，展示中國功夫。

8. 巴塞隆納奧運會曾上演「勝之兵法」

記者在西班牙中西文化交流協會會長楊若星的陪同下，參觀了在加泰隆尼亞藝術館後面，由一片紅棕色沙石覆蓋的巴塞隆納奧運會運動場，這也是世界上最大的運動場地之一。如今，這個體育場更多的功能是接待來自世界各地的參觀者。

1992 年第 25 屆奧運會在國際奧會主席薩馬蘭奇的故鄉巴塞隆納舉行，各國奧運健兒運用《孫子兵法》這部「勝經」，先勝、奇勝、速勝、致勝、迂勝、全勝，上演了精妙絕倫的「勝之兵法」。

「先勝」就是「勝兵先勝而後求戰」。古巴著名業餘拳擊運動員菲力克斯‧薩翁在拳擊上，輕而易舉的奪走了拳擊重量級金牌，五場比賽他戰勝了所有對手，幾乎沒有在他的臉上留下什麼痕跡。而其他參賽選手，無一不是鼻

巴賽隆納奧運會運動場接待來自世界各地的參觀者

青臉腫的下臺。他曾參加過 146 場正式比賽，勝 137 場。白俄羅斯的體操選手維塔里‧謝爾博勝券在握，獨自獲得 6 枚金牌，創下在單屆奧運會中取得最多金牌的記錄。

　　「奇勝」就是「出其不意」。中國的張山改變了奧運會飛碟桂冠總是戴在男人頭上射擊歷史，她以 223 中的成績成為奧運史上第一位在飛碟射擊混合比賽中奪冠的女運動員。她的成績引起了國際射擊界的震驚，稱讚張山是個「奇蹟」冠軍。當時的國際奧會副主席何振梁和國際射聯主席也向這位戰勝男子漢的女子祝賀。

　　「速勝」就是「其疾如風」。速勝的藝術，「始如處女」，「後如脫兔」，衝鋒陷陣，神速取勝。衣索比亞選手圖盧就是這樣的「速勝」女將，她在 1 萬米決賽的最後一圈，一路遙遙領先並最終獲勝，成為首位非洲黑人女冠軍。在女子 1,500 米決賽中，阿爾及利亞的布林梅卡在距離終點還有 200 米時，加速超越羅加切娃並率先衝線奪得金牌。

「致勝」就是「致人而不致於人」。「致」是引致、誘致、導致，「勝」乃調動敵人而勝。在男子氣手槍決賽中，中國選手王義夫的戰術原則是，決賽十發子彈，不必苛求十環，保持放鬆平穩，不急於求成，只要穩住陣腳，就會逼迫對手犯錯誤。這個戰術使對手壓力增大，信心下降，他反超對手為中國贏得寶貴的一枚金牌。這則戰例是「因敵制勝」，以「攻心奪氣」的心理戰法，致敵慌亂，乘機取勝。

「迂勝」就是「以迂為直」。男子百米決戰世界的目光都注視著美國短跑名將伯勒爾，而沒注意來自英國的三十二歲老將克利斯蒂。克利斯蒂的一切行動都做得很隱蔽，讓人覺得他克利斯蒂並沒有什麼可怕的。他先穩住了伯勒爾，讓伯勒爾先勝兩場，卻在關鍵時刻突下殺手，一舉建功。這則戰例是先示弱穩敵、驕敵，使敵不備，然後突然殺出，致對手於死地的戰法。

「全勝」就是「不戰而屈人之兵」。美國「夢之隊」在巴塞隆納奧運會上，其中包括魔術師詹森、邁克爾；喬丹、拉里；波德和巴克利。在八場比賽中，美國隊空中攬月、飛行扣籃、魔幻般的傳球、凶悍的防守，從而達到「自保而全勝」的目的。「夢之隊」平均拿下 117 分，並且未叫過一次暫停，以「全勝」戰績奪冠。

9. 中國人站在孫子肩膀上看世界

「華人華僑最大的特點是智慧，在當地的認可度很高，這些智慧是老祖宗傳下來的，《孫子兵法》流傳了二千五百多年，流傳到西班牙，不僅華人喜愛，西班牙人

也認同」。加泰隆尼亞華人華僑社團聯合總會主席林峰自豪地表示，中國人站在孫子肩膀上看世界，更具有戰略眼光，面對歐洲危機，更具有抗風險的能力。

林峰介紹說，加泰隆尼亞華人華僑發展歷史非常短，目前還是第一代。但在中國改革開放後是華人華僑發展最快的，每三個華僑中有一個老闆。加泰隆尼亞華僑社團聯合總會是僑界賢達許建飛先生宣導組建的，以地域性、跨行業性、文化性、聯誼性為特徵的聯合社團，開僑界社團組織先河，有紡織、服裝、建築、餐飲等二十三個行業協會，5.5萬人，在僑居地展示華僑整體力量，對外代表整體華僑華人主流，爭取整體利益。

歐洲金融危機給西班牙華人華僑帶來「危」，更帶來「機」。林峰對記者說，沒有頭腦、沒有智慧、沒有戰略眼光的人，平時或許還可以，一旦氣候不好、環境變化，抵抗能力就弱了，就完蛋了。反之，不管有多大風浪，都能站得穩，挺得住，這就需要底蘊，需要中華文化的力量。

在西班牙生活了二十一年的林峰樂觀地說，加泰隆尼亞華僑是有頭腦、有智慧、有戰略眼光的，有應對危機的能力。不少華僑儘管目前正在「冬眠」，但是在等待時機；還有不少華僑主動出擊，尋求新的商機。華僑企業在加泰隆尼亞有一萬多家，光經營日用品的企業就達四千多家，控制了當地的市場。危機來了，不少行業的企業數量沒有下降，反而增加。

林峰告訴記者，危機關頭，我們充分發揮華僑社團的作用，組織協調，尋求對策，抱團取暖，共度難關。歐洲危機使房地產大幅度降價，旅遊仍然很熱。於是，嘉泰羅尼亞華人華僑開始關注旅遊業、房產業、裝修業。華人華

僑的房產仲介有了空間，吸引中國人前來投資購房，建材和裝修也開始復蘇。

讓林峰頗為得意的是，巴塞隆納原來最繁華的地段，華僑根本進不去。隨著大批老外撤退了，關門大吉，華僑便有了發展機會，在市中心開店的多了，盈利點上升了。如今西班牙到處是中國人開的店。老外說，現在開店放鞭炮的，肯定是中國人。華僑在歐洲危機中，顯示了聰明、智慧和勇氣，令西班牙人刮目相看。

林峰認為，《孫子兵法》提出了生死、進退、強弱、奇正、虛實、攻守、治亂等哲學思想，其危機管理思想對海外華人華僑處理危機具有借鑑和啟示作用。危機不可避免地來臨時，要心態平和，意志堅強，在危機中把握機遇，在變化中化解危機，有效地轉危為安，化危為機。

葡萄牙篇

1. 葡萄牙版《孫子》翻譯日久彌新常銷不斷

　　記者在葡萄牙首都里斯本書店發現，葡萄牙版《孫子兵法》有多個版本，開本有大的，也有供讀者攜帶的小書本。書的封面設計頗具特色，有中西結合的兵家人物畫，也有中葡文對照的書名。書店銷售人員告訴記者，中國的這本二千五百年前的古書，已成為葡萄牙的暢銷書，常銷不斷。

　　記者注意到，2009 年出版的葡萄牙版《孫子兵法》，譯者是米高・孔德；2011 年出版的葡萄牙版《孫子兵法》，譯者是里奧尼爾・吉勒斯。他們都是葡萄牙人。據瞭解，2000 年前翻譯的葡萄牙版《孫子兵法》，已再版多次。

　　在一本葡萄牙文的孫子介紹中說，產生於西元前 400 年的《孫子兵法》，在軍事上是一本很重要的軍事著作，它不僅可以運到軍事上，而且還是一本人生哲學書。二十五個世紀以來，在遠東被廣泛閱讀和使用，從戰國時代的軍事家到現代的毛澤東，都運用過；在西方，不僅運用在戰場，而且在企業運作上都有實效。孫子的謀略，主張很務實，運用智慧、知識，達到不用兵卒就能打勝仗。

里斯本書店的葡萄牙版《孫子兵法》

該書背面題為〈知己知彼，百戰百勝〉的跋提示，什麼時候都不應該逞強去打仗；要知道自己的優劣在什麼地方；怎樣維持好將領與士兵的關係；自己要做好充分的戰前準備。

據葡萄牙米尼奧大學孔子學院院長孫琳介紹，其實，葡萄牙學者翻譯《孫子》由來已久，最早將中國兵法介紹給葡萄牙的是該國傳教士徐日升，他是中葡文化交流的先驅，在中葡文化交流史上具有不可替代的地位。前幾年，米尼奧大學在徐日升出生城市布拉加舉行了紀念徐日升逝世 300 年系列活動，對他在傳播包括《孫子兵法》在內的中華文化方面所作出的傑出貢獻作了高度評價。

據考證，徐日升 1663 年入耶穌會，清康熙十一年(1672) 抵澳門，1673 年由南懷仁推薦進京進入清朝皇宮。他多才多藝，為清廷制理曆政、製造軍械、捍衛中國主權出謀劃策。

徐日升精通兵法，尤其是對孫子的「伐交」思想和盡量制止戰爭的和平理念理解很透徹。他出使俄國，成功參與中俄談判，簽訂避免戰爭的和平條約；他還擔任中方國際法顧問、中方翻譯，堅持平等互利、正義的戰爭觀。康熙皇帝在徐日升去世時的悼詞中評價他「淵通律曆，製造咸宜」，還讚揚他秉使俄國時「扈從惟勤，任使盡職」。

2. 葡萄牙很需要學習《孫子》智慧謀略
──訪里斯本孔子學院葡方院長費茂實博士

從《孫子兵法》到《三十六計》竹簽、兵馬俑，從《孫臏兵法》到《六韜》、《百戰要略》，還有各種軍事

和兵器雜誌，里斯本孔子學院充滿了濃郁的中國兵家文化氣息。令記者意想不到的是，在學院正廳最醒目的位置，孔子像與《孫子兵法》竹簽並列放在一起，讓人領略中國古代文武兩位聖人的風采。

「這體現了中國儒家學說與兵家思想在孔子學院等量齊觀，孔子學院遍布全球，《孫子兵法》應用遍及全世界。」里斯本孔子學院葡方院長費茂實博士對記者說，孔子學院不僅僅傳播孔子，應傳播包括諸子百家在內的更多的中華優秀文化，而孫子是「世界兵學鼻祖」，全世界都崇拜他，孔子學院應該有他的地位。

費茂實的名字用中文來解釋，富含「樹木茂盛、秋實纍纍」的意思，與推廣中華文化、從事孔子教育緊密地聯繫在一起很貼切。這位里斯本大學專研中葡歷史和中葡關係的資深研究員，長期從事中國文化研究，多次到過中國，遍及北京、南京、天津、上海、廣州、澳門等城市，著作成果與他中文名字一樣茂實。

費茂實認為，在葡萄牙研究和傳播中國兵家文化很有必要。葡中兩國人民早在五百年前就開始了交流和交往，在近代中西文化交流史上，第一個溝通東西方聯繫的是葡萄牙。葡萄牙人在澳門安居下來，長期成功地從事貿易與文化交流活動。

西方文化最早傳入中國的西洋火炮是葡萄牙火銃，而中國陶瓷製作和茶文化是通過葡萄牙傳入西方。十七世紀中葉，通過澳門這座中西文化交流的「橋頭堡」，以諸子百家為代表的中國文化大量流向西方。當時西方思想家、哲學家、軍事家對包括儒家學說與兵家思想在內的中國文化發生了濃厚的興趣。

費茂實介紹說，葡萄牙對中國古典文化研究學者很多，在里斯本大學、里斯本技術大學有研究中國兵家文化課程。里斯本大學社會及人文學院舉辦過三次中國文化日活動，其中穿插中國兵家文化。里斯本孔子學院一方面教漢語，另一方面傳播中華文化，相輔相成，相得益彰。學院有五位漢語老師，在教漢語的同時，傳播中華文化，高級班開設中國古代經典課程，有兵家文化的內容。

該孔子學院每週三和週末舉辦中國文化活動，漢語角、剪紙、繪畫、書法融入兵家文化。如把孫子文化與太極拳結合起來，有葡萄牙人教，也有華人教，許多葡萄牙學生讀過《孫子兵法》，會太極和中國功夫。孔子學院在里斯本大學理學院廣場成功舉辦陳氏太極拳體驗課，還將向葡萄牙民眾講授陳氏太極拳十九式以及陳氏太極養生功等，在太極中體驗神奇的中國兵家文化。

費茂實表示，《孫子兵法》的傳播有利於葡中經濟文化交流，他堅信中國經濟在未來在全球一定是最好的，葡萄牙要擺脫金融危機，很需要學習《孫子》的智慧謀略。

3. 葡萄牙主流媒體熱評《孫子》與足球

陪同記者採訪的《葡華報》一位女記者，因與葡萄牙足球界交往頗多，自己也愛好足球，成了小有名氣的業餘足球專家。她告訴記者，在葡萄牙，不僅足球隊擅用《孫子兵法》，當地的主流媒體也熱評《孫子兵法》。

葡萄牙媒體記者在看完一場球賽，或採訪教練和球員後，總是對《孫子》與足球津津樂道：打仗講求兵法，踢球講究陣形；打仗的最高境界是全勝，踢球的最高境界是完勝。

談到葡萄牙的4-3-3陣形，葡萄牙媒體記者引以為豪：古人打仗喜歡陣地戰，你先擺一個陣，什麼時候擺好了，我們就開戰，如五行八卦陣，足球呢也是按照一定的陣形來進行戰鬥。根據實力對比而作攻守之擇，謂之常勝之法。

葡萄牙在足球上應用《孫子》，讓全世界球迷眼睛為之一亮。有媒體稱，看葡萄牙和英格蘭大戰，處處可見《孫子兵法》的「風林火山」大法：「疾如風」，「徐如林」，「侵掠如火」，「不動如山」；也就是行動如風般迅速、靜止時如林木嚴整、攻擊時如烈火燎原、防守時如山嶽不可動搖。同時也可見「攻其不備，出其不意」等要訣。中國古書裡的智慧，歷經時光，日久彌新。

葡萄牙《球報》曾刊登了題為〈斯柯拉里的領軍秘訣〉的文章，稱這位先後率領巴西隊和葡萄牙隊在世界盃賽上創造世界盃首位十連勝的著名教練身邊一直帶著《孫子兵法》。

該報說，二千五百年前中國的一部古書給斯柯拉里提

葡萄牙本菲卡足球俱樂部

供了巨大的幫助，這部書的名字是《孫子兵法》。從備戰、管理、塑造團隊精神等諸多方面，斯柯拉里都從《孫子兵法》那裡得到了諸多啟示。正如巴里·哈頓所說，「無論是在商業、政治還是體育競技領域，《孫子兵法》都有其值得借鑑之處。正是因為熟讀這本古老但不失現代感的巨著，斯柯拉里才能在世界盃中取得這樣的成績」。

葡萄牙《紀錄報》稱，斯柯拉里在葡萄牙隊再度創造了奇蹟，兩年前的歐洲盃上，他就帶領葡萄牙隊首度打入世界大賽的決賽，現在這位巴西名帥要延續奇蹟。斯柯拉里成功的秘訣是什麼？原來中國古代兵書《孫子兵法》是斯柯拉里的制勝法寶。

葡萄牙主流媒體還報導，《孫子兵法》已被譯為多國語言，譯名叫《戰爭的藝術》，這本書是斯柯拉里的最愛。早在 2002 年韓日世界盃上，這本書中智慧的光輝就幫助斯柯拉里率領巴西隊勇奪世界冠軍；四年後，同樣是在這部巨著的指引下，斯柯拉里又指揮葡萄牙一舉殺入半決賽，這是該國四十年來在世界盃中的最佳戰績。

4. 足球世界大戰將在全球越演越烈
——訪葡萄牙青少年青訓主教練卡洛斯

「足球比賽只有融入兵法藝術，才能成為一場美麗的賽事」。在中國足球留洋青少年訓練基地上，葡萄牙青少年青訓主教練卡洛斯在接受記者採訪時說，軍事性的世界大戰發生的概率將越來越小，而足球世界大戰將在全球越演越烈，與球賽密切相關的《孫子兵法》也將越來越受到足球界的重視。

　　卡洛斯介紹說，葡萄牙隊一直沿用 4-3-3 陣法，攻守平衡，變化多端，出其不意，防不勝防，這個陣法吸取了《孫子兵法》攻守原則。孫子講究攻守一體，孫子之攻守，攻必取，守必固。

　　在談到 4-3-3 戰術的特色時，卡洛斯說，這個陣型最適合球場上的平衡短傳，在球場上每個方位都能顧及，攻防結合，控制場面，這是西班牙和葡萄牙最常用的陣型，而這個陣型與兵法有著密切的關係。進攻與防守要保持平衡，對方進攻，我方防守，區域防守、陣型防守；對方防守，我方進攻，兩翼進攻，突圍包抄，均與兵法有關。

　　兼有南美和歐洲風格的葡萄牙足球，成為盛產世界級球員的搖籃。早在五百年前，葡萄牙拓展海外，把足球運動帶到世界，同時，也把世界各民族風格帶回了葡萄牙。從世界上來看，葡萄牙的青訓體系成果，舉世聞名，他們有很出色的球員如菲戈、C 羅、納尼，最早有尤西比奧，都是從葡萄牙走出來的。卡洛斯任葡萄牙青少年青訓主教練已有二十多個年頭，經驗非常豐富。

　　《孫子兵法》云：「攻而必取者，攻其所不守也，守而必固者，守其所不攻也。」意思就是進攻之所以能成功，是因為進攻的方向、時間等是敵人所不注意、不在意、或大意的地方，而防守之所以成功是因為防守的方法和重點目標是敵人意想不到的。這裡孫子所說進攻和防守的方法，就是利用了虛實原則和奇正原則的搭配應用。

　　卡洛斯說，葡萄牙、西班牙都是用 4-3-3 的打法，主要是為了控球，把整個球場的場面控制住，如果你把球控制住的話，整個球場的主動權就控制在你的手裡。4-3-3 也是根據對方的陣型來講的，對方有可能在中場作調整；

卡洛斯正在訓練中國足球留洋青少年

也有可能做防守型調整，自己的戰術一定要根據對方的陣型來變換陣型，做到「知己知彼，百戰不殆」。

　　按照孫子的攻守原則，攻守之勢可變也，故善戰者，不可為攻而攻，為守而守，宜攻則不守，宜守則不攻。根據對方的陣勢，可能是進攻，也可能是防守，所以要善變。在比賽中，最重要的一點，就是發現對方的漏洞在哪裡，如何把球傳到前場，抓住瞬間戰機，獲得進球的機會；還有兩翼的進攻非常重要，在圍追堵截中，捕捉戰機，以求致命一擊。

　　卡洛斯舉例說，比如，我看了一場北京國安和青島的比賽，他們的傳球就跟我們的不一樣，北京國安好像到了前場，青島隊組織了密集的防守，國安到了前場，球就是打不進去，他們還沒有掌握好攻守原則。

　　葡萄牙不僅有著廣眾的青訓培養體系，磨礪精英球員

的能力也非同尋常。在這塊兼有南美和歐洲風格的足球土壤上，有數十名中國少年正在汲取養分。卡洛斯表示，中國足球留洋青少年經過近階段的戰術訓練，不良的戰術習慣得到了糾正，戰術素養有了明顯的提高，這不是我個人的功勞，也要歸功於中國的孫子。

5. 迷戀孫子的葡萄牙空手道冠軍

賽爾傑奧・卡斯帕爾是葡萄牙蟬聯十一屆空手道冠軍，他的背上紋著他的日文名字，在學空手道時，他研讀過《孫子兵法》，孫子思想成為他比賽的指導思想，為他十一連冠提供了堅實的理論基礎。

記者與賽爾傑奧探討說，不管是日本的空手道，還是日本的柔道，都源於中國的武術，而中國的武術與《孫子兵法》互為相容相得益彰，所以日本空手道和柔道都融入《孫子兵法》，他們的柔道館裡都寫著孫子警句。賽爾傑奧同意記者的觀點，他的教練也是這麼說的。

1989 年賽爾傑奧開始學空手道，2000 年還跟日本師傅學過中國的少林拳。賽爾傑奧對記者說，他更喜歡少林拳，迷戀中華文化的博大精深。葡萄牙有位教練對少林拳很精通，也跟他學。這位教練告訴他，少林武功與《孫子兵法》有著密切的關係，他讀過《孫子兵法》，許多空手道選手都讀過，讓他也讀，這樣可以分析對手，知彼知己。

從那以後，賽爾傑奧不光從頭至尾都細讀了孫子十三篇，而且理解參悟得很透徹，在應用於空手道訓練和比賽之中，根據一些章節來理解在比賽中遇到的一些情況，用什麼辦法來對付。

賽爾傑奧對孫子有一番自己的觀點。他翻開記者剛買的葡文版《孫子兵法》說，這本小書我也細心研讀過，重點講述了一些提綱性、概念性的東西，在我們練空手道的時候，這些概念性的東西還是必須做到的。如果比賽還沒開始時，心理恐懼的話，那麼這場比賽就肯定輸了。

賽爾傑奧說，在空手道比賽中，很多戰術都是要結合《孫子兵法》來學，孫子謀略很管用，可以直接運用到實踐中來。在遇到競爭對手時，我們要分析對手，他將要出什麼樣的招式，然後採取什麼樣的策略，來防守或對付競爭對手。

「孫子的精髓是立於不敗」，賽爾傑奧在蟬聯十一屆空手道冠軍期間，曾擊敗了幾百名對手。他深有體會地說，戰勝對手首先要尊重對手，重視對手，瞭解對手，還要有自信，有膽有謀，這是立於不敗的保證。

6. 從中葡航海家看東西方兵家文化

走進葡萄牙航海博物館，令記者百感交集。1492 年，哥倫布發現新大陸引發了西方的掠奪夢；1498 年，達伽馬繞過好望角發現了印度，並從印度帶回大量的絲綢、香料和象牙；1519 年到 1522 年，麥哲倫用三年的時間完成了環繞世界的航行同時，推行殖民主義的統治，在戰爭中被砍死；十五世紀是海權時代的黃金時期，亨利王子為了奴隸及財富進軍非洲大陸……

海上稱霸也從此開始。十五、十六世紀，葡萄牙在非、亞、美洲建立大量殖民地，成為海上強國。一時之間，整個東方的海上貿易成了葡萄牙一家獨霸的天下。紅木、咖

啡、黃金和鑽石也從世界的另一端源源不絕地運抵里斯本，葡萄牙得以恣意享受由美洲和非洲殖民地聚斂而來的財富。

葡萄牙這個人口僅150萬的小國，卻編織如此巨大的一張海上交通網絡，覆蓋如此廣闊的領域，在東方過度擴張，沒有相應的人力來承受如此多的「領地」，許多青年死於前往東方的戰爭和沉船中，青壯年人口銳減，戰爭中積累起的財富並沒有投入到工業發展中。葡萄牙在海上霸權的爭奪中很快分崩離析，走向衰落，海上帝國的大旗就此落下。

記者來到以大航海家在此啟航著稱得里斯本港口，象徵性標誌是在太加斯河上裝修華麗的貝倫塔。當年航海所運回的黃金、白銀、寶石、絲綢、香料、珍奇植物和諸如活犀牛等動物，都在這座瞭望塔附近卸下船來，堆滿了廣場。而如今瞭望塔周邊及廣場一片空曠，失卻了昔日的繁華，阿法瑪老街區當年的黃金時代正在褪色。

葡萄牙航海博物館前的鐵錨

《葡華報》社長詹亮感歎說，如今，葡萄牙債務危機成世界關注的熱點，是後金融危機裡的新一波巨浪，這個巨浪掀翻了葡萄牙蘇格拉底政府，直接影響到歐元區的經濟走向。從葡萄牙經濟日趨惡化這點情況來看，更不能用「後金融危機」來一言蔽之。葡萄牙後金融危機必將是一場持久的攻堅戰，真是「後」會無期。

此間學者坦言，葡萄牙海上稱霸，四處遠征，擁有大量殖民地，獲得了巨大的財富，當時的財力舉世無雙。但自各殖民地相繼獨立後，這方面優勢已日漸消失。西元1999 年 12 月 20 日，葡萄牙將最後一個殖民地——澳門交還中國，結束四百四十二年的統治。

而當亨利王子駕著幾艘小型帆船在海上探險時，「海上巨人」鄭和早在十年前就出動百餘艘「體勢巍然，巨無與敵」的巨輪航行在海洋上。美國學者路易士‧麗瓦塞斯評論說：「鄭和船隊在中國和世界歷史上是一支舉世無雙的艦隊，直到第一次世界大戰之前是沒有可以與之相匹敵的。」

鄭和這支所向無敵的艦隊被舉世公認為「和平使者」，在長達二十八年七次下西洋期間，先後到達三十多個國家和地區，未占別國一寸土地掠他人一分財富。鄭和在他的記錄中寫下，「天之所覆，地之所載，一視同仁」，表明了鄭和下西洋的目標是以德睦鄰，四海一家，共用太平。

鄭和艦隊帶出去的不是鴉片，不是槍炮，而是中國的瓷器、絲綢、銅器和當時中國的先進文化及科學技術，也帶去了中華文明；換回來的是當地的土特產，而不是掠奪回的珠寶，體現了泱泱大國的風範，在浩瀚的海洋上鑄就了華夏的「藍色文明」。

鄭和下西洋，開啟了和平的道路，播撒了友誼和文明的種子。這種友好的國際交流模式，在國際關係史上是一個偉大的先例。它充分表明了中華民族熱愛和平、睦鄰友好的優秀傳統。鄭和的和平之舟沿途受到各國人民的熱情歡迎，其中一些國家的人民至今仍在紀念鄭和。如今，同是航海強國的中國，堅持和平發展道路，正在「和平崛起」。

從中葡航海家對待海洋的認識，可以看出東西方兵家文化的差異：以《孫子兵法》為代表的東方兵法，其核心思想是追求和平、謀取發展，主張盡量抑制戰爭，降低災難發生；而以《戰爭論》為代表的西方兵法，一味主張靠武力征服，暴力解決爭端。這種完全依賴戰爭和暴力獲勝的西方兵法，與孫子宣導的「調和與平衡」的東方兵法比較，就顯得相形見絀了。

大航海時代早已過去，和平與發展新時代已經來臨。各國發展了，可以促進世界的發展；世界的發展又可以促進各國的發展。建設一個持久和平、共同繁榮的新世界，符合孫子的思想，這一思想在當今世界具有深刻的啟迪和借鑑意義。

7. 葡萄牙華文媒體念好兵家「借字經」
──訪《葡華報》社長詹亮

「《孫子兵法》有『借糧於敵』，《三國演義》有『草船借箭』，中國成語有『借風使船』、『借篷使風』、『借水行舟』、『借坡下驢』等。我們從博大精深的中國兵家文化中學會了『巧借外力』、『借力使力』、『借雞生蛋』、『借船出海』。」《葡華報》社長詹亮滿口「借字經」。

　　教師出身的詹亮，對包括兵家文化在內的中國傳統文化造詣很深。他說，《孫子兵法》是一本兵法哲學書，之所以二千五百年經久不衰，是因為它借給人類的思想，讓人取之不盡，用之不竭。在人類的發展史，可以說是靠外界力量來戰勝自然界的，靠自身力量很難生存發展。

　　《孫子兵法》對戰爭物資之取用有一項最智慧的策略：「因糧於敵」，即智慧的將領對於戰爭中的軍需必是於敵國戰地就地取材。詹亮坦言，今日企業與企業間之「策略聯盟」皆著眼於「資源分享」，是孫子「因糧於敵」智略正向運用的現代版。

　　詹亮介紹說，十多年前，葡萄牙華人處在文化沙漠時期，當時的僑領和華僑越來越體驗到對中華文化匱乏的嚴重性，我們就借助當地僑務資源，「借雞生蛋」，有錢出錢，有力出力，把華文媒體支撐起來，創辦第一份華文報紙《葡華通訊》，從雛形 16 開白紙開始，對外發行，成為全葡萄牙華人爭相傳閱的本地刊物。

　　這份刊物的出現，讓那些多年沒有看到中文字的僑胞，聞著墨香四溢的中文報紙熱淚盈眶。華文媒體的到來，給文化沙漠的葡萄牙華社注入一汪清水，華文種子在葡萄牙開始發芽、生長。2000 年，《葡華通訊》改名為《葡華報》，發展為一份 20 版的半月刊報紙。2002 年，報紙擴改為 32 個版面的週報，聘請了專職編輯人員。2006 年，報紙從 32 版擴大到 64 版。

　　我們報紙在葡萄牙僑界有著深厚的人脈關係，報紙已經覆蓋到葡萄牙每個角落的華人企業，但這還遠遠不夠。於是，我們「巧借外力」，最近，老外來我們報紙做的廣告比較多，都是賣他們的企業和不動產的廣告，他們知道

我們華商對葡萄牙的經濟影響力。

2008 年，我們借助西班牙的資源，向那裡的華人媒體市場挺進，角逐葡西一體化的華人新聞市場，有了葡萄牙《葡華報》和西班牙《聯合時報》兩份報紙。經過四年多努力，目前《聯合時報》發行量已達一萬份，在西班牙僑界具有相當的影響力。接著，我們「借力使力」，聯接發展與媒體相關的其他產業，並向荷蘭、比利時華人媒體市場進軍。

最近，我們還「借船出海」，與 GBtimes、IRIS-FM91.4 合作，開播廣播電臺，在葡萄牙本土就可以聽到來自中國的聲音，從中午 11 點到下午 5 點，都可以收到北廣做的葡語節目，主要講中國的政治、文化、旅遊，受眾群體全部是葡萄牙人，提升了中國在海外的話語權。在葡萄牙還可以通過「魅力中國」機上盒，看到國內數十個電視臺的新聞節目，諸如，來自家鄉浙江、北京、福建、廣東等地電視臺的節目，受到了葡萄牙聽眾的歡迎。

詹亮認為，大凡世界上任何一件東西都可以借的，而且可以通過任何方法和方式來借的。比如借天時、地利、人和，借書、借腦、借智慧，借時間、借方法、借力量等等。還要學會「借勢」，善於借勢在某種意義上說也是善於整合資源的一種表現形式，要爭取做到彼勢即我勢。

「好風憑藉力，送我上青雲」。詹亮表示，《葡華報》堅持以品質為第一辦報要務，逆勢向上，從葡萄牙走入西班牙爭取更大的市場，到目前為止，已初步實現了穩定的態勢。我們將進一步借助當地的人脈關係，開闢出一條堅實的發展道路，相信這條路會走得越來越寬廣。

瑞士篇

1. 東西方謀略大師二十年的不解之緣
──訪中國孫子兵法研究會副會長柴宇球

「西方對以中國為代表的東方謀略研究越來越重視，瑞士著名謀略學家勝雅律就是其中突出的代表」。中國孫子兵法研究會副會長柴宇球在接受記者採訪時評價說，勝雅律很了不起，他是西方智謀學的領軍人物，他的《智謀》一書，通俗易懂，充滿哲理，很合乎西方人的口味。

柴宇球將軍曾任南京陸軍指揮學院副院長、教授、博士生導師，是海內外公認的謀略學科的構建者和引領者。著有《謀略論》、《謀略庫》、《謀略家》、《毛澤東大智謀》、《智與謀─謀略學精要》、《軍事謀略縱橫談》、《戰爭與謀略》等專著。他的《謀略》叢書無數次再版。

柴宇球告訴記者，1988年初，他被選調到總參謀部任研究員。資訊時代的挑戰與不斷興起的新軍事變革使他認識到，智謀領域必稱《孫子兵法》，行必有《三十六計》是遠不夠的，今人要繼承，更要發展。以這種思考為引導，柴宇球決心要把古今中外所有的謀略集中起來，給人以借鑑，給人以啟迪。於是，《謀略》叢書應運而生了，並在世界上掀起了一股持久不衰的謀略熱。

1991年，柴宇球的《謀略》叢書第一冊《謀略庫》剛出版不久，瑞士著名漢學家勝雅律就給他寫來一封信，表達了對柴宇球的敬佩之情，讚歎《謀略庫》很精闢。信中還附上八位國家元首題詞的影本，希望有機會能與這位中國同行交朋友。因種種原因，柴宇球始終沒能與勝雅律

見過面，但他倆始終關注彼此在謀略學研究方面的各種資訊。

勝雅律教授是歐洲著名的漢學家，對《孫子兵法》、《三十六計》等中國謀略典籍有精深研究，出版的謀略專著《智謀》一書在西方引起轟動，在很短時間裡被翻譯成十幾種文字，曾有八位外國總統或總理熱烈稱讚過他並為其著作題詞。德國前總理科爾特別寫信給他，對此書加以推薦，盛讚此書是一本有助於西方人瞭解古今中國的應時之作。

柴宇球認為，文化的高端是智慧，智慧的高端是謀略。西方謀略比不上東方謀略，這與東西方文化的差異有直接關係。中國是謀略學的發源地，西方雖然也出了不少謀略學家，但對謀略的概括遠不如中國。而勝雅律獨樹一幟，他對西方謀略學的構建很有建樹，他借助於中國優於西方的完整的多層次的戰略智謀文化體系，建立起西方人對戰略智謀的完整理解。

勝雅律在瑞士接受記者採訪時曾表示，他對《孫子兵法》不是從西方「戰略」 或者「大戰略」的意思上加以理解和翻譯，而是從中國的「謀略」加以理解和翻譯的。謀略是一種博大的文化和藝術，是一種非常神秘的智謀。中國人的謀略已形成一套內涵豐富的理論，而《孫子兵法》是最經典的。中國人的思維特點就是富於謀略意識，我們歐洲人只能歎為觀止。

「《智謀》的『礦源』在中國，智謀學是中國人開闢的」， 勝雅律謙虛地對記者說，他的《智謀》書之所以風靡世界，是受孫子智謀的影響，《孫子兵法》是人類歷史上最經典、最高超的智謀之書；也受中國《孫子兵法》及

謀略研究學者的影響，他曾無數次討教他們。他希望有機會再到中國來，與中國著名孫子及謀略研究學者李炳彥、柴宇球等會面。

柴宇球將軍的《謀略》叢書已被列為美、英、法等國眾多智囊機構永久收藏的著作，韓國已將《謀略庫》全部譯成韓文譯本，被韓國陸軍大學圖書館收藏。韓國陸軍大學校長給柴宇球寫了親筆信，熱情洋溢地表達希望與他加強交流的意願。曾當過美國前國防部副部長幫辦的白邦瑞也寫信與他交流，他倆直到 2004 年 11 月才戲劇性地見面。

柴宇球請記者轉達他對勝雅律的敬意，他很希望與瑞士這位享譽西方的謀略大師見面，當面探討，以實現他二十多年的夙願。

2. 中國人開闢智謀學充滿「知識可樂」
──訪瑞士蘇黎世大學著名漢學家、謀略學家勝雅律

「中國人開闢的智謀學，是一個既深邃又廣袤的天地。在這個天地裡，充滿著『知識可樂』。」瑞士蘇黎世大學著名漢學家、謀略學專家勝雅律操著一口流利的漢語形象地比喻說，我這個西方人雖然只是品嘗了其中的點滴，但深感其回味無窮。

記者在瑞士古城納沙泰爾見到了身高 1.9 米的勝雅律，他的德文名字叫哈羅・馮・森熱爾，1944 年出生在瑞士威勒采爾的一個書香之家，父親是大學教授、建築師，母親是哲學博士，在一家雜誌社當編輯。而他是瑞士比較法研究所 (Lausanne) 的中國法專家，弗萊堡大學漢學系的教授。

訪瑞士蘇黎世大學著名漢學家、謀略學家勝雅律

　　勝雅律告訴記者，他和中國文化很有「緣分」，1964年開始在瑞士蘇黎世大學學習漢語，1969年獲得法學博士，1971年至1973年在臺北學習，1973年至1975年在東方大學學習，1975年至1977年在北京大學學習。在瑞士學習時，當時的一位澳門的中國學生成了他的漢語老師，這位澳門老師送了他一個中文名字「勝雅律」，他很喜歡，因為這個中文名字與德文名字是諧音，意思是好勝儒雅懂法律。

　　勝雅律教授是歐洲著名的漢學家，幾十年來，他不僅從事漢語教學，而且還撰寫出版了大量有關中國法律制度的書籍。他的《智謀》一書被翻譯成十幾種文字，在西方引發極大震動，四個月內連出三版，發行了一萬多冊仍供不應求，西方學術界和漢學界對此書讚不絕口。

　　目前，此書已出版了十二版，並翻譯成十三種語言，瑞士電臺還作了聯播，成為西方許多政治家、企業家的必讀之物。曾有八位外國總統或總理熱烈稱讚過勝雅律並為

其著作題詞，德國前總理科爾特別寫信給他，對此書加以推薦，盛讚此書是一本有助於西方人瞭解古今中國的應時之作。勝雅律被德國弗萊堡大學哲學院聘為院長，被蘇伊士大學聘為終身教授，一時飲譽歐羅巴。

2000 年元旦，勝雅律的《智謀》書被美國紐約 Penguin 出版社收入「名人堂」中。被收入「名人堂」中的多是西方最有名的古典家，如伊索、莎士比亞等。今天他們大多已經去世了，而勝雅律是唯一的在世人。

「《智謀》的『礦源』在中國，智謀學是中國人開闢的」。勝雅律拿出他翻譯出版的《孫子兵法》口袋書謙虛地對記者說，他的《智謀》書之所以風靡世界，是受孫子智謀的影響，《孫子兵法》是人類歷史上最經典、最高超的智謀之書；我對《孫子兵法》的理解不是我個人的成就，而是中國著名孫子研究學者李炳彥給我啟發，他曾二十多次求教於李炳彥。

海內外專家認為，勝雅律的《智謀》書不僅把在中國廣泛流傳了幾千年的智慧瑰寶系統翻譯出來並介紹給全世界，而且從此建立起一門得到各國學者熱門研究的學問──現代智謀學。

3. 瑞士謀略學家縱論《孫子》智慧謀略

《智謀》一書將西方文獻中的戰略智謀的單個例子，融入到中國完整的多層次的戰略智謀文化體系之中，借助於中國優於西方的完整的多層次的戰略智謀文化體系，建立起西方人對戰略智謀的完整理解，以便推陳出新，並瞭解東方戰略家的戰略智謀思維特點。這正是瑞士著名謀略

學專家勝雅律教授的特別之處。

　　瑞士學者勝雅律是一位精通東西文化精粹的戰略理論家，被譽為「著名謀略學家」、「智者」、「西方智謀學的領軍人物」。世界上第一部由西方人撰寫的有關謀略的博士論文，是一位美國人，到德國弗萊堡大學來也是在勝雅律的指導之下完成的。

　　勝雅律對《孫子兵法》、《三十六計》等中國謀略典籍有精深研究，對中國的智謀進行了哲學的、社會學的以及軍事學上的探討。《智謀》一書譯成中文後，在中國銷售幾十萬冊，一時間洛陽紙貴；在西方引起轟動，在歐洲已到了「觀止矣，若有他樂，吾不敢請已」的地步。

　　勝雅律稱，我對《孫子兵法》不是從西方「戰略」或者「大戰略」的意思上加以理解和翻譯，而是從中國的「謀略」加以理解和翻譯的。謀略是一種博大的文化和藝術，是一種非常神秘的智謀。不容置疑，中國的「謀略」不能等同而是高於西方的「戰略」。

　　在中國的傳統軍事思維中，使用「戰略」或「大戰略」是不適合表達極度「長時段」的預測視野的，因而，勝雅律建議不用這類西方術語來說明《孫子兵法》中所提倡的計畫的藝術，而應當使用中文詞語：「謀略」。

　　「謀略」高於「戰略」。以軍事為例，謀略學高於戰略學、戰役學和戰術學。勝雅律詮釋說，「謀略」位於戰略之上。中文的「高於」和「上」可以譯成拉丁文的「supra」，拉丁文的「supra」的意思是「über, darüber, oberhalb」，因為「謀略」超越西方計畫時空範圍，同時也超越單獨的「正」和單獨的「奇」，因此我把「謀略」

翻譯成「supraplanning」（「超越計畫」）。

勝雅律認為，西方沒有謀略學，智謀和計謀在西方是一種禁區，而《孫子兵法》擴大了他對世界認識的一種新視角。中國的謀略比西方的戰略學眼光要更長遠，所站的出發點要更高。不謀萬世者，不足謀一時；不謀全域者，不足謀一域。中國人講究謀略，看待問題和設計規劃具有長遠的戰略眼光。例如，愚公移山子子孫孫無窮盡也，堅持黨的基本政策一百年不動搖等等。

勝雅律對記者說，他最近又有一本研究中國人智慧的新書《謀略》問世，之所以取此書名，一個主要原因是他認為中國人善於進行長遠規畫，這一點西方人有所不及。

勝雅律說，德國前總理科爾曾對我的《智謀》給予了高度評價。他說，《智謀》不僅使人們加深了對古今中國的瞭解，更重要的是，那些在你筆下得到生動解釋的計謀，顯示了人類普遍的行為方式，它將教會讀者深入地觀察與他或親或疏的人們的行動。德國企業家對他的書當然感興趣。

勝雅律介紹說，在德國弗萊堡大學組織研討會上，德國著名哲學家彼得‧斯勞特戴克談了哲學與計謀的關係。在西方哲學史上，他好像是第一個哲學家用中國的計謀來分析西方哲學中的一個有名的命題，即黑格爾關於「理性的計謀」的命題。他認為，黑格爾說的「理性的計謀」就是《孫子兵法》中的「妙算」。

至於謀略意識的最高層次，勝雅律認為只有在中國才有。最具體的就是中國的《三國演義》，如「王司徒巧使連環計」，「龐統巧授連環計」。他認為中國人的謀略意識已經不單單是使用，而是有著系統的研究分類和總結，

從而形成一套內涵豐富的理論，而《孫子兵法》是最經典的。「中國人的思維特點就是富於謀略意識，我們歐洲人只能歎為觀止」。勝雅律感歎道。

4. 瑞士兵學專家解讀《孫子》最高境界

「不戰而屈人之兵」是《孫子兵法》的一大精髓，遠遠超越任何西方戰爭術語所能涉及的範圍」。瑞士著名漢學家、謀略學家、兵學專家勝雅律評價說，《孫子》的這個最高境界是東西方認可度最高的。

勝雅律研究發現，在中文原文「不戰而屈人之兵善之善者也」中，能夠清楚地看到，《孫子兵法》中用的是「人」而不是「敵」這個字。其實，在《孫子兵法》中，「敵」字使用得相當多，而為什麼「敵」字沒有出現在這句話呢？對於有著西方「戰略」或「大戰略」視野的西方人來說，這個問題不足掛齒。對他們來說，很明顯，這裡的「人」就是「敵」的意思。

勝雅律說，據他所知，儘管這裡寫作「人」而非「敵」，但他所看到的一切古老的文言文的注解，白話文翻譯，以及看到的一切西方翻譯，都在這裡把「人」字翻譯成「敵人」。勝雅律認為，「人」和「敵人」是有區別的，孫子用「人」而不用「敵人」應該是有講究的。

勝雅律告訴記者，2010 年 6 月他在上海訪問了一位中國孫子兵法專家，請教了對上述句子中「人」字如何理解。這位中國專家的解釋是這樣的：在「不戰而屈人之兵善之善者也」這個句子中，屈的物件不一定是一個迫在眉睫的敵軍。這句話也涉及到重要時刻的朋友或盟軍。然而，要

知道在不久的將來，這個盟軍也可能成為一個敵人，有可能將來會構成威脅。但在沒有構成威脅前，他還不是敵人，也適用「不戰而屈人之兵」。否則，等構成威脅就為時已晚也。

根據這個解釋，勝雅律對這個「簡單」的「人」字的理解與以往的理解都不同，他因此把這個句子翻譯如下：不用武力手段而屈服他人的軍隊，才算得上高明中的高明，他在翻譯德文版《孫子兵法》中表述的似乎更清楚一點。

在勝雅律看來，這個翻譯，不是著眼於「敵」，而是強調「人」，這樣，與過去西方的翻譯相比，這個句子就獲得了新的以及更長時段的維度。西方過去的翻譯無一例外，他們受制於相對短視的西方「戰略」，甚至為「大戰略」所主導，而原來的中文句子的含義遠不止於這個意思。一個人一旦被西方術語所禁錮，就會成為西方思維模式的奴隸，結果就是對「人」這個詞及其深遠的意義「視而不見」。

用兵的上策是挫敗敵人的謀略，不戰而使敵人屈服，不用作戰手段，而使敵人屈從我的意志。勝雅律認為，最好是不用武力，不經交戰而使敵人屈服，才算是上等的用兵境界，不戰而征服敵人的軍隊才真正卓越，最卓越的是在不打仗的情況下征服敵人的軍隊，終極追求卓越。一個高明的戰略家，不在於贏得每一場戰爭，也不能把所有對手都視為敵人，「不戰而屈人之兵」才能達到戰爭藝術的巔峰。

曾在中國大陸和臺灣上過大學的勝雅律，以大陸和臺灣兩岸關係的實例說明，中華人民共和國對臺灣並未視作「敵」，而是視作「人」，兩岸同胞同屬中華民族，是血脈相連的命運共同體，多年以來通過越來越緊密的

兩岸經貿交流合作，使臺灣人的「台獨」越來越不可能，通過非軍事而經濟途徑猶如「熊貓爪子」一般，非常輕巧地推動兩岸關係和平發展，體現了孫子的「善之善者也」。

5. 瑞士著名謀略學家暢談《孫子》奇正術

「《孫子兵法》的全球價值在於可以用孫子奇正的眼光來觀察西方的一些現象」，瑞士漢學家、謀略學家、孫子研究學者勝雅律感歎，中國二千五百年前的《孫子》是讓他最為好奇的一本著作，而《孫子》的奇正術是他最為叫絕的謀略藝術。

勝雅律稱，有人類，就有計謀。按照中國人的理解，計謀屬於「奇」的範疇，「奇」和「正」是《孫子兵法》中用的術語。勝雅律是瑞士蘇黎世大學的法學博士，同時也擁有瑞士蘇黎世州的律師資格，他認為法律是「正」的代表性學問之一，但是就連法律有時也不能不依靠「奇」的方法達到目的，至少從他作為法律人士的角度來看，孫子的奇正術是不可缺少的。

什麼是孫子「謀略」的特點呢？據勝雅律的理解，孫子的「謀略」有兩個主要特點：：從縱的方面看，「謀略」的時空範圍可能比西方的「戰略」或者「大戰略」長遠得多；從橫的方面看，「謀略」兼顧「正」，像法律、博弈論、數學模式等，乃常規的、遵循通用規則解決問題；「奇」，像《三十六計》等非常規的，異常的、普通人意想不到的手段解決問題。

勝雅律坦言，西方戰略家在思維體系上都片面地強

調「正」，而忽略「奇」。中國則兩面兼顧，如在中國出版的二十部必讀謀略經典裡既有《孫子兵法》、《三國演義》，也有《詩經》、《論語》。《孫子兵法》將「正」和「奇」結合，使其成為謀略學的鼻祖。

　　孫子有言：「凡戰者，以正合，以奇勝。」「正」乃「守正」，而「奇」則「出奇」。勝雅律說，我當然崇拜孔子、老子和孫子等這些中國偉大的思想家，他們首先是「守正」。

　　毛澤東的《矛盾論》和《實踐論》也很有意思，是毛澤東最傑出的哲學論著，也是「守正」的傑作。勝雅律說，因為這兩篇著作把中國古代和西方現代的某些思想加以融合，而且融合得相當有技巧。我所欣賞的諸方面之一是，中國的聖人的思想一般來說都脫離了宗教，不像西方那樣受猶太教、基督教思想的束縛。這種勇氣和獨立性使我歎為觀止。

　　勝雅律接著說，「奇」更偏於運用智慧和技巧的方法，是一種出奇制勝的，機智而令人意外的解決問題的方式。中國創造了一整套計名，毛澤東創造了一整套戰略戰術，比較全面地詮釋了《孫子兵法》中所說的各種各類「奇」招，也用之以比較全面地洞察這個世界上種種「奇」的現象。

　　在一次《孫子兵法》國際研討會上，來自美國、新加坡、中國大陸和臺灣不同學科的學者們集中地談論了計謀與經濟、法律、哲學的關係。中西「奇學」從不同方面換了意見，加深了理解。「《孫子兵法》不光用於長期的戰略上，還用於戰術上。」勝雅律說。

　　勝雅律認為，西方「正多奇少」。在西方，各種「正」的學問相當發達，但是西方沒有一種比較精深的有關「奇」

的學問。因此，他就對《孫子兵法》和《三十六計》特別感興趣。東方哲學是認識世界的客觀態度，而對於將與東方人做生意的西方企業家來說，這是必須瞭解和學習的內容。「知彼知己，百戰不殆」是兵家常勝之道。

勝雅律提出，每個人都應該懂得「奇」的某些基本知識，而「奇學」的精髓之一，就是《孫子兵法》和其理論背景即智謀學。至少為了防止「害人型」的計謀，學習計謀知識和智謀學應該是每一個人的必修課。

6. 瑞士學者稱《孫子》超越西方《戰爭論》

「我把德語版《孫子兵法》的書名翻譯成《兵經》，因為我把它看成是謀略的《聖經》。」瑞士蘇黎世大學著名漢學家、謀略學家、孫子研究學者勝雅律稱，《聖經》是全世界發行量最大的書籍，而在全世界發行量和影響力大的書籍中，只有《孫子兵法》能與它媲美。

「那歐洲的《戰爭論》為什麼不能稱為謀略的《聖經》？《戰爭論》與《孫子兵法》有什麼區別？歐洲人是怎麼評價《戰爭論》與《孫子兵法》？」記者問道。

《孫子兵法》和《戰爭論》是東西方古代軍事理論的兩座高峰，堪稱世界兵學領域的兩朵奇葩。《孫子兵法》是中國最古老、世界最傑出的一部兵書，孫子被後世尊為「兵聖」、「世界兵學鼻祖」；《戰爭論》被譽為西方近代軍事理論的經典之作，對近代西方軍事思想的形成和發展起了重大作用，被譽為影響歷史進程的一百本書之一，克勞塞維茨也因此被視為西方近代軍事理論的鼻祖。

勝雅律說，《戰爭論》在某種程度上講是戰略學的「聖經」，《戰爭論》代表了西方戰略思想，思維體系比較狹窄；而《孫子兵法》則是謀略學的「聖經」，超越了戰略，超越了計畫，超越了西方人的思維。

戰略與謀略有著本質的不同，勝雅律比較說，前者講求短期效應，而後者則立足於長遠；戰略要靠謀略來制定，而不是相反；謀略比戰略更高、更深、更遠，能達到最高境界，而戰略則達不到。

勝雅律又對比說，《戰爭論》在境界上也不如《孫子兵法》。《戰爭論》講運氣、講戰術，是短命的，比《孫子兵法》講謀略、講智慧差遠了；《戰爭論》一味強調武力、野蠻、血腥，而《孫子兵法》宣導文明、和平、不流血，境界要比《戰爭論》高的多。

以克勞塞維茨為代表西方的軍事思想家以毀滅為目標，毀滅就是孫子所說的「破」。所以，在孫子的觀點看來，克勞塞維茨這種以毀滅對方為目標的理想即令能完全實現，也還只能算是「次之」。勝雅律說，從這裡可以看出東方人關於用兵上的智慧是更勝一籌。

瑞士街頭的古代武士雕塑

　　勝雅律坦言，可以理解，德國是克勞塞維茨的故鄉，《戰爭論》是德國人的傑作。德國人讀《戰爭論》的熱情，並不亞於中國人讀《孫子兵法》的興趣。歐洲人也同樣，《戰爭論》被稱為歐洲的《孫子兵法》。特別是歐洲的政治家和軍事家，大都崇拜《戰爭論》。

　　《戰爭論》是歐洲大戰催生並推動了歐洲大戰和世界大戰，但經受了兩次世界大戰的不少歐洲戰略家和軍事家，有一個共同的遺憾，就是受《戰爭論》的影響太深，沒有早一點看到《孫子兵法》。勝雅律感歎道。

　　被稱為「二十世紀克勞塞維茨」的西方戰略大師利德爾·哈特，在 1963 年替一本新翻譯的《孫子兵法》英文本作序說過這樣一段話：「在第一次世界大戰之前的時代中，歐洲軍事思想深受克勞塞維茨巨著《戰爭論》的影響。假使此種影響能受到孫子思想的調和與平衡，則人類文明在本世紀兩次世界大戰中所遭受的重大災難也就一定可以免除不少。」

　　勝雅律稱，《孫子兵法》在戰後才在歐洲暢銷，後來又在全球受寵。如今，西方人更喜歡《孫子兵法》，相比較，孫子更受西方人的歡迎。《孫子兵法》的魅力，實際上反映了中國謀略與智慧的魅力。

7. 歐洲學者稱《孫子》像一把「瑞士軍刀」

　　「把《孫子兵法》當作『瑞士軍刀』，這個比喻很形象」，瑞士蘇黎世大學著名漢學家、謀略學家、孫子研究學者勝雅律在接受記者採訪時說，瑞士人喜愛「瑞士軍刀」，也喜愛《孫子兵法》。

　　美國軍官和士兵們把瑞士的軍官刀具簡稱為「瑞士軍刀」，今天這個名稱已成為多用途「袋裝」刀具的代名詞了，有點像我出版的口袋書《孫子兵法》，非常實用。勝雅律詼諧地說。

　　瑞士軍方因士兵配備這類工具刀而得名，功能全面、設計精巧，一刀在手彷彿擁有一個真正的萬能工具箱，需要時像變魔術一樣組合出各種應用來，是理想的裝備。1945 年至 1949 年間，大量的軍刀通過美國軍事學院的商店銷售給美國陸軍、海軍以及空軍，瑞士軍刀從此享譽世界。

　　勝雅律介紹說，瑞士軍刀享譽全球，在講英語的國家和地區廣受青睞。瑞士外交官和軍方高級官員經常向他們所訪問的東道國贈送瑞士軍刀。美國總統曾在白宮將刻有他姓名起首字母的 4,000 把袖珍瑞士軍刀贈送給他的客人們，後來羅奈爾得‧雷根總統和喬治‧布希總統也遵循了這一傳統。

　　而《孫子兵法》也享譽全球。勝雅律說，不僅在講英語的國家，而且在世界上三十多個國家有數十種語言文字的譯本；不僅在軍事領域，而且在商業等各個領域，全世界都在應用。「瑞士軍刀」是萬能工具箱，而《孫子兵法》是「萬能工具書」。

　　勝雅律認為，在世界暢銷的《孫子兵法》中，出版商在介紹《孫子兵法》的重要性時說，《孫子兵法》就是軍事理論的「瑞士軍刀」，可以應對一切局面。這話不無道理。他翻譯的《孫子兵法》口袋書，上海和臺北出版，目前已翻譯成十二種文字，在全世界流行，就是看好《孫子兵法》具有「瑞士軍刀」的萬能效應。

勝雅律告訴記者，《孫子兵法》的現代意義和實用價值越來越顯現。近幾年，他應邀到德國、英國、瑞士、中國大陸和臺灣講《孫子兵法》及其謀略智慧，目

瑞士商店展示的瑞士軍刀

前正在出版《智謀與管理》一書，給企業家提供最需要、最實用的「瑞士軍刀」。

8. 瑞士兩百年遠離戰爭創造和平奇蹟

在瑞士琉森湖旁邊一座小山崖上，雕刻著悲壯的獅子紀念碑，這是盧塞恩的「城市徽章」，由丹麥雕刻家特爾巴爾森設計，被美國作家馬克·吐溫稱為「世界上最哀傷，最感人的石雕」。

這是為了紀念在 1792 年 8 月 10 日，為保護法國國王路易十六世家族而全部犧牲的 786 名瑞士雇傭兵。他們的魂魄朝著家鄉的方向，飛回美麗的阿爾卑斯山，飛到美麗的琉森湖。在湖邊的山崖上，一頭瀕死的雄獅帶著哀傷和痛苦，無力地匍匐在地，一支銳利的長箭深深地刺入背脊，邊上還有一些折斷的槍和帶有瑞士十字的盾牌。

瑞士蘇黎世大學著名漢學家、謀略學家、孫子研究學者勝雅律不無感慨地說，瑞士近兩百年來遠離戰爭，或許

瑞士琉森湖會流淚的獅子

與這獅子紀念碑有關。在瑞士這片和平的土地上曾經進行過無數次戰爭，在瑞士境內進行的最後一場戰爭是 1798年拿破崙入侵瑞士，瑞士人打贏了個別戰役，但輸掉了整個戰爭，隨後被法國統治了十幾年。

勝雅律介紹說，瑞士真正不再有戰爭是在拿破崙兵敗之後，瑞士人萬分珍惜這來之不易的中立地位。從此，在一個戰事紛紜的世界、窮兵黷武的歐洲，出現一個長久和平的瑞士，創造了和平奇蹟。

瑞士百年無戰事，充分體現了《孫子兵法》立於不敗之地。勝雅律說，瑞士是立於不敗之地的典型。取勝對瑞士並不重要，不敗才是最重要的，不敗就是勝。兩百年來，瑞士避免介入戰爭，避免流血，沒有把軍隊用於戰爭，只用於保衛國土。瑞士以其獨特的軍事中立地位曾確保國家免遭兩次世界大戰的劫難。而法國、德國、日本發動戰爭，最終都以失敗而告終。

瑞士有位學者，曾用電腦對 7 萬 3,000 張卡片、87 萬條新聞進行資料處理，得出從西元前 3200 年到西元 1964 年的 5,164 年間，世界上共發生戰爭 14,513 次，只有 329 年是和平的。這些戰爭使 364 億人死亡，損失財產 2,150 億瑞士法郎。

而瑞士已經和平繁榮了數百年，但它並不是通過尋求戰爭和擴張，而是通過創造一個強大的防禦來實現和平和繁榮的。瑞士利用它所擁有的資源和獨一無二的戰略在世界上找到了一個很好的自我防禦與和平發展的位置。勝雅律說，這是符合孫子「不戰而勝」思想的。

勝雅律表示，瑞士是全球最富裕、經濟最發達和生活水準最高的國家之一，人均國民生產總值居世界前列，瑞士兩個著名全球性都市蘇黎世和日內瓦分別被列為世界上生活品質最高城市的第一和第二名，這是遠離戰爭、和平發展換來的。

9. 西方兵學大師約米尼與孫子「同與異」

瑞士孫子研究學者評價，西方兵學大師約米尼創立了較完善的軍事理論體系，他的著作從十九世紀起便成為西方國家各大軍事院校的教科書，直到今日仍是軍校生的必讀課本。他的許多精闢論述與孫子有許多相似之處，也有明顯的差異。

安東莞・亨利・約米尼是瑞士人，西方十九世紀著名的軍事戰略家，曾任拿破崙三世高級軍事顧問，俄國步兵上將。主要著作有《論大規模軍事行動》、《拿破崙的政治與軍事生涯》、《戰爭的藝術》、《戰爭藝術概論》、《戰

略學原理》、《法國大革命軍事批判史》。他和十九世紀另一位大軍事思想家克勞塞維茨並列為西方軍事思想的兩大權威。

孫子與約米尼儘管在空間和時間上相距甚遠，東西方文化的差異也頗大，但仍有其相同點：他們都是將軍，都有戰爭經驗，都有不朽著作傳於世，在思想方面，彼此間各有千秋，並有諸多相似相通之處。

孫子提出「兵者，國之大事，死生之地，存亡之道，不可不察也」。他把戰爭與國家命運、人民的生死緊密聯繫起來，不僅指出戰爭在國家事務中的重要地位和作用，而且也明確指出戰爭的政治目的在於確保國家的生存和發展，這就把戰爭推到了國家大事的首要位置。約米尼是近代國防思想的奠基人，他把國防放在軍事和經濟工作的首位，認為國防是最重要的工作，提倡建立「全民皆兵」的預備役制度。

孫子在〈謀攻篇〉提出「故用兵之法，十則圍之，五則攻之，倍則分之」，說的就是集中兵力原則來作戰，是孫子軍事思想的精髓之一，也是毛澤東「集中優勢兵力，各個殲滅敵人」軍事思想的源頭。約米尼在戰術上主張殲滅戰略，即集中優勢兵力，主動進攻，殲滅敵人的有生力量。他認為，只有兵力占無限優勢，方可對敵中央和兩翼同時採取攻勢，否則，將犯極大的錯誤。

孫子「伐交」思想所論述的軍事戰爭的巧妙謀略，大部分能用之於外交活動。因此，它不僅是進行軍事戰爭的法寶，也是指導外交活動的良師。約米尼認為，戰爭政策是外交與戰爭之間的一切相互關係。他認為，戰爭不是一門科學，而是一門藝術。

孫子特別重視戰前的計畫和準備，他在〈軍形篇〉中論述「有備無患，自保而全勝」。意即做足做好戰前準備，才能保存自己，繼而破敵取勝。約米尼也強調，總參謀部平時集中力量進行戰備，常備軍要經常處於戰備狀態。

孫子很重視「將」的作用，提出了「為將之道」的思想和論述，他指出，將帥是國家的輔佐，輔佐得周密，國家就必然會強盛；輔佐得有缺陷，國家就必然會衰弱。約米尼也同樣強調選拔將才的重要，「為勝利的最確實因素之一」，「是國家軍事政策中的必要部分」，「總司令的選擇是一個明智政府所必須極端慎重考慮的問題，因為那是國家安危之所繫」。

孫子非常重視情報，情報的作用即為「先知」，專門用了一個篇章論「用間」。約米尼同樣認可情報的價值，認為情報是有用的，他在書中詳細地討論了什麼是最可信賴的情報來源，並且列舉了五項原則。他像孫子一樣重視間諜的使用，提出要周密組織偵察，根據敵我雙方情況擬制作戰計畫。

瑞士學者認為，關於對武力的使用上，可以說是東西方軍事思想的最大不同所在。孫子雖然也注重攻擊，但他認為攻擊並非僅限於使用武力，武力的使用越少越好，最好完全不用。在這一點上約米尼與克勞塞維茨算是幾乎意見完全一致的，這反映了東西方兵家文化的差異。孫子厭惡攻城，他在〈謀攻篇〉中有「攻城之法，為不得已」的描述，而約米尼則對攻城做了很高的評估。

以色列戰略家克里費德說，在所有一切的戰爭研究中，孫子是最好的，而克勞塞維茨則屈居第二。而《戰爭

的藝術》的作者約米尼則是與克勞塞維茨同時代的十九世紀西方戰略思想史中的大師之一。當代戰史大師霍華德曾稱，約米尼的《戰爭的藝術》是十九世紀最偉大的軍事教科書，因此，他們的歷史地位可謂互相伯仲。

西歐篇

1. 鄭和、鄭成功及中荷之戰的思考

1986 年，《孫子兵法》荷蘭文譯本首次由荷蘭科學出版社出版，它是荷蘭中學的一位英語教員史密特從美國雅門‧柯弗爾的英譯本轉譯的。該版本印數為 7,000 冊，在荷蘭這個只有 1,000 多萬人口的小國，竟然在不到三個月的時間內就售罄一空，不能不讓人為之驚歎。

此間學者分析，荷蘭人對中國古代的一部兵書如此熱衷，有其深刻的歷史原因，這還得從地理大發現和歐洲與中國的第一次戰爭——中荷之戰談起。

十五世紀末的地理大發現，給歐洲帶來前所未有的商業繁榮，也為荷蘭提供了成就商業帝國的歷史性機遇。1648 年的荷蘭已達到了商業繁榮的頂點，到了十七世紀中葉，荷蘭聯省共和國的全球商業霸權已經牢固地建立起來。此時，荷蘭東印度公司已經擁有 15,000 個分支機構，貿易額占到全世界總貿易額的一半。

十七世紀荷蘭曾為海上殖民強國，繼西班牙之後成為世界上最大的殖民國家。懸掛著荷蘭三色旗的 1 萬多艘商船遊弋在世界的五大洋之上。當時，全世界共有 2 萬艘船，荷蘭就占了 1.5 萬艘，比英、法、德諸國船隻的總數還多。為了保護自己的海上貿易，荷蘭建立了強大的海軍，並借其大肆進行海外殖民。

在東亞，占據了臺灣，壟斷著日本的對外貿易；在東南亞，把印尼變成殖民地，建立的第一個殖民據點——巴達維亞城，構成了今天雅加達的雛形；在非洲，從葡萄牙手中奪取了新航線的要塞好望角；在大洋洲，用荷蘭一個省的名字命名了一個國家——紐西蘭；在南美洲，占領了

巴西；在北美大陸的哈得遜河河口，東印度公司建造了新阿姆斯特丹城，就是今天的紐約。

十七世紀末期，荷蘭在英荷戰爭和法荷戰爭中被打敗，從而衰落下來，失去了左右世界的霸權地位。西方航海家所承載的殖民主義理念，他們的所謂推動人類文明進程，是建立在屠殺和掠奪的基礎上，他們以毀滅不同文明為代價，在贏得西方自身發展的同時，卻把自己和其他民族帶入苦難。

而在大航海時代，舉世無雙的中國鄭和艦隊在長達二十八年七下西洋期間，奉行和平外交，堅持厚往薄來，不動用武力，不搞海外殖民，沒有掠奪別人的財富，沒有占領別人的土地，不僅在航海活動上達到了當時世界航海事業的頂峰，而且對發展中國與亞洲各國家政治、經濟和文化上友好關係，做出了巨大的貢獻。在日益全球化的今天，在一些國家還堅持霸權思維的時候，鄭和的和平理念仍然可以給世界有益的啟示。

1662 年 2 月，鄭成功收復了淪陷三十八年的臺灣。當時荷蘭是歐洲頭號殖民強國，臺灣是其在亞洲的最大殖民地。荷蘭人的武器、戰術和後勤在歐洲享有盛名，但他們遠不是中國人的對手。在收復臺灣的戰爭中，中國人準備充分，偵察到位，戰機適時，出敵不意，攻其無備，訓練有素，保障有力，最終大獲全勝，並創造了中國古代大規模渡海頓島作戰的成功範例。

荷蘭人認定，他們沒法戰勝技高一籌的中國軍隊，最終放棄並將臺灣交給鄭成功。在西方人看來，中國人之所以能打贏，主要是因為有一套豐富、有效及神秘的傳統軍事文化，這就是全世界現在都在研讀和應用的孫子文化。而荷蘭人缺乏的恰恰是中國人的智慧與謀略。

西歐篇

阿姆斯特丹一戰、二戰紀念碑

西方媒體稱，多數西方人聽說過《孫子兵法》，但他們不知道孫子之後中國還出現包括鄭和、鄭成功在內的眾多傑出的戰略家、戰術家和後勤專家，中國軍事家十分看重祖先留下來的傳統軍事思想的作用，他們不僅懂孫子，還知道克勞塞維茨，他們遵循孫子的「知彼知己」、「不戰」、「慎戰」。

　　歐洲孫子研究學者告誡說，中國最重要的優勢是在戰略和戰術文化方面，中國的軍事家汲取了二千多年前孫子縝密的謀略思想。從地理大發現和歐洲與中國的第一次戰爭──中荷之戰看，如果西方人不研究《孫子兵法》，不學習中國的戰略文化，不瞭解中國傳統的軍事思想，他們將處於重大劣勢。這也許是荷蘭人對中國古代的一部兵書如此熱衷的一個重要原因吧。

2.「千堡之國」盧森堡抵擋不住堅槍利炮

　　三道護城牆、76座各式風格的古代城堡、23公里長的地道和暗堡、蜿蜒地下與暗堡炮臺相連的貝克要塞、曲折迂迴的機關密布地下迷宮，今日的盧森堡可謂一座放大

版的軍事堡壘，軍事防禦體系已被列入世界文化遺產。

盧森堡位於歐洲西北部，處於比利時、德國、法國的包圍之中。由於其在歷史上又處於德法要道，地勢險要，一直是西歐重要的軍事要塞，有「北方直布羅陀」的稱號。因盧森堡是一座擁有一千多年歷史的以堡壘聞名於世的古城，其國土小，古堡多，又有「千堡之國」的稱呼。

在漫長的歐洲歷史中，盧森堡始終是兵家必爭之地，溝通日爾曼地區與拉丁地區的重要樞紐，一次次獨立後又一次次被不同國家入侵，飽受戰爭的蹂躪。

十五世紀以後，盧森堡屢遭異族入侵，先後被西班牙、法國、奧地利等國統治長達四百多年，被毀過二十多次。期間，盧森堡市人民為抵禦外敵入侵修建了許多堅固的城堡。

其中最著名的軍事堡壘是位於城東北部的貝克要塞以及在懸崖峭壁內開鑿的地下掩體。貝克要塞建於西元 963 年，被視為盧森堡城建城的標誌。此後千年間，這座要塞在勃艮第人、西班牙人、德國人、法國人的占領中不斷被加固、重修。二戰期間，這裡被用做防空洞，最多時曾容納過 3 萬多民眾。

地下迷宮深埋在「盧森堡的腹部」，這一修建於十八世紀的地下廊道穿岩開鑿，建立在幾種不同的地質層上。地道最深處達 40 米，分隔有許多暗室，掩藏過數千名兵馬及武器軍備，鼎盛時期長達 40 餘公里。地下迷宮有兩個入口，一處通往貝克要塞，另一處則位於大教堂對面的大峽谷。

十七世紀盧森堡捲入三十年戰爭。1659 年簽訂《比利牛斯和約》，盧森堡南部一些地區劃歸法國；1684 至 1697 年法國曾占領盧森堡全境；1714 年西班牙王位繼承戰爭結束後，盧森堡隨西屬尼德蘭一起轉歸奧地利；1795

至 1814 年法國再次占領盧森堡。

盧森堡在一戰二戰中地位重要。第一次世界大戰中，德軍為控制具有戰略意義的盧森堡鐵路，出兵占領中立國盧森堡，大公及政府為德國控制。第二次世界大戰中，德國納粹軍隊於 1940 至 1944 年占領盧森堡，將盧森堡兼併為德國行政區管轄地。

在盧森堡市中心，豎立著高 12 米的紀念碑，這是為紀念第二次世界大戰期間陣亡的盧森堡戰士而修建，上面的「金色女神」像出自著名藝術家克勞斯希托之手。它提醒後代銘記戰爭帶來的災難和盧森堡人民為保衛祖國領土完整和自由所進行的反抗納粹侵略者的鬥爭。

「金色女神」象徵著和平與和諧，這座紀念碑是盧森堡全國居民參與集資建造的。一位盧森堡市民告訴記者，盧森堡如今能成為歐盟人均收入和生活水準最高的國家，人均國民生產總值位居世界前列，離不開和平的國際環境。

盧森堡象徵著和平的「金色女神」

「我們追捧中國的《孫子兵法》，就是信奉孫子的和平不戰思想」。一位盧森堡學者說，盧森堡人最忌諱和忌恨戰爭，因為我們深深知道，盧森堡這個彈丸之地、袖珍之國，國土面積僅 2,500 多平方公里、人口只有 50 萬左右的小國，雖有「千堡之國」之稱，怎麼也抵擋不住世界大國、強國的堅槍利炮。

東歐篇

1. 東歐二戰後開始認識和崇拜中國孫子

奧斯維辛集中營揭露戰爭罪惡呼喚「慎戰」、「不戰」，華沙納粹受害者紀念碑前用孫子思想深刻反省戰爭，歐洲杯足球場精彩演繹孫子智慧謀略，華沙國際書展展示《孫子兵法》，華沙市中心書店波蘭語《孫子兵法》常年熱銷，波蘭人從來沒有像今天這樣崇拜中國的孫子。

長時間來，波蘭人一直把《孫子兵法》當「天書」，而如今把它當作「聖經」。波蘭國防大學校長羅姆阿爾德‧拉塔伊查克少將說，《孫子兵法》是該校學員的必修課、必讀書。波蘭科學院政治研究所的教授克里斯托夫‧高利科夫斯基研究《孫子兵法》已有三十多年，他在世界孫子學的研究中已占有一席之地。

與波蘭一樣，羅馬尼亞在二戰後開始認識孫子，而在之前僅侷限於一小部分學者，因為他們在國防部中央圖書館裡能閱讀其他文種的《孫子兵法》。1976 年，根據俄文和英文譯本翻譯的羅馬尼亞文《孫子兵法》出版，該版本的前言介紹了這本中國兵書產生的歷史背景及精髓所在，指出它不僅是中國古代軍事思想的頂峰，而且是有史以來世界軍事文獻的最佳之作。

從此之後，《孫子兵法》進入了羅馬尼亞的軍事科學領域，成了軍事高等學院、布加勒斯特軍事科學院必修課程。不僅在軍事專業範圍裡普及了孫子思想，而且在報刊雜誌中也作了廣泛宣傳。目前，布加勒斯特軍事科學院已把《孫子兵法》新譯本列入出版計畫，將根據漢朝的文本譯出。

作為二戰發動者和頭號戰犯希特勒的出生地、一戰、二戰引發地的奧地利，對《孫子兵法》的喜愛已超過了《戰

爭論》。許多奧地利人都知道孫子是和平的使者，他寫的兵法與西方的兵法不一樣，是教誨人們如何避免衝突，減少流血。維也納書店把《孫子兵法》放在暢銷的精品書類裡，而不是放在戰爭書類裡，因為和平是永遠暢銷的，而戰爭不能暢銷。

匈牙利學者表示，中國擁有古老的兵家文化和哲學智慧，充滿了不戰、慎戰的和平理念，得到了東西方的普遍認可。匈牙利文《孫子兵法》也多次再版。匈牙利已從匈奴帝國、奧匈帝國，邁向了和平而美麗的國度。

捷克文《孫子兵法》1949 年由前捷克斯洛伐克首都布拉格「我們的軍隊」出版社出版。此譯本根據英文《孫子兵法》和漢文《孫子兵法》對照翻譯而成。出版後，早就告罄，幾乎絕版，在世界上已很難找到，非常珍貴。2005年出版的彩色插圖版捷克文《孫子兵法》，插了二十二頁彩圖，再現了中國春秋戰國時代的戰爭畫卷，畫面充滿八卦色彩。

近年來，斯洛伐克也有新的德文本和捷文本《孫子兵法》出版。捷克當代漢學家高利克曾任捷克斯洛伐克東方學會副會長兼斯洛伐克東方學會會長，他主要著作有《宋朝對易經的運用》，也寫有《孫子兵法》論文多篇。在斯洛伐克，如果和當地人聊起中國，他們中大多數人可能會首先提起《孫子兵法》、兵馬俑、中國功夫。

保加利亞國家電臺主播《孫子兵法》保文譯本，該電臺的網站同時播出這個欄目的內容。節目主持人耐維娜普拉馬塔羅娃對中國文化有著濃厚的興趣，她曾經採訪、編輯了有關孔子學院、《孫子兵法》保文譯本等與中國文化有關的節目。

2. 中國《孫子》走俏捷克和斯洛伐克

　　記者在布拉格書店買到一本 2005 年出版的彩色插圖版捷克文《孫子兵法》，如獲至寶，因捷克文《孫子兵法》在中國國內很少看到，出國前聽說就連捷克國內也沒有了。書店銷售人員告訴記者，你聽說的那本是 1949 年出版的，早就告罄，幾乎絕版，在世界上已很難找到，非常珍貴；而新出版的在捷克各家書店興許都能買到，但也非常走俏。

　　書店銷售人員所提到的那版捷克文《孫子兵法》，是由前捷克斯洛伐克雅羅斯拉夫‧普魯塞克 (Jaroslav Pruseek)、魯道夫‧貝克 (Rudolf Beck)、弗朗蒂塞克‧伏爾博卡 (Fratisek Vrbka) 三人合譯，1949 年由前捷克斯洛伐克首都布拉格「我們的軍隊」出版社出版。此譯本根據英文《孫子兵法》和漢文《孫子兵法》對照翻譯而成。

　　譯者在序言中指出，《孫子兵法》是世界上最古的一部戰術著作。……非軍人是難以評估《孫子兵法》這部書的全部價值。與東方 (中國) 有過衝突的聯軍的士兵一定領教過該書卓越精華之所在。……作為專業漢學家，我深知早在基督產生前時期的中國文化已是非同尋常的成熟了。這個時期的中國文化像一朵絢麗的奇葩，盛開在歐洲的另一端，可與古希臘文明相媲美。

　　序言還說，中古時期的中國文化將永遠是一個珍貴的源泉，供人類社會不斷地汲取，產生新的活力。《孫子兵法》一書就是例證之一。其十三篇不僅對於戰爭有著普遍的指導意義，而且他的智慧已超越時空，超越軍事這一特殊領域，更廣泛的運用於外交談判、商業競爭、體育競技

等各個領域。該兵書重新問世,將會產生更為深遠的積極影響,勢必要求人們重新認識兵聖孫武以及他完整軍事戰略深邃的思想。

　　有學者評價,這個在小語種中獨占鰲頭的捷克文本的問世,結束了歐洲多年未有新譯本出版的徘徊局面,是為上世紀 50 年代出版《孫子兵法》高潮的先聲。

　　2005 年出版的彩色插圖版捷克文《孫子兵法》,彩色封面和封底上,繪著中國古代馬車和士兵,舉著旌旗,舞著戰刀,擊鼓鳴鑼,再現了中國春秋戰國時代的戰爭畫卷。書的正文後面插了二十二頁彩圖,描繪了《孫子兵法》的背景地和相關場景,有吳國的闔閭大城、將軍勇士、騎兵弓箭、排兵布陣、地勢火攻,畫面充滿八卦色彩。《孫子兵法》誕生地蘇州穹窿山的智慧泉竟然也畫在上面,喻示孫子的智慧之泉。

　　據捷克漢學家介紹,《孫子兵法》對捷克軍事、經濟和社會文化產生積極影響。捷克「反隱身飛機雷達之父」弗‧佩赫,出生於捷克斯洛伐克工業重鎮比爾森的一個工程師家庭。其父是當地兵工廠的槍械製造專家,曾遠赴中國廣東指導兵工廠運作,帶回的《孫

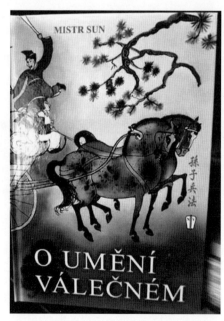

彩色插圖版捷克文《孫子兵法》

子兵法》等中國書籍對弗・佩赫影響就很大。

斯洛伐克文化氣息很濃，約有 180 座優雅的古堡和其遺跡。記者在街頭看到，免費書櫃裡居然有中國的古代兵書。據當地漢語學者介紹，近年來斯洛伐克也有新的德文本和捷文本《孫子兵法》出版。捷克當代漢學家高利克曾任捷克斯洛伐克東方學會副會長兼斯洛伐克東方學會會長，他主要著作有《宋朝對易經的運用》，也寫有《孫子兵法》論文多篇。

在斯洛伐克，如果和當地人聊起中國，他們中大多數人可能會首先提起《孫子兵法》、兵馬俑、中國功夫、萬里長城。斯洛伐克武術協會可以算是世界上最熱衷於武術事業的專業體協之一，除了經常舉辦武術表演、電影週和圖片展外，還每年輪流在斯洛伐克的各大城市組織全國性比賽，弘揚中國兵家文化。

3. 從匈奴兵法、奧匈兵法到和平兵法

千百年來，從「匈奴兵法」、「奧匈兵法」到信奉和應用中國孫子的「和平兵法」，匈牙利歷史橫跨了東西方兩個世界，經歷了東西方兵家文化的交融與碰撞，書寫了一部東方文化融入西方的輝煌歷史。

匈牙利學者帕爾在接受記者採訪時表示，我們從東西方不同的戰爭觀、哲學觀，從孫子的最高境界裡，找到了甄別東西兵家文化的差異，也找到了當今世界最認可的和平理念和最需要的智慧謀略。

據介紹，匈牙利的形成起源於東方游牧民族。首先來到這裡的是匈奴，在阿提拉的領導下，以匈牙利平原為統

治中心建立了強大的匈奴帝國，匈牙利即「匈人住地」，因此得名。匈奴喜歡以馬征戰與結盟，於是有了「匈奴兵法」。當年亞提拉大汗的談判守則就是依據「匈奴兵法」。

「匈奴兵法」的特點是因地制宜，組建騎兵，騎射精良，馳騁沙場。匈奴沒有固定的游牧地、居住地，更無固守的城池，流動性、隨機性和機動性特別強，長期的草原游牧生活使匈奴人防禦和自我保護的能力都特別強，他們的軍事作戰也多以游擊戰為主，沒有明確的攻守陣地，缺乏對戰爭的充分準備，也無專門的防禦措施，更缺少孫子的智慧和謀略。

「匈奴兵法」推行的是掠奪資源、武力征服。這支震撼歐洲的匈奴騎兵深入到歐洲腹地，一度成為了小半個歐洲的統治者。匈奴的英文名是 hun，也是破壞者和野蠻人的代名詞，從中可以看出歐洲人對匈奴的恐怖記憶。而強大的匈奴帝國最終在瞬間土崩瓦解。

而 1867 年至 1918 年匈牙利與奧地利組成的奧匈帝國，推行的也是武力征服。奧匈帝國是歐洲列強之一，為第一次世界大戰的引發者和主要參戰國之一，它把自己綁到德國的戰車上，點燃了一戰的導火線。奧匈帝國瘋狂地燃燒起戰爭，最後被無情的戰爭燒成灰燼，第一次世界大戰後奧匈帝國解體。

「奧匈兵法」是「戰爭兵法」，也是「愚昧兵法」，沒有智慧謀略可言。帕爾說，其實，奧匈帝國將領指揮水準並不差，有的還相當優秀，但由於軍政和軍令向上引出的兩條線，指揮權又落到了德國顧問手中，帝國主力部隊國防軍戰鬥力竟然遠不如地方防衛軍，而地方防衛軍又受到諸多法律限制。

布達佩斯街頭彈痕累累的二戰遺跡

奧匈帝
國軍隊民族
眾多，語言
混雜，說著
十七種語言，
軍令系統不
暢通，很多
關鍵的情報
和命令都在

一次次翻譯和傳遞過程中耽擱、變形，不打敗仗才怪了。帕爾說。

當然，在奧匈帝國時期，當時的匈牙利贏得五十年的相對和平穩定，值得懷念。帕爾對記者說，匈牙利被稱為「處在東方的西方國家」，匈牙利歷史上有幾段平穩發展的時期，但多數時間處於歐洲列強的紛爭之中，兩次大戰及冷戰時期，均處於東西方對峙的前沿。對匈牙利來說，「和平」的分量看得很重。

匈牙利學者表示，中國擁有古老的兵家文化和哲學智慧，充滿了「不戰」、「慎戰」的和平理念，得到了東西方的普遍認可。2008 年 9 月，中國國防部長梁光烈訪問匈牙利，將一本《孫子兵法》贈送給匈牙利國防部長塞凱賴什・伊姆雷。匈牙利文《孫子兵法》也多次再版。匈牙利已從匈奴帝國、奧匈帝國，邁向了和平而美麗的國度。

4. 從戰爭漩渦走出的國都更厭惡戰爭

奧地利是音樂之城，誕生了海頓、莫札特、舒伯特、

史特勞斯等眾多名揚世界的音樂家，還有長期在奧地利生活的貝多芬； 奧地利是文化之城，茜茜公主、薩爾茨堡、金色大廳享譽世界； 奧地利又是戰爭之城，是第二次世界大戰的發動者和頭號戰犯希特勒的出生地，是一戰、二戰的引發地；奧地利還是「間諜之都」， 冷戰時期，維也納是國際間諜活動的溫床。

位於歐洲正中位置被稱為歐洲心臟和連接西東十字路口的奧地利，一直處在戰爭的漩渦之中：西元前 15 年被羅馬人占領，1815 年成立的以奧為首的德意志邦聯在普奧戰爭中失敗邦聯解散，1867 年與匈牙利成立了奧匈帝國，第一次世界大戰結束後帝國解體，1938 年 3 月被希特勒德國吞併，成為在二戰中第一個被納粹德國吞併的國家，二戰後被蘇、美、英、法四國占領。

德國進軍奧地利後不久，開始了納粹對猶太人有組織的屠殺，維也納共有 92 所猶太會堂遭到摧毀，僅有一處倖免於難。位於奧地利西部的毛特豪森及其附近 49 個集中營，令人毛骨悚然，這是二戰期間奧地利最大的集中營區，納粹在這裡先後囚禁過 20 多萬人，有 10 餘萬人被奪去了生命。

1944 年 3 月 17 日，盟軍第一次空襲被稱為「第三帝國防空洞」的維也納，整個城市的五分之一被毀。1945 年 4 月 2 日維也納被宣布成為納粹的防守區，維也納戰役持續了八天，4 萬人喪生。維也納的史蒂芬大教堂在空襲和戰爭中未受損壞，但卻在一次洗劫中陷入火海。

二戰時建造的六個鋼筋混凝土大型防空炮臺之一，現仍存在於維也納市內。維也納森林邊緣的一個小鎮中垂頭塑像紀念碑，記錄奧地利一戰二戰歷史。戰爭的確令奧地

利垂頭喪氣，建立紀念碑以告示後人。

維也納市中心的英雄廣場通宵舉行紀念奧地利「併入」納粹德國七十週年「沉默之夜」燭光示威，8 萬支蠟燭匯成了燭光的海洋，廣場大螢幕上不斷滾動著當年被納粹殺害的奧地利人的姓名。

奧地利總理法伊曼在維也納紀念二戰結束的活動上強調，不能忘記第二次世界大戰這段歷史，歐洲的安定與和平需要大家共同維護。他說：「1945 年 5 月 8 日是歐洲新紀元的開始，也是歐洲實現和平共存的開始。從這一天起，我們懂得要從歷史中汲取教訓，我們明白了，決不能忘記過去。」

記者在維也納書店看到，一本德語插圖版《孫子兵法》售價 79.99 歐元，放在進門最醒目的地方。書店工作人員介紹說，奧地利讀者對《孫子兵法》的喜愛已超過了《戰爭論》，儘管售價很高，但銷路很好。許多奧地利人

維也納書店插圖版《孫子兵法》

都知道孫子是和平的使者，他寫的兵法與西方的兵法不一樣，是教誨人們如何避免衝突，減少流血。因此，我們把這部中國的兵書放在暢銷的精品書類裡，而不是放在戰爭書類裡，因為和平是永遠暢銷的，而戰爭不能暢銷。

一位奧地利華人告訴記者，奧地利《孫子兵法》的喜愛超出了我們的想像。奧地利曾派軍人到中國參加軍事培訓，討教中國功夫、學習《孫子兵法》。中國軍事科學院原院長鄭申俠上將給奧中經貿會贈送《孫子兵法》竹簡，銀雀山漢墓竹簡《孫子兵法》出土地山東臨沂也將中國兵書贈送給奧地利合唱團。

說到奧地利合唱團，這位華人介紹說，維也納世界和平合唱節成功跨過了三個年頭，在奧地利聯邦政府、聯合國維也納總部以及眾多機構的參與支持下，2013 年第四屆維也納世界和平合唱節又將拉開帷幕，閉幕日將在燦爛的金色大廳頒發「和平天使獎」，向全世界宣揚和平，遏制戰爭。

奧地利聯邦國防軍上奧州司令部曾舉辦過一場精彩的《孫子兵法》研討會，奧中經貿會、奧地利華文媒體和各界精英 400 餘人參加，上奧州參謀部部長 Oberst Josef Hartl 主講。他認為，《孫子兵法》是古今中外國家與國家、政治集團與政治集團、壟斷組織與壟斷組織、企業與企業等在政治、軍事、經濟、外交、情報等方面的鬥爭或競爭中運用的計謀，它教導人們深謀遠慮，進退自如的機智，宣導和平和諧的理念。

「從戰爭漩渦走出的奧地利人更厭惡戰爭」，奧地利一位學者對記者說，國與國之間為何非要兵戎相見，你死我活？要解決爭端有很多方法，戰爭是下下策。一位奧地利民眾說，經歷了二次世界大戰使我們刻骨銘心：戰爭是

殘酷的，是可怕的，是悲慘的，戰爭以失去家園、失去親人、失去生命為代價，世界上沒人希望戰爭，戰爭沒有任何意義，只有帶來人的死亡，我們厭惡戰爭，祈求和平。

5. 德國閃擊波蘭違背孫子「不戰」思想

「德國閃擊波蘭，不是真正運用孫子的『出其不意』的謀略，而是受克勞塞維茨《戰爭論》的影響。」德國孫子研究學者認為，與孫子重視謀略、崇尚和平的戰爭觀截然不同，克勞塞維茨強調武力、崇尚暴力，這種區別在《孫子兵法》和《戰爭論》中表現得相當明顯，在德國閃擊波蘭中也得到充分體現。

德國閃擊波蘭，是第二次世界大戰歐洲戰區的起點，也是世界戰爭史中一場著名的「閃電戰」。1939 年 4 月 3 日，希特勒下達了代號為「白色方案」的秘密指令，「一切努力和準備工作，必須集中於發動巨大的突然襲擊」。他要求德國三軍部隊於 9 月 1 日前完成對波蘭作戰的準備工作。

按照希特勒的要求，德軍統帥部計畫以快速兵團和強大的空軍，實施突然襲擊，閃電般摧毀波軍防線，占領波蘭西部和南部工業區，繼而長驅直入波蘭腹地，圍殲各個孤立的波蘭軍團，力求在半個月內結束戰爭。1939 年 9 月 1 日凌晨 4 時 45 分，德軍轟炸機群呼嘯，幾分鐘後，人類歷史上規模最大的空中「白色閃電」劃向波蘭。頃刻間，波蘭人遭受突如其來的滅頂之災。

波軍對德軍「閃擊戰」毫無準備，猝不及防。德軍趁勢以裝甲部隊和摩托化部隊為前導，很快從幾個主要地

段突破了波軍防線，用坦克炮和機槍毫不留情地向波軍掃射，用履帶碾壓波蘭騎兵，進行了一場實力懸殊的屠殺。這個第二次世界大戰爆發後的第一個戰役，波軍全軍覆沒，一個擁有 3,400 萬人口，一百多萬軍隊的國家，就這樣在短短的一個多月的時間裡亡國了。

波蘭軍隊騎兵手持長矛和利劍與德國坦克作戰，戰馬的血肉之軀與坦克的鋼鐵之身的碰撞。瑞士著名謀略學家、孫子研究學者勝雅律表示，這一血淋淋的歷史教訓，昭示了孫子「兵者，國之大事，死生之地，存亡之道，不可不察也。」此經典警句，跨越千年時空，仍顛撲不破。只有具備制勝的力量，才能有效地遏制戰爭。

德國學者稱，德軍首次在波蘭成功地實施「閃擊戰」，顯示了坦克兵團在航空兵協同下實施大縱深快速突擊的威力，對軍事學術的發展固然產生深遠影響。但同時應當看到，這場「閃擊戰」標誌著德國正式拉開了侵略戰爭的序幕，而波蘭成為了第一個犧牲品，以亡國為代價，這是不值得津津樂道的。

孫子說得好，「百戰百勝，非善之善者也；不戰而屈人之兵，善之善者也。」不正義的「閃擊戰」，戰術再高超也不能百戰百勝。德國學者舉例說，1941 年 6 月 22 日拂曉，德國撕毀了《蘇德互不侵犯條約》，對蘇聯發動了代號為「巴巴羅薩」的突然襲擊，妄想在三個月內征服蘇聯。最終蘇軍攻克柏林，第三帝國宣告滅亡。

德國孫子研究學者呂福克認為，歐洲史學家都冠以「閃電戰」的成功範例，德國人成功的運用了這一戰法並引以為豪。只是，歷史上對於德國占領波蘭的過程的描述，往往傾向於德國人的成功，在這裡我們不能忽略的是，這

東歐篇

種完全靠武力征服、血腥屠殺的西方兵法，違背了孫子主張「不戰」、「慎戰」、宣導和平的思想，這應該看成是德國人的恥辱，最終被歷史所恥笑。

6. 波蘭學者研究《孫子》三十年破解用兵密碼

《孫子兵法・九地篇》第七段「四五」兩字，古今中外沒有恰當的論述和考證。這一千古之謎卻被一個歐洲人破解了。他就是波蘭著名歷史學家、漢學家克里斯托夫・高利科夫斯基。

高利科夫斯基現任波蘭科學院政治學研究所研究員，曾任教於義大利那不勒斯大學東方研究所教授，對《孫子兵法》等中國兵學著作有深入研究，負責撰寫關於中國古代兵法文獻和軍事思想特點等內容，發表多篇學術論文。他根據中國出土的銀雀山漢簡，在研究《孫子兵法》上成果頗豐。

已進入花甲之年的高利科夫斯基，中文名字叫施石道。他出身於一個知識份子家庭，九歲時就萌發了對東亞文明的興趣。上世紀 60 年代初，他在華沙大學就讀時選修了漢語。此後，他在中國北京大學攻讀歷史和古漢語。在此期間，他開始悉心研究《孫子兵法》。回國後，在波蘭科學院歷史研究所工作，繼續從事中國和亞洲文化的研究。

三十多年來，高利科夫斯基博覽中國古代兵書。他的中文藏書極為豐富，其中有甲骨文、金文編、先秦諸子，漢書、舊唐書、太平御覽，單是中國兵書集成就達 46 冊。他在中國山東銀雀山發掘的竹簡「善者」一文中，破解了「四五」用兵密碼，還通過對竹簡的研究，對孫子〈用間

篇〉中的「師比」幾個字作出了更符合歷史沿革的論述和考證。

高利科夫斯基曾多次訪問中國，參加了在中國舉辦的第二屆和第三屆孫子兵法國際研討會。他在會上發表的論文「孫武——中國行為學、鬥爭哲學和科學的創始人」和「孫武的思想和中國軍事傳統」，受到了國際《孫子兵法》學術界普遍的重視和稱道，認為其觀點有新意，經得起推敲。

他高度評價了孫子理論的學術價值，指出孫子在中國古代思想領域裡，獨樹一幟，對中國的社會科學思想起了積極的推動作用。孫子理論具有科學性、開放性和開拓性，在規範中國人的思想和文化方面是十分重要的。同孔子和道家一樣，從人類學的觀點看來，孫子的著作和兵家思想，應列入最重要的學派。

他評價孫子的最大成就之一是對於現實所採取的科學研究途徑。《孫子兵法》在中國甚至於在全世界，都是最早提倡對於社會現象採取科學分析方法的第一本書，其中包括若干量化評估的觀念，以及對自然法則的引用。在整個中國古代思想領域中，孫子是一個孤獨的先驅者。

他認為，孫子思想中含有一種獨一無二的理論，在西方找不到與其平行的思想，這是一種高度抽象性的觀念，其所能應用的範圍並非僅限於戰爭而可以推廣及於任何其他應用的情況。他還評價孫子其理論不僅別出心裁，而且也是合理的，並以一種數學性的智慧為基礎。因此可以認為他是行動學的先知，而這也許是對中國思想最重要的貢獻。

他提出，孫子所闡述的行為原則可用於涉及利害衝突的各種社會行為，因而，孫子是「行為學的先驅」，《孫

東
歐
篇

子兵法》可稱為行為學的基礎，所闡述的行為原則在當代仍有生命力，不僅體現在軍事上，而且在經濟貿易上，都很實用。在中國古代學人中能夠如此重視科學方法的確實是十分罕見。

他指出，孫子的理論認為，戰爭具有普遍意義，很容易把那些規則用於其他形式的競爭，用於社會關係矛盾或用於市場競爭。而克勞塞維茨和西方的思想一般把鬥爭規則看成只適用於自身領域。因此，在西方軍事思想中戰略和戰術相分離，而把戰爭規則應用於民事生活與和平的社會關係中是不可想像的事。

高利科夫斯基的一些主要觀點和理論被編入 1993 年出版的《孫子兵法辭典》中，他提出要對中國社會、政治生活和思想方法有一總體的瞭解，就不僅需要懂得孔夫子的「正道」，也要懂得孫武子的「詭道」，此論點已被 1991 年版的《中國兵書名著》出版說明所引用。他在世界孫子學的研究中，已占有一席之地。

南歐篇

1. 中國春秋戰國與古希臘的兵家智慧

中國春秋戰國與古希臘時期都湧現出一大批賢哲學者，創造出一系列燦爛輝煌的理論學說，體現在兵學上更是並蒂雙開，多姿多彩。歐洲兵學專家認為，古代中國與古希臘不僅都在人類文明史上寫下光輝璀璨的篇章，東方和西方文明體系分別主要起源於中國和希臘，這兩大文明體系的核心觀念都是「和道」，而且在兵家文化上有著驚人的相似之處。

《孫子兵法》是中國古代最偉大的軍事理論著作，也是一部智慧之書，古今中外推崇備至，被尊之為「兵經」，作為人類的燦爛文明廣泛流傳，影響深遠；號稱古希臘第一部軍事理論專著《長征記》的兵學價值自古以來為世人看重。美軍定期學習中國《孫子兵法》和古希臘人色諾芬的《長征記》，讓現代官兵接受東西方古人的教導。

中國春秋戰國與古希臘的兵家思想都充滿智慧。中國古代所說的「孫子」，是對「孫」姓某個人的一種尊稱，也是一種特指，類似古希臘所謂的「智者」，它專指那些有學問、善辨析、明事理的智慧之人。古希臘智者學說的核心內容是「智慧」。「哲學」這個詞，希臘原意是「愛好智慧」，希臘人所說的「智慧」，包括一切軍事科學和技藝的知識。在兵家智慧上，中國春秋戰國與古希臘各有千秋。

中國有《孫子兵法》、《孫臏兵法》等兵書，而古希臘有《伯羅奔尼薩斯戰爭史》、《長征記》等兵書。《孫子兵法》中的智慧謀略，在古希臘兵法中也有體現，只不過是體現在對戰爭的記述過程中。《孫子兵法》和《長征記》，飽含的許多哲學思想，都達到了它們所處的那個時代所能達到的最高水準，折射出人類智慧的燦爛光芒。

　　《孫子兵法》提出「出其不意、攻其不備」的效果；伯羅奔尼薩斯戰爭的第十九年，敘拉古在與雅典的一場海戰中，僅僅打破常規，縮短了就餐時間，就達到了出敵不意的效果，從而取得了勝利。

　　中國有「空城計」，通過《三國演義》演繹家喻戶曉；西元前 428 年，伯羅奔尼薩斯戰爭進入第四年，雅典人就曾經演出了一場「空城計」，嚇退了一次伯羅奔尼薩斯艦隊的進攻。

　　古代中國與古希臘的兵學智慧也有很大的差異。《孫子兵法》問世於兩千五百年前的春秋時期，標誌著獨立的軍事理論著作從此誕生，也是人類歷史上第一部真正意義上的 「兵書」，比希臘的第一部軍事理論專著《長征記》約早一百多年。《長征記》是希臘偉大史學家之一、軍事家、政治家色諾芬最負盛名的著作。該書學術性強，有其獨特新穎的思想體系。它幾乎涉及了軍事學中理論科學的各個門類，各個分支學科。

　　但古希臘軍事學著作大都只限於記敘戰爭的歷史、征伐的經過。色諾芬的《長征記》以史學見長，大都具有資料豐富、描寫具體、記事翔實、文筆生動等優點，但卻缺乏戰略戰術的分析，很少有軍事經驗的理論概括。嚴格地講，該兵書只能歸入軍事史的範疇，而不是像《孫子兵法》那樣，是謀略學的研究範疇。因而與孫子的軍事謀略智慧，是不可比擬的。

　　前蘇聯軍事理論家 J. A. 拉辛少將在 1955 年俄文譯本《孫子兵法》的長篇序言中指出，軍事科學的萌芽在遠古時代即已產生，人們奉為泰斗的通常是希臘的軍事理論家，其中最著名的有色諾芬，還有後來的韋格蒂烏斯。韋格蒂烏斯在很長時間內是拜占庭與西歐的軍事理論權威，

但實際上排在最前面的應當是古代中國，中國古代軍事理論家最傑出的是孫子。

俄羅斯人民友誼大學東方學院院長馬斯洛夫‧阿列科賽認為，在世界上有很多國家擁有古老的文化，比如希臘、俄羅斯、義大利等等，但是在這些國家，現在已經沒有了古代的希臘文化、古羅馬文化，取而代之的是現代的文化、西方的文化，也就是說，它們的傳統文化經過了斷裂，並沒有延續下來。世界上只有一個國家有延續不斷的文化，這就是中國。

有學者稱，世界軍事科學發展的歷史表明，《孫子兵法》不僅是東方兵學最早最傑出的代表，而且是世界上最先出現的專門論述軍事謀略的優秀著作。它是古代東方軍事學的智慧結晶，也是世界古代軍事學史上的奇蹟。正如美國當代戰略理論家約翰‧柯林斯評論的：「孫子是古代第一個形成戰略思想的偉大人物。」

2.《孫子兵法》傳入拜占庭帝國或運用於經典戰例

記者在伊斯坦布爾著名的塔克希姆步行街多家書店看到，土耳其語版《孫子兵法》都放在醒目的位置。一本1992年翻譯出版的土耳其語版《孫子兵法》，封面別出心裁以中國兵馬俑代替孫子形象。這部享譽全球的中國兵書是兩位土耳其翻譯家從英文版翻譯的，現已再版五次。

書店銷售人員告訴記者，《孫子兵法》早在拜占庭帝國時期就傳入土耳其。拜占庭帝國皇帝聖君利奧六世在位時，曾編輯了《戰爭藝術總論》一書，書中介紹的詭計詐術與孫子學說十分接近。此間學者認為，伊斯坦布爾城曾

是歷史上著名「絲綢之路」
的西端終點，孫子的學說有
可能經過絲綢之路和波斯傳
至拜占庭帝國。

　　土耳其學者傅迪對記者
說，拜占庭在中世紀起著歐洲
盾牌的作用，在這個時期曾產
生了一大批著名的軍事人物，
許多拜占庭皇帝也是軍人出
身，具有出色的軍事指揮才
能，其軍事思想與《孫子兵
法》非常近似。雖然還無從
考證他們是否學過孫子思想，

書店銷售人員展示土耳其語版《孫子兵法》

但從借助天時、善用地形、靈活機動、誘敵深入、以弱勝強、
出奇制勝等經典戰例看，應該是受到孫子思想影響的。

　　拜占庭帝國皇帝利奧三世是位傑出的軍事家。717 年，
阿拉伯帝國 20 萬大軍、1800 艘戰艦海陸並進包圍了君士
坦丁堡，拜占庭帝國危在旦夕。利奧三世主持君士坦丁堡
的保衛戰，將阿拉伯海軍引入君士坦丁堡港內，用「希臘
火」燒毀了大批阿拉伯戰艦。在阿拉伯軍隊面臨冬季嚴寒
和瘟疫中大量減員的不利條件下，突襲阿拉伯陸軍，拜占
庭海軍又先後擊潰了兩支阿拉伯增援艦隊。此戰阿拉伯人
死亡 15 萬人，戰船幾乎損失殆盡。

　　「謀攻」在《孫子兵法》中占有十分重要的地位，拜
占庭時代偉大的軍事家貝利撒留對此運用自如。他注重戰
略進攻與戰術防禦的完美結合，成為拜占庭傳統的軍事思
想體系。他曾擔任駐波斯前線的東方統帥，所指揮的戰役

南歐篇

善於運用有限的兵力創造戰爭奇蹟。在指揮第一、二次波斯戰爭中屢次阻擋了波斯大軍的入侵。在最後一次指揮作戰中，打敗了攻到君士坦丁堡城下的保加利亞人。

接替貝利撒留擔任統帥的納爾西斯，在軍事理論上與貝利撒留有相似之處，但在戰術上更注重進攻。他無論在軍事理論還是實戰中都很有造詣，是拜占庭時代的名將。捷克將軍約翰‧傑士卡面對神聖羅馬帝國皇帝西吉斯孟統帥十字軍 10 萬大軍進攻捷克，創造鏈環戰車對付騎兵的戰術，打敗了西吉斯孟。

傅迪介紹說，在鄂圖曼帝國橫行東歐的時代，拜占庭帝國的軍事天才發揮到極致。匈牙利將軍雅諾什‧匈雅提面對強大的土耳其人，以懸殊的弱小兵力與之對抗，多次以弱勝強，長時間的阻擋了鄂圖曼帝國對歐洲腹地的入侵。阿爾巴尼亞統帥斯坎德培，先後共打敗了土耳其人的八次入侵。他用兵靈活機動、神出鬼沒，以弱小的兵力屢挫強敵。其輝煌勝利，極大的支援了匈牙利戰局，影響了歐洲歷史的進程。

1474 年，鄂圖曼帝國蘇丹穆罕默德二世派軍隊 12 萬人入侵羅馬尼亞諸公國。斯特凡大公堅壁清野、誘敵深入。在瓦斯盧伊的「高橋之戰」中，他率 4 萬軍隊在土耳其大軍通過沼澤地中唯一的高橋時，向其猛攻，並分三路夾擊，土軍無法展開，全線崩潰。斯特凡大公一生經歷了 36 次戰鬥，他以懸殊的弱小兵力戰勝強大的土耳其軍隊，顯示了卓越的軍事才能。

3. 東羅馬帝國軍事防禦與《孫子》不謀而合

土耳其第一大城市伊斯坦布爾，古稱君士坦丁堡，曾

是拜占庭帝國，又稱東羅馬帝國及鄂圖曼帝國的首府，也是世界上唯一地跨兩個大洲的大都市。由於博斯普魯斯海峽扼守黑海之門戶，連接歐、亞交通之要衝，戰略地位十分重要，故自古以來就是兵家必爭之地。

記者站在伊斯坦布爾亞洲土地的山頂公園眺望，但見歐亞跨海大橋凌空飛架，向西歐洲大陸近在咫尺，向北從海上直達黑海沿岸各國，向南接地中海可通歐、亞、非三個大陸，向東雖有帕米爾高原阻隔，但 2000 年間的「絲綢之路」早已打通了東西方之間的來往通道。

伊斯坦布爾保留了輝煌的歷史遺產，其中最令記者驚歎的是東羅馬帝國留下的古城牆遺跡，它既被譽為世界建築藝術的珍品，也堪稱古代世界軍事防禦的傑作。

由於拜占庭帝國採取守勢軍事思想，因此其築城技術得到極大的發展。在拜占庭帝國的軍事防禦建築中，君士坦丁堡的城防體系是最具代表性的防禦工事。城牆從外向內依次為外護牆、護城河、護城河內牆、陡坡護壁、外城台、外城牆、內城台、內城牆。外城牆高約 8 米，內城牆高約 12 至 20 米。外城牆和內城牆上聳立著 96 座塔樓、300 多座角樓和碉堡，形成強大的火力支援系統。

五世紀中西羅馬帝國多次被征服，東羅馬帝國加強了君士坦丁堡的城牆，使得這座城市成為被「野蠻人」攻不破的城市。城牆外側陡立，用花崗岩巨石砌成，牆頂為人行道和作戰平臺，並有雉堞掩護士兵。城牆內側為斜坡，有岩石護牆、藏兵洞和倉庫。塔樓凸出城牆約 5 米，平均間距 60 多米，城牆外為寬約 18 米的護城河。

自君士坦丁堡建立以來，其軍事、經濟的重要價值一直受到外族人的虎視眈眈。波斯人曾數次圍攻過城市，但

南　歐　篇

拜占庭時期建立的土耳其海軍學院

被堅厚的城牆和強大的拜占庭海軍所挫敗；其後在阿拉伯半島興起的阿拉伯人進攻拜占庭帝國，以2,000艘戰船圍攻，又遭到拜占庭海軍用「希臘火」全殲，戰船只剩下5艘倉皇逃回；基輔人圍攻城市，又被「希臘火」燒毀海軍，遭到嚴重挫敗。

　　在此後的一千多年歲月裡，這裡一直都是世界上最繁榮的文明之一。土耳其學者傅迪對記者說，這要歸功於軍人出身的君士坦丁一世，是他用獨特的戰略眼光看好這條將東南歐洲與亞洲分隔開來的狹窄的博斯普魯斯海峽。在這個得天獨厚的海峽建立「新羅馬」，整個城市宛如一座天造地設的天然要塞，易守難攻。

　　傅迪認為，《孫子兵法》強調善攻，也主張善守，即善於防禦作戰，提出「守而必固者，守其所不攻也」，「善守者，藏於九地之下」。拜占庭帝國許多皇帝和將軍是精通兵法的，這與孫子學說有可能經過絲綢之路和波斯傳至拜占庭有關。拜占庭帝國憑藉一面臨山兩面靠水的地勢防禦，同時又構築世界上罕見的防禦城牆，其軍事防禦思想主要是軍事守勢，如果不是受《孫子兵法》的影響，至少也是與孫子的防禦思想不謀而合。

北歐篇

1. 孫子研究學者遍及北歐傳播形成氛圍

　　芬蘭赫爾辛基商學院企業管理系研究員馬迪‧諾約寧翻譯出版了芬蘭文版《孫子兵法》、反映以孫子為代表的中國戰略思想的《詭道》兩本書，他計畫再將中國古代八位著名軍事家的論述編譯成書在芬蘭出版。馬迪告訴記者，在他之前的 1985 年，芬蘭一位記者也曾翻譯出版芬蘭文版《孫子兵法》，不過是從英文版轉譯的，而他的書是直接從中文翻譯成芬蘭文的。

　　孫子研究學者遍及北歐，傳播形成氛圍。芬蘭土耳庫大學詹尼‧喬尼恩，芬蘭赫爾辛基 OYSISU 公司董事長基爾瑪‧基爾庫，瑞典斯德哥爾摩大學亞太研究中心副教授、《中國哲學研究譯叢》主編沈邁克，瑞典斯德哥爾摩大學亞太研究中心主任、教授湯瑪斯‧哈特，丹麥哥本哈根大學亞洲研究所教授、丹中關係研究組組長柏斯德等，層次和專業程度都比較高。

　　芬蘭科協主席、前國防部戰略問題研究所所長尤瑪‧米爾蒂寧在談到西方「新技術決定一切」的觀

芬蘭版文《孫子兵法》

點時指出：「早在兩千多年前，偉大的戰略家孫子就列舉了決定戰爭勝負的一些因素。」他批評現代一些軍事家忽視了孫子所說的「士氣」這個最重要的因素。

瑞典也翻譯出版了瑞典文版《孫子兵法》，瑞典最高軍事學校把《孫子兵法》列入教學內容。斯德哥爾摩大學陳列《孫子兵法》、兵馬俑等中國兵家文化，斯德哥爾摩市公共圖書館有《孫子兵法故事》等中國兵書。

挪威奧斯陸的書店裡有挪威文版《孫子兵法》，挪威大學生在火車上也津津有味地讀《孫子兵法》。芬蘭赫爾辛基大學中文班埃米麗阿‧涅米寧想到中國，目標是要更好地學習中國的古典文學，閱讀《孫子兵法》等中國典籍。

赫爾辛基經濟學院舉辦大師講座《上兵伐謀——孫子兵法與企業經營》，赫爾辛基商學院開設《孫子與企業戰略》課程。瑞典斯德哥爾摩皇家學院工商管理專業碩士開設《國學智慧與領導藝術》、《孫子兵法與競爭戰略》，《孫子兵法與市場行銷》、《孫子兵法與商戰之道》等課程。

瑞典斯德哥爾摩北歐孔子學院院長、瑞典漢學家羅多弼教授做主題為《文化傳統和世界和平》的名家講壇，講述中國儒家學說和兵家文化。赫爾辛基大學孔子學院創辦中國棋社，用象棋演繹孫子文化。丹麥哥本哈根商務孔子學院開設《孫子與商戰》課程，與北京體育大學合作的挪威貝根孔子學院主打「武術體育牌」，學習武術的學生339人次，還在挪威舉辦武林大會，傳播中國兵家文化。

總部設在瑞典的富豪中國區首席執行官吳瑜章，把《孫子兵法》遊刃有餘地運用在富豪卡車的運營上。成功是靠戰績說話的，1997年他剛加盟富豪時，該公司在中國年銷售量只有27輛。他審時度勢，先謀而後動，擊敗了

主要競爭對手，連續七年保持在歐美品牌卡車中銷量第一
的位置。

吳瑜章說，半部《孫子兵法》打江山。特別是在今天
中國商戰中從一統「周天子」天下的局面向「春秋」，再
飛速向「戰國」發展的時代，《孫子兵法》對企業家們更
具有深遠的指導意義和實際的使用意義。這是我個人最愛
的一本書，是我事業上的「充電器」，我也在寫一本《<
孫子兵法 > 與市場戰爭學》的書籍。

2.《孫子》是中國文化走向世界「傑出品牌」
──訪芬蘭文版《孫子》譯者馬迪‧諾約寧

芬蘭文版《孫子》譯者馬迪‧諾約寧在接受記者採
訪時表示，《孫子兵法》與世界很多地方都建立了孔子學
院一樣，是中國文化走向世界的「傑出品牌」，不僅被全
世界所認可，而且被全世界所應用。

馬迪介紹說，《孫子兵法》對現代人特別有意義，不
僅影響資訊時代的世界軍事和經濟，而且影響現代社會的
精神文化生活。孫子的哲學思想對所有的人都有啟迪和幫
助。芬蘭的大公司老闆對孫子都感興趣，我認識的北歐商
人，大部分讀過《孫子兵法》，並應用到歐洲的商業競爭
中，有的竟然還「班門弄斧」，應用到中國市場。

擔任芬蘭諾基亞中國總裁的趙科林，曾用《孫子兵
法》改變了諾基亞中國，在華手機銷售業務長達八年，一
手奠定了諾基亞在中國的絕對霸主地位和中國區在諾基亞
全球市場中的核心位置。他發現，孫子在商場上的妙用，
很多中國競爭對手的戰略，都像《孫子兵法》中所講，把

古代戰場上的兵法用在商業戰場上，非常令人興奮。

瑞典富豪中國總裁吳瑜章是一位運用《孫子兵法》非常成功的企業家。1997 年他剛加盟富豪時，該公司在中國年銷售量只有 27 輛。經過五年奮戰，他擊敗了主要競爭對手，將富豪年銷售量提高了三十多倍，占據了中國大車市場的主要份額。

芬蘭文版《孫子兵法》譯者馬迪與作者合影

他熟諳孫子「知己知彼，百戰不殆」，在管理上「主孰有道、將孰有道」，遊刃有餘地將孫子戰略運用於富豪卡車公司在中國市場的經營開拓中，從而傳奇般改寫富豪卡車在華發展史。

馬迪說，西方書店裡教人成功的書籍多如牛毛，但沒有一本比得上《孫子兵法》。孫子的深邃哲學智慧，對西方人有用，西方人需要東方智慧。原來西方人喜歡看《戰爭論》者居多，現在喜歡看《孫子兵法》的居高不下，孫子遠遠超過克勞塞維茨，這就是明證。

中國傳統文化有著別樣的魅力，尤其是孫子的哲學味道吸引西方讀者。馬迪認為，孫子思想與道家思想和《易經》有異曲同工之妙，要結合起來研讀更顯其中奧妙。

馬迪還認為，《孫子兵法》與《戰爭與和平》這部世界文學史上不朽名著所表達的人類思想也是一致的。人類要和平，首先家庭要和諧。孫子「全、善」思想對人際關係及社會家庭也很有用，芬蘭人很感興趣。總之，《孫子兵法》是經典中的經典，無法複製。

3. 芬蘭學者從喜歡孫子到喜歡中國

「我從喜歡孫子開始喜歡中國文化，從而瞭解中國、認識中國、喜歡中國」。芬蘭文版《孫子兵法》譯者馬迪‧諾約寧對記者說，他的家族對中國的孫子及兵家人物很崇拜，家裡收藏的《孫子兵法》版本和中國兵書數量可觀，他從小就受孫子思想的薰陶。

1967年出生的馬迪，十三歲起就讀《孫子兵法》英文版。為了能研讀《孫子兵法》原文，他從1990年開始學習漢語，先後在中國廣州的中山大學、芬蘭的赫爾辛基大學和瑞典的斯德哥爾摩大學學習中文，並專程到上海復旦大學進行深造。

自從喜歡上《孫子兵法》，馬迪對中國歷史文化尤其是傳統兵家文化產生了濃厚的興趣，開始系統研讀《吳子兵法》、《六韜》、《司馬法》、《三略》、《尉繚子》、《李衛公問對》武經七書。他認為，這是中國古代兵書的璀璨瑰寶，也是包括北歐在內的世界人民共同的智慧財富。

馬迪還花了大量時間系統閱讀《孫臏兵法》、《曹操兵法》、《諸葛亮兵法》、《鬼谷子》、《三十六計》等56種中國兵書，從而認識了中國傳統兵家思想博大精深，中國人的智慧博大深邃。

馬迪稱，他是中國著名孫子學者李零的粉絲，經常讀李零的妙論孫子的書籍，從而萌發了翻譯芬蘭文版《孫子兵法》的念頭。馬迪有一個心願：要讓芬蘭人、北歐人學習和應用孫子思想。他認為，儘管現代戰爭的形式發生了巨大變化，但《孫子兵法》蘊涵著豐富的戰略管理思想，至今仍有實用價值，而且不僅限於軍事領域，現代企業家進行經營管理也需要讀《孫子兵法》。

2001 年起，馬迪著手翻譯《孫子兵法》，他花了五年時間進行準備，到中國的書店、圖書館閱讀了大量的與《孫子兵法》有關的資料，重點參考了宋代的《十一家注孫子》等重要傳本，從中文直接翻譯成芬蘭文，2005 年在赫爾辛基出版發行。

馬迪告訴記者，在首發式上，他手捧芬蘭文版《孫子兵法》百感交集。翻譯世界第一兵書對我來說的確很難，遇到有些極難弄懂的古文需要查閱大量資料，從中尋找答案，還專門請教中國漢語老師。有時，就連中國人對《孫子兵法》中某段論述的注釋也不盡相同，我因此不得不絞盡腦汁，反覆推敲琢磨，找到準確的解釋。有的句子甚至花了兩三個月時間才翻譯出來。芬蘭文版《孫子兵法》面世，我感到無比欣慰。

馬迪說，芬蘭文版《孫子兵法》出版發行後，在芬蘭賣得很火，芬蘭的大公司、企業家、大學生都非常喜歡，出版社說是最熱銷的書之一，多次再版，不少企業請他講《孫子與企業戰略》。2007 年，馬迪又出版了以研究孫子為代表的中國戰略思想的《詭道》一書。

如今，馬迪成了芬蘭小有名氣的中國問題專家，現任芬蘭赫爾辛基商學院企業管理系研究員，主講企業戰略。

目前，他正在進行「芬蘭企業在中國的產品研製」專案的研究工作，在上海同濟大學經濟管理系講跨文化交流。在完成《孫子兵法》翻譯工作後，他計畫再將中國古代八位著名軍事家的論述編譯成書在芬蘭出版。

非洲篇

1. 埃及學者比喻《孫子》是世界兵書「金字塔」

「《孫子兵法》是世界兵書的『金字塔』，難以超越。」埃及學者艾曼認為，金字塔是古埃及文明的象徵，也是古埃及人智慧的結晶，是埃及人民的驕傲；而《孫子兵法》是中華文明乃至世界文明中的璀璨瑰寶，是幾千年華夏文明的結晶，把中國人的智慧推到了頂峰，是中國人民的驕傲。

艾曼是研究埃及從事文化和旅遊的學者，曾派往中國留學多年，漢語說得非常流利，對中國的傳統文化很有造詣。他有一個中文名字叫王亮，不僅對古埃及與古代中國兩個文明古國很有興趣，而且對《孫子兵法》、《三國演義》等中國兵書也很喜愛。

艾曼介紹說，建於四千五百年前埃及的金字塔，是古埃及法老和王后的陵墓，因形似漢字「金」字，故譯作「金

埃及學者艾曼在金字塔前

字塔」。艾曼指著祖孫三代金字塔對記者介紹說，這是埃及最大最有名的三座金字塔，分別是大金字塔、海夫拉金字塔和門卡烏拉金字塔，與其周圍眾多的小金字塔形成金字塔群，為埃及金字塔建築藝術的頂峰。

艾曼說，金字塔象徵的就是刺向青天的太陽光芒，閃耀著古埃及人民智慧和力量的光芒，歷經四千五百年仍與日月同輝。同樣，誕生於二千五百年前的《孫子兵法》非但沒有過時，反而穿越時空的隧道，折射出耀眼的智慧光芒。它所折射出的軍事謀略智慧、外交智慧、哲學智慧、商戰智慧、現代社會生活智慧和人生智慧光芒，像金字塔一樣永遠閃爍，對後世產生極其深遠的影響，成為世界人民共用的精神財富。

艾曼還說，大金字塔總共由大約 230 萬塊石灰石和花崗岩疊疊而成，每塊石頭重達二噸半的，越往上疊難度越大，疊到塔尖更是難乎其難，令全世界為之叫絕。《孫子兵法》只有六千餘字，字字千金，成為世界兵家文化的一座豐碑，並且直至現代還無法超越這座豐碑。因此，《孫子兵法》同樣令全世界為之讚歎。

神秘的埃及金字塔給人類留下許多未解之謎，深深吸引許多科學家、考古學家和歷史學家前往探究，也吸引著好奇的現代人和世界各地的無數遊客前去觀光，探尋這個無與倫比的世界奇觀。有學者稱，只要金字塔仍然屹立，人們還會執著地追尋下去。

一部神奇的中國古代兵書《孫子兵法》，深深吸引全世界政治家、軍事家、外交家、哲學家、文學家、經濟學家、社會學家，乃至體育競技者的潛心研讀，在中國古典的字裡行間探索奧秘，尋找智慧，並受到全球各界人士的

長久追捧和廣泛應用，這不能不說是一大奇蹟。有學者評價《孫子兵法》如同金字塔「光輝永恆，神力猶存」，過一萬年也不會過時。

艾曼表示，《孫子兵法》曾被譽為「前孫子者，孫子不遺；後孫子者，不遺孫子」。古往今來，東西方兵學泰斗和兵法大師輩出，兵家人物層出不窮，各種兵書燦若星河，但《孫子兵法》始終是浩瀚星河中最璀璨奪目的一顆「將星」。

2. 埃及學者翻譯第二本阿拉伯語《孫子》

「我的這本阿拉伯語《孫子兵法》，是埃及文化最高委員會和埃及國家翻譯中心從中國購買版權翻譯出版的」，開羅大學中文系前系主任希夏姆・馬里基在接受記者採訪時表示，埃及文化出版部門對這部世界著名的兵學聖典翻譯出版非常重視，2003 年出資購買最佳版本，2005 年出版發行。

希夏姆今年四十八歲，長相具有阿拉伯人兼尼格羅人種特徵，說著一口流利的漢語。他 1985 年在中國北京讀大學，1990 年攻讀碩士時開始研究《孫子兵法》，起因是埃以戰爭運用孫子的謀略。在埃及讀博士期間，又被派往中國搜集資料，為的是完成他的博士論文《漢語與阿拉伯語》。

「當時我懷著對《孫子兵法》的濃厚興趣再次來到北京」，希夏姆告訴記者，他到北京後的第一件事就是買了一本《孫子兵法》，從此與孫子結下不解之緣。在搜集博士論文資料的同時，認真研讀《孫子兵法》以及與之相關

的文章，做到了兩不誤。機會往往是留給有準備的人，「兩不誤」來的是「雙豐收」。

讓希夏姆沒想到的是，《漢語與阿拉伯語》博士論文與研究孫子居然對接起來，使他有機會把漢語用在了阿拉伯語《孫子兵法》的翻譯上，真是「有心栽花花就開，無意插柳柳成蔭」。

博士論文通過後，埃及文化最高委員會要出版《孫

希夏姆翻譯的阿拉伯語《孫子兵法》

子兵法》，得知希夏姆對此有研究，又精通漢語和阿拉伯語，把他當作最佳人選，委託他赴北京與中國文史出版社取得聯繫。希夏姆在眾多的《孫子》書籍中精選，購買了十次可在阿拉伯國家翻譯出版的版權，並請他作翻譯。

希夏姆說，第一本阿拉伯語《孫子兵法》1999 年在黎巴嫩翻譯出版，是從法語翻譯的。而他翻譯的第二本阿拉伯語《孫子兵法》，是首次從漢語直接翻譯的，更加準確，更符合《孫子兵法》的原意。在他之後，也有埃及人翻譯的阿拉伯語《孫子兵法》，則是從英文翻譯過來的。

在翻譯時，除了十三篇原文外，希夏姆還增加了一百多位專家學者對《孫子兵法》的注解、全球各個領域應用《孫子兵法》的經典案例，其中包括埃及前總統穆罕默德‧安瓦爾‧沙達特在領導埃及人民進行了第四次中東戰爭，運用《孫子兵法》，成功摧毀以色列的巴列夫防線，在這

次戰爭中取得了勝利的成功戰例。

同時，希夏姆還介紹了中國應用《孫子兵法》的大量實例和應用方法，包括埃及在內的非洲國家應用《孫子兵法》的實例占了一個部分，《孫子兵法》與國家安全、軍隊建設、資訊化對勝利的利好等，也占了一個部分。

這些實例占了全書的四分之三篇幅，共四百多頁，每個案例觀點加故事，有血有肉，形象生動，很有說服力和可信度。為此，希夏姆查閱了世界各國應用《孫子兵法》的相關資料，掌握了大量的素材。該書出版後，受到阿拉伯讀者的歡迎和好評。

希夏姆對記者透露，他準備翻譯出版四本阿拉伯語《孫子兵法》，每本書超過 100 個專家學者的注解、100個經典應用案例。目前正在翻譯第二本，經典應用案例再增加 100 頁。

3. 埃及學者稱阿拉伯人需要瞭解孫子文化
——訪開羅大學中文系前系主任希夏姆‧馬里基

開羅大學中文系前系主任希夏姆‧馬里基對記者介紹說，阿拉伯語《孫子兵法》已有三種版本，分別從法文、英文和中文翻譯過來的，對阿拉伯國家和人民研究傳播和應用孫子智慧與謀略很有意義。

位於北非的埃及是非洲最大的民族，是一個具有悠久歷史和文化的古國，和古巴比倫、古印度、中國並稱「四大文明古國」。埃及人民與中國人民早就有往來，二世紀時就從古書上瞭解到中國，從四世紀起中國的絲織品、瓷器、造紙術、火藥、指南針等相繼傳入埃及，十五世紀曾

開羅大學中文系前系主任希夏姆與作者合影

兩次遣使於明。

　　希夏姆介紹說，埃及艾因・夏姆斯大學漢語教學最早，是非洲、中東地區和阿拉伯國家第一個講授漢語的大學，他曾在這所大學任教。開羅大學籌建中文系，他擔任過主任。加上愛資哈爾大學和蘇伊士運河大學共有4所公立大學和私立的埃及科技大學開設了中文系，開羅大學和蘇伊士運河大學還相繼建立了孔子學院。

　　希夏姆對記者說，作為同是世界文明發源地的埃及，對中華文明和中國傳統文化有著極大的興趣，「漢語熱」正在持續升溫，越來越多的大學開設中文系，中國文化中心、埃中友協等機構還設有漢語學習班，但依然難以滿足埃及民眾對漢語學習的熱切要求。許多埃及和阿拉伯人急切瞭解中國文化，對中國古代經典《孫子兵法》也非常好奇，希望通過學習漢語與中國學者進行交流，共同挖掘世界兩大文明古國的文化遺產。

非洲國家、阿拉伯人很需要瞭解包括《孫子兵法》在內的中國文化，希夏姆說，尼羅河電視臺是埃及主要電視臺，在埃及乃至阿拉伯世界擁有大量受眾，該台通過衛星電視頻道播送漢語教學節目，除了漢語教學，還介紹儒家、兵家等中國傳統文化，受到阿拉伯觀眾的廣泛關注。開羅大學孔子學院開設中華才藝課，舉辦中國文化之旅，介紹並傳授太極拳，向埃及和阿拉伯人傳播中國兵家文化。

2009 年，中國國務院總理溫家寶的到來開羅中國文化中心，埃及朋友表演起了太極拳。溫總理看後說，中國文化博大精深，瞭解和學習中國文化，不僅要注重形式，更要懂得其中的哲理。剛才的節目有文有武，有張有弛，體現了你們對中國文化意境的理解。中國人練習武術，是為了鍛鍊身體、磨練意志、提升心智。《孫子兵法》裡講：不戰而屈人之兵。大家要很好地體會其中的境界。

希夏姆告訴記者，阿拉伯語《孫子兵法》版本原先只有一個，是從法語翻譯的，不太適合阿拉伯人的閱讀習慣，並且遠遠滿足不了阿拉伯國家的需要。於是，他從漢語直接翻譯《孫子兵法》，增加了 100 多位專家學者對《孫子兵法》的注解，以及全球各個領域應用《孫子兵法》的經典案例，讓更多的阿拉伯人看得懂，能應用。

希夏姆透露，非洲國家對《孫子兵法》最關心的是軍人，埃及軍隊許多軍官研讀過《孫子兵法》，認為孫子的軍事謀略思想對埃及軍隊很有幫助，對現代化戰爭仍有指導作用。但他們讀的不是阿拉伯母語，大都是英語，他們非常需要母語《孫子兵法》。埃及最高軍隊領導學院曾兩次邀請希夏姆講授《孫子兵法》，他們最歡迎的也是用母語講授《孫子兵法》。

這所軍事院校不僅面向埃及，而且面向非洲和阿拉伯國家的軍隊，有 1000 多名中高級軍官。有一位企業家買了希夏姆翻譯的 100 本阿拉伯語《孫子兵法》，贈送給這所軍事院校，學員們爭相閱讀，愛不釋手。 希夏姆說。

4. 南非前總統曼德拉喜愛讀中國《孫子》

在南非，曼德拉的畫像、雕塑、漫畫比比皆是。記者經過曼德拉穿過囚衣的羅本島監獄、穿過球衣的開普敦綠點球場，南非人說起他都無不充滿敬意。他在獄中寫成的《漫漫自由路》成為當今世界最暢銷的自傳體小說，深受南非人民喜愛。南非人民評價曼德拉是一個有戰略頭腦的智者，一個克服恐懼的勇者，一個創造和平的仁者。

曼德拉早年在開普敦生活的時候，白天是一個律師，晚上是一名業餘拳擊手，平時還經常讀書，特別喜愛讀《孫子兵法》這樣的戰略書籍。曼德拉入獄後，他還要求獄方給他書籍，但列夫・托爾斯泰的《戰爭與和平》被獄方拒絕了，他們認為那是一本和《孫子兵法》差不多的戰略書，不允許他讀。孫子宣導「智信仁勇嚴」為將五德，在曼德拉身上體現非常明顯。

曼德拉首先是個智者。他是二十世紀 90 年代非洲乃至世界政壇上一顆最耀眼的巨星。曼德拉創建了非洲人國民大會的軍事組織民族長矛軍，結束了非國大無法對獨裁政府開展武裝鬥爭的歷史，起草了著名的「曼德拉方案」。他用大智慧領導非國大結束南非種族主義的鬥爭，從階下囚一躍成為南非第一任黑人總統，為新南非開創了一個民主統一的局面，載入了人類歷史文明進程的光輝史冊。

　　其次，曼德拉是個仁者。他曾創建了一個極具特色的非洲民主國家，他嫻熟地運用體育為工具，打破種族藩籬、團結了整個南非人民，成為實現種族平等與和解的典範。自曼德拉走出監獄的那一刻起，他摒棄了古老的「同態復仇」理念，而是選擇了和解。曼德拉說，因為沒有民族和解便沒有新南非，沒有和解南非將陷入陳陳相因、爭紛不斷的泥沼，一切「建國大業」都無從談起。曼德拉在其四十年的政治生涯中獲得了超過 100 項獎項，其中最顯著的便是諾貝爾和平獎。

　　再次，曼德拉是個勇者。這位反種族隔離的鬥士，一生充滿危險的鬥爭，曾在牢中服刑了二十七年。曼德拉說：「冒大險的人常常需要承擔大的責任」；「勇敢的人並不是感覺不到畏懼的人，而是征服了畏懼的人」；「任何一個人並不是生來就勇敢的，勇敢是我們自己選擇的一種方式。每個人每天都可以鍛鍊自己的勇氣，無論是在大事還

南非書店把《孫子兵法》和曼德拉書籍放在一起

是瑣事之上」。

除了勇氣，曼德拉還是一位傑出的謀略家。他遵循孫子「知彼知己，百戰不殆」，認為只有瞭解敵人，才能戰勝敵人。而瞭解敵人的最好方法，就是掌握他們的語言。曼德拉說，讀他們的詩，我能夠「直達他們的靈魂」。曼德拉還不斷和獄卒練習口語，語言的進步既增強了曼德拉對敵人的瞭解，還讓他和獄卒拉近了距離，爭取到一些便利。

曼德拉一生對體育和足球有著很深的感情，他的至理名言「體育擁有改變世界的力量」。他把體育競技場當作南非發展的練兵場，或許是從孫子那裡受到的啟發，因《孫子兵法》與體育競技關係太密切了。就在世界盃開幕前一星期，曼德拉還穿著「4 號球衣」接見了南非國家足球隊全體成員，地點就選在了開普敦綠點球場。

「曼德拉是全世界運動員的偶像」。就連貝利也是恭敬地彎腰聆聽曼德拉的教誨；葡萄牙隊長 C 羅向曼德拉贈送了一件印有曼德拉名字的 91 號葡萄牙球衣，曼德拉當年九十一歲；貝克漢將自己的頭髮編成黑人髮型贈送於他，以此表達對曼德拉的敬意。南非總統祖馬在開幕式上稱，在非洲大陸舉行的首屆世界盃應當歸功於曼德拉。

曼德拉一連串妙語連珠的幽默語錄，充滿孫子智慧與謀略：「我希望自己左右自己的機會，自己做計畫、自己思考、自己謀劃」。這體現了《孫子兵法》開篇中的「妙算」，多算是周密的計畫或成算；少算是疏漏的計畫。一個卓越的領導者和指揮員，作決策一定要事先周密思考，深謀遠慮。

曼德拉認為：「人類的錯誤總是離不開戰爭，而且其代價通常是昂貴的。正是由於我們知道要發生這樣的悲

劇，我們作出武裝鬥爭的決定時才顯得那麼慎重和無奈。」這完全符合《孫子兵法》對待戰爭問題的基本觀點和思想。孫子告誡「非危不戰」，「主不可以怒而興師，將不可以慍而致戰」。把戰爭災難降到最低程度，這是孫子慎戰思想的核心。

曼德拉說，「若想與敵和平共處，就要與敵並肩作戰。敵亦將為友」。孫子「不戰而屈人之兵」的最高境界，屈的對象既包括敵人，也包括朋友或盟軍。盟軍可能成為敵人構成將來威脅；敵人也可能成為朋友或盟軍。最高明的戰略是以謀略制勝，即化敵為友，以和為貴，使敵人對己國的對抗心理轉化為合作心理，從而強強聯手，實現雙贏。

曼德拉表示，「我按照甘地的模式看待非暴力，把它看作一種根據形勢需要而使用的戰略戰術」。甘地非暴力的哲學充分體現了孫子和平理念，不僅是一個有效的戰術，而且也是戰略和遠見卓識，在所有國家都可以發揮至關重要的作用，對世界和平發展具有重要的意義。

5. 南非世界盃精彩演繹孫子競技謀略

2010 南非足球世界盃終於在約翰尼斯堡揭開神秘面紗，苦讀《孫子兵法》多年的南非國大副秘書長馬格瓦尼斯赫受到媒體的關注。他對記者說，南非隊是我的最愛，除此以外，我還支持所有非洲球隊，如果有非洲球隊走到最後決賽那就完美了。

馬格瓦尼斯赫是個地道的球迷，一天 3 場比賽，他至少要看 2 場，1 點半的比賽因他正在工作不能看，但 4 點半、8 點半的兩場他都會看。他告訴記者，他喜歡中國的

文化，尤其是經常看《孫子兵法》，從中學到了很多東西。「不戰而屈人之兵」，他覺得這一點體現了中國文化與西方文化最大的不同。

南非世界盃期間，國際米蘭新主帥加斯佩里尼桌上擺著中國的軍事名著《孫子兵法》，義大利譯文名《戰爭的藝術》，他嘴上常掛著的一句話「統領一支大規模軍隊和一支小型軍隊之間，沒有區別」。

「知彼知己，百戰不殆」。孫子的著名警句，德國主教練勒夫心領神會，在南非世界盃上運用自如。在球場上，就成了比賽術語「控制」和「反控制」。控制球員，調教球隊，這是自控，是知己；研究對手，攻其弱點，這是反控，是知彼。勒夫出色的臨場應變和充足的賽前計畫令人折服。德國隊控制了中場，控制了比賽節奏，反制了阿根廷的傳、切、射的每一個環節，德國隊就不能不大勝。

精通《孫子兵法》的日本隊，把孫子謀略用於體育競技已成為拿手好戲。日本主帥岡田武史預言，他們已經研究出一套非常

南非球迷在世界盃足球城球場與作者合影

實用的戰術，這套神秘兵法絕對可以讓我們球隊的整體火力大有提升。這不是日本隊在「虛張聲勢」，他們既有戰術又有戰略。在南非世界盃上，「東瀛武士」以 1：0 力斬有「非洲雄獅」之稱的喀麥隆隊，取得了亞洲球隊在南非的第二場勝利，並打進 16 強，再掀「亞洲雄風」。

孫子是主張「先發制人」戰略指導思想代表人物，他說「故善戰者，致人而不致於人」。 南非世界盃將先發制人視作克敵制勝的法寶，8 場八分之一決賽先進球的球隊最終均獲勝，獲勝率高達 100%；而前 42 場比賽中先進球的球隊取得 32 場勝利，獲勝率也有 76%。如去掉 6 場 0：0 的比賽，先進球球隊的獲勝率達到 88%，不敗率則要達到 95.7%。更為神奇的是歐洲球隊先進球的比賽全部獲勝，先發制人的威力可見一斑。

「進攻是最好的防守」。南非世界盃高舉進攻大旗的是西班牙、阿根廷、智利球隊。阿根廷隊酣暢淋漓地以 4：1 戰勝韓國隊，阿韓之戰成為南非世界盃前期進球最多的一場比賽。智利隊在南非世界盃狂放進攻，狂放向前，小組賽頭兩場比賽就貢獻了整整 40 腳射門，最後一戰對陣實力強大的西班牙，打平就能確保小組第一的智利隊，但他們沒有用防守反擊來應對西班牙的強大攻勢，而是選擇了對攻。

「防守重於進攻」也成為不可忽視的流行趨勢，超過 20 支球隊奉行的「保守戰術」風靡南非世界盃賽場。在小組賽第二輪超過四個進球的比賽只有 4 場，這並非是攻勢足球的勝利。德國戰車成功也是以防守為本。4-3-3 陣型剛剛出現在世界足壇時，更多的球隊是為了加強進攻，但在南非世界盃所具有卻是強大的防守能力。

　　「置之死地而後生」語出《孫子兵法》，世界盃賽場從不缺少這驚險一幕。「山姆大叔」全場 21 射竟未得分，直至到了令人絕望的第 91 分鐘時，奇蹟發生了，鄧蒲賽近門推射竟再被撲出，多諾萬冷靜補射，演繹了這場驚心動魄、起死還生的大戲，令球迷連呼過癮。

　　《孫子兵法・勢篇》強調形成對作戰形勢的控制力。西班牙隊無論對手是進攻還是防守，總是能不停地把球傳到對手的要害。「如轉圓石於千仞之山者」的贏球方式，6 場勝利所展現出的行雲流水般的配合令人喝采。在傳球資料排行榜上，前 10 名中有 6 名是西班牙球員，其中哈威以 7 場比賽總共 669 次傳球的驚人資料排名第一，足以說明「鬥牛士」具有高超的控制力，該軍團獲得南非世界盃冠軍也不足為奇了。

6. 南非約翰尼斯堡唐人街「自保而全勝」

　　從約翰尼斯堡世界盃主球場驅車一路向北，穿過鐵皮屋連片的索韋托黑人區，來到鄰近布魯瑪湖的地方，就見到了世界上最年輕的約翰尼斯堡唐人街。這裡有五條街道，每條街道長度約 700 米，連同周邊店鋪超過 120 家，有中國各地風味餐廳、華人旅行社、美容院、超市、書店、網吧、手機店、音像店、麵包店、修車行、寄賣行等，林林總總，應有盡有。

　　陪同記者的當地華人張先生說，沒有準確的數字知道南非有多少中國人，一般估計在 50 萬左右，以福建、廣東為多，約翰尼斯堡占了絕大部分，居住在唐人街周邊社區的中國人號稱 10 萬。

位於約翰尼斯堡市中心的唐人街

「約堡是彩虹之城，黃金之城，也是犯罪之城，危險之城。」張先生感歎地說，約堡城這座財富之都，也是世界上犯罪率最高的恐怖之都。有媒體稱，在約翰尼斯堡即便是富人區，也家家戶戶鐵門緊閉，電網林立。約堡每日犯罪頻發，與槍殺、綁架、強姦相比，搶劫就算是小兒科了。值得一提的是，搶劫的實施者不見得就是劫匪，也可能是員警！

張先生介紹說，約堡也是華人經商最多的城市，華人在南非當地人中的印象是「黃皮膚的猶太人」，是「會掙錢的機器人」。因此，華人成為匪徒搶劫的主要對象，搶劫華人好過搶運鈔車。華人在南非被搶劫不是新聞，幾乎無人倖免。「如果沒被搶過，就不是南非華僑」，這是在南非華人圈裡聽得最多的一句話。

南非雖然遍地是金礦，但只是冒險家的樂園，在南非的華人確實很有錢，但身家性命難保，這決不是危言聳聽。

但凡在南非開店經營三年以上的華商大都遭遇過搶劫，甚至還發生過槍戰。近年來，每年都會發生多起華人老闆被殺害事件。因此，有錢的華人在這裡都十分低調，很注意保護自身的安全。張先生如是說。

「目前這條唐人街是整個約堡最安全的地方，惡性事件已基本得到控制，治安狀況明顯改善。」張先生告訴記者，這要歸功於南非華人華僑應用中國老祖宗的智慧。「自保而全勝」是《孫子兵法》的重要戰略原則，這一戰略思想的核心是「己不可勝」，即先要保住自己，然後再去求全勝。

為此，唐人街正式註冊並成立管委會，雇了 15 名持槍保安維護治安，白天執勤者 9 人，夜間執勤者 6 人。記者看到，在這條唐人街的兩頭和中間位置，各設立了一個執勤崗樓。

華人保安公司也應運而生，可合法申請槍械保護平民的公司，類似中國古代的「鏢局」。大型中國商品批發城非洲商貿城便有約 40 名武裝保安二十四小時守衛，華人商戶專門花錢雇用了保安公司維護秩序，每戶視情況不等至少每月出 1,000 蘭特雇用有保安，這使得遭搶劫的機率大大降低。

2004 年 1 月，成立了南非華人警民合作中心，為旅南僑胞保駕護航，協助警方針對預防犯罪，維護僑胞的合法權益和保護人身財產安全。這些年來，警民中心為給僑胞創造一個相對安全、穩定的生活與工作環境等方面越來越發揮出積極的作用。據當地《華僑新聞報》報導，華人警民合作中心成立後，涉及華僑華人的案件發案率下降了 30 至 40%，南非華人社區的治安狀況日益好轉。

2012 年 6 月 22 日，南非豪登省員警廳唐人街警務室

揭牌，這是全球第一個唐人街華人與當地警方聯合執勤維護華人社區治安的警務室。唐人街警務室不僅提供每週七天、每天二十四小時的中英文全天候諮詢和救助，還可幫助警方及時瞭解華人社區安全動態，調整工作部署，快速打擊侵犯華人華僑合法利益的違法犯罪活動，為唐人街撐了起一把強有力的「保護傘」。

「自保而全勝」是《孫子兵法》的核心和精髓，也是華人華僑立於不敗之地的重要保證。南非唐人街組建華人保安公司、成立南非華人警民合作中心和唐人街警務室，是孫子「自保而全勝」思想在非洲的具體應用和有效實踐。

7. 好望角是東西方兵家文化的分水嶺

記者來到遙遠而神秘的非洲大陸最南端，展現在眼前的除了白雲、藍天、礁石、大海之外，就是一塊再普通不過的木牌，上面用英文寫著「好望角」及其所處的經度和緯度，世界各國遊人爭先恐後在這極其普通又極具影響的海角拍照留念。

「好望角」位於來自印度洋溫暖的莫三比克厄加勒斯洋流和來自南極洲水域寒冷的本格拉洋流的交匯處，為非洲西南端非常著名的岬角，最初稱「風暴角」和「死亡之角」，是世界航線上著名的風浪區，也是世界上最危險的航海地段。而在記者看來，好望角是兵家必爭的「戰略角」，是東西方兵家文化繞不開的「分水嶺」。

好望角的發現，促使許多歐洲國家把擴張的目光轉向東方。直到蘇伊士運河開通之前的三百多年時間裡，好望角航路成為歐洲人前往東方的唯一海上通道。往來於好望

世界各國遊人爭先恐後在好望角拍照留念

角的歐洲船隻，裝載的是強權，是擄掠，是占領，是炮火，是血腥，更是罪惡。

　　大航海時代，在亨利王子的帶領下，葡萄牙的殖民探險船隊一次次地沿非洲西海岸南進，他們的最終目的，就是要繞過非洲的最南端，到達東方的亞洲，以實現其建立龐大殖民帝國的夢想。1487 年秋，一個名叫迪亞士的葡萄牙航海家率領三條帆船到達這裡，遇到呼嘯的狂風和滔天的巨浪。只要繞過這個充滿兇險的海角，就有希望通往美麗富饒的東方。於是，葡王若奧二世決定將「風暴角」易名為「好望角」。

　　僅僅過了十年，葡萄牙人的船隊就從好望角由大西洋進入了印度洋。他們先後征服了印度的果阿，控制了印度洋與太平洋的通道麻六甲海峽，占領了印尼的香料群島，取得了中國澳門的租住權。源源不斷的財富也就隨之通過好望角從東方流向了葡萄牙。

好望角，不僅成為了葡萄牙人稱霸世界的海上咽喉，而且成為了西方列強侵略東方的血腥航道。曾幾何時，荷蘭、英國、德國、法國、西班牙等國的船隊也陸續繞過好望角，前往印度、印尼、印度支那、菲律賓和中國，用堅銳的大炮轟開了東方的大門。

1652年荷蘭首先在好望角建立基地，掠取好望角的主權，在開普半島建立殖民統治，在好望角設立軍事要塞好望堡，1741年在西蒙斯敦修建了海軍基地。南非最早的土著居民是科伊人。科伊人對侵占他們土地的荷蘭殖民者進行過抵抗，兩次科伊與荷蘭的戰爭都以科伊人失敗告終。

十九世紀初，在海外已攫取大量殖民地的英國人看到掌握好望角制海權的重要性，欲將荷蘭人取而代之。荷蘭人因武器不及英國人先進，不得不忍痛割愛這塊美麗的土地。1795年，英國艦隊在南非開普登陸，1814年建立好望角殖民地，在西蒙斯敦設南大西洋海軍分遣隊司令部，西蒙斯敦成為英海軍基地，從此開始了和布林人在南非長達百年的爭奪戰。

英軍把布林人家家戶戶送到集中營，1902年，布林人被迫

南非開普敦書店英文版《孫子兵法》

投降，兩個布林共和國成為英帝國的一部分。英國人先是武裝占領，再是政治託管，然後低價贖買，最後在維也納會議簽訂《弗里尼欣和約》，以 600 萬鎊買下了開普區，正式入主。1957 年基地設施移交南非管轄，英仍保留使用權。

在好望角所在地開普敦最古老的城樓上，依次豎立著六面國旗，這些國旗詮釋了南非人屈辱的歷史 —— 從荷蘭到英國，南非幾度易主，直到 1990 年曼德拉被釋放，南非人的被殖民歷史才終於結束。

開普敦市藏有一張繪出整個非洲大陸的中國古地圖複製品，此圖繪製於明初的 1402 年，比鄭和下西洋（1405 年）早三年。這說明，當時中國人不僅瞭解了大部分亞洲大陸，也瞭解了整個非洲大陸，不僅認識了印度洋，也認識了大西洋。彌足珍貴的是，這張地圖絕對是世界上最早繪出非洲大陸的，它佐證最早到達好望角的外國航海家應該是中國人，或許就是鄭和的船隊。

英國科學家李約瑟的研究成果印證了這張中國古地圖。李約瑟在《中國科學技術史》中說：「十六世紀的中國地圖上的南非圖形是十分正確的，即尖部向南」，而「歐洲人的傳統製圖是將非洲的尖部指向東方。」李約瑟據此說，這是因為在十五世紀初，鄭和的船隊就先於歐洲人繞過好望角。

最重要的是，歐洲人航海是向海外拓展和殖民，為了掠奪財富，但是中國人不一樣，中國是送去財富，送去和平。鄭和要建立一個大家和平發展共存共榮世界。

《當中國稱霸海上》一書的作者、美國女作家李露曄在書中稱，當中國可以稱霸海上時，卻沒有稱霸，否則歷史就會徹底改寫。她還認為，「稱霸」是一個西方話語。在鄭

和之後到達非洲的葡萄牙船隊，和大明的寶船相比，只是幾艘舢板而已，當時中國的造船術至少要領先世界一兩百年。

基辛格在《論中國》一書中寫道，在明朝早期，1405~1433 年間，中國發動了古代世界航海史上最卓越和神秘的一次遠航。由鄭和領隊的寶船，當世無與倫比，經過印度，霍姆茲海峽，直達非洲好望角。當時歐洲的航海遠征還未開始。中國的船隊似乎在各個方面都具有不可超越的優勢：技術的高度，船隻的大小和數量，即使著名的西班牙艦隊（還要等一百五十年後出現）亦相形見絀。鄭和沒有表示過任何領土征服的雄心，沒有得到實際的殖民地和資源。最多可以說他為中國商人創造了優惠的貿易環境，或者說中國早期展示其「軟實力」。

這位美國前國務卿還論述道，中國獨具一格的軍事理論也與西方截然不同，它產生於中國的春秋戰亂時期，中國的思想家提出了一種戰略思想，強調取勝以攻心為上，避免直接交戰。《孫子兵法》一直是中國軍事理論的中心思想。中國古聖賢認為，世界永遠不可征服，明君只能希冀順應世界潮流。

有人祈禱，好望角必將成為東西方文明交匯之角、世界和平之角和人類希望之角。正如中國國家主席習近平所指出的：「這個世界，和平、發展、合作、共贏成為時代潮流，舊的殖民體系土崩瓦解，冷戰時期的集團對抗不復存在，任何國家或國家集團都再也無法單獨主宰世界事務」。

8. 總統帶頭學兵法非洲漸顯《孫子》熱

南非前總統曼德拉是一位傑出的謀略家，特別喜愛讀

中國《孫子兵法》。他遵循孫子「知彼知己，百戰不殆」，認為只有瞭解敵人，才能戰勝敵人。他妙語連珠的幽默語錄，充滿孫子智慧與謀略。

剛果（金）現任總統約瑟夫・卡比拉和他的父親、2001年遇刺身亡的老卡比拉總統，都先後留學中國，其中老卡比拉曾在南京陸軍指揮學院進修過，小卡比拉曾在國防大學進修過。小卡比拉和他父親一樣，是地地道道學過《孫子兵法》和毛澤東軍事思想的中國軍校學生。

辛巴威總統、厄立特里亞總統和納米比亞總統，他們都曾經是游擊隊的領導人，在中國國防大學防務學院的前身南京軍事學院學習過《孫子兵法》。科摩羅總統阿紮利在南京陸軍指揮學院進修時也學習過《孫子兵法》。

埃及學者把《孫子兵法》比喻為世界兵書的「金字塔」，難以超越。一部神奇的中國古代兵書《孫子兵法》，深深吸引全世界人潛心研讀，在中國古典的字裡行間探索奧秘，尋找智慧，並受到全球各界人士的長久追捧和廣泛應用，這不能不說是一大奇蹟，如同金字塔「光輝永恆，神力猶存」，過一萬年也不會過時。

開羅大學中文系前系主任希夏姆・馬里基對記者介紹說，阿拉伯語《孫子兵法》已有三種版本，分別從法文、英文和中文翻譯過來的，對阿拉伯國家和人民研究傳播和應用孫子智慧與謀略很有意義。非洲國家、阿拉伯人很需要瞭解包括《孫子兵法》在內的中國文化。剛果少校約瑟夫介紹說，《孫子兵法》已經在非洲的很多國家翻譯出版，並有了很多的讀者和實踐者。

非洲國家對《孫子兵法》最關心的是軍人，埃及軍隊許多軍官研讀過《孫子兵法》，認為孫子的軍事謀略思想

對埃及軍隊很有幫助，對現代化戰爭仍有指導作用。埃及最高軍隊領導學院曾兩次邀請希夏姆講授《孫子兵法》。

衣索比亞文化和旅遊部部長穆罕默德・迪里爾・戈迪常讀《孫子兵法》，他說：「這本書不只是在談戰爭，裡面有很多管理學的知識值得汲取，同時還包含了不少中國人的智慧和文化」。

「我最感興趣的是中國軍隊的軍事思想，特別是毛澤東軍事思想，有很多案例都有借鑑意義。另外還有《孫子兵法》，以前在網上也看過，但不是很理解，在學校裡學習，特別是和中國的同行交流後，理解加深了很多」。曾在中國空軍指揮學院深造的納米比亞學員弗萊姆說。

坦尚尼亞駐華武官馬桑加派駐中國之前曾接受過中國專家組的培訓，他認為，「《孫子兵法》講的用兵最高境界是不戰而屈人之兵，而不是簡單地使用武力」。「中國承擔的大國責任，中國軍隊為世界和平做出的努力與貢獻，已經受到國際社會的普遍讚譽」。

9. 非洲學者稱喜歡《孫子》不分種族膚色

記者在北非的埃及和南部非洲機場、書店看到，阿拉伯文版和各種英文版本的《孫子兵法》很齊全，翻閱的黑人讀者不乏其人。非洲學者稱，《孫子兵法》是一部充滿著智慧結晶的書，智慧不分國界，不分種族，不分膚色，不分語言，不管是謀事處事用人待人總能從其中找到靈感。

約翰尼斯堡的一位黑人球迷告訴記者，雖然我對《孫子兵法》這樣深奧的古書看不懂，但許多南非黑人和我一樣對中國文化很喜歡，我們都知道有這樣一本兵書，是足

南非約翰尼斯堡書店的英文版《孫子兵法》

球明星的最愛，有的帶著這本書到南非世界盃來，這讓我們很驚奇。

海王國際肯亞分公司總經理助理佛朗格西斯，是一位黑人青年，他喜歡中國文化，對《孫子兵法》有著特殊的迷戀。問他讀這本書的收穫是什麼？他回答說，我把孫子當偉大的導師看，非常崇拜。

弗蘭克西斯畢業於奈洛比大學，學的是經濟，不過一直對中國文

非洲出版發行的《孫子兵法》書籍

化有著濃厚的興趣。在弗蘭克西斯看來，中國的歷史和文學，讓他在工作中獲益良多。尤其是《孫子兵法》，更是他長期捧讀的經典。他從《孫子兵法》中獲得了一個啟迪：與其把競爭對手消滅掉，不如把他團結成朋友。

寧夏國際穆斯林出版機構版權貿易洽談會休息期間，一位突尼斯來賓表示，希望得到《孫子兵法》波斯文版本。黃河出版傳媒集團的工作人員告訴這位外賓，該集團確實出版過波斯文版的《孫子兵法》，在工作人員的幫助下，了卻了他的心願。

開羅大學中文系前系主任希夏姆・馬里基說，非洲國家很需要瞭解中國文化，對中國古代經典《孫子兵法》也非常好奇。他們希望通過學習漢語與中國學者進行交流，共同挖掘世界兩大文明古國的文化遺產。

在非洲人眼中，中國符號就是《孫子兵法》和中國功夫。在非洲，中國武術館和武術學校遍地開花，衣索比亞共有十個州，其中有五個州設立了武術協會，在其首都就有 17 家中國武術學校或武術培訓俱樂部。在南非、北非和東非，中國功夫片一直是最叫座的電影，身著中式服裝、練習功夫的非洲人也越來越多。

盛產鑽石而享譽世界的南非，把武術比喻為中國的鑽石。對《孫子兵法》頗有研究的南非前總統曼德拉曾到訪中國，參觀過少林寺，對中國武術與兵家文化的關係有一定的瞭解。他說，從武術中可學到中國的和諧文化，我本人對中國的陰陽理論和和諧思想非常崇尚。

有位南非的大學教授已堅持學習中國武術七年了。他認為，武術不僅是一種運動，更是一種剛柔相濟的藝術，能給人智慧，他決定「練一輩子中國功夫」。

10. 非洲吹起「中國風」兵家武術受追捧

　　中國兵家武術受到非洲人的狂熱追捧，2004 年，《孫子兵法》手卷在南非開普敦博物館展出引起關注。近年來，中國大使館武官處、中國駐辛巴威高級軍事教官組、中國駐坦尚尼亞使館、模里西斯中國文化中心和非洲孔子學院，以及中國文化出版中心、中國武術表演團，在非洲吹起了一股又一股「中國風」，中國傳統兵家武術得到廣泛傳播。

　　在辛巴威首都哈拉雷，來自南非、莫三比克、納米比亞、尚比亞、坦尚尼亞、波札那、賴索托等九個南部非洲國家的教官和學員搭建了各自的文化展臺，而來自非洲以外國家的展臺只有一個，這就是中國。由中國大使館武官處和中國駐辛巴威高級軍事教官組共同搭建的展臺是其中最大的一個，也是最搶眼的一個。

　　中國駐坦尚尼亞使館向坦軍有關部門和部隊贈送了《武經七書》、《孫子兵法》等書籍，介紹中國傳統軍事文化。中國駐坦首席軍事專家辦公室組織《孫子兵法》講座，利用援教平臺向非洲軍隊傳播中國優秀軍事文化。莫三比克蒙德拉內大學孔子學院陳列中國圍棋、京劇臉譜、《孫子兵法》竹簡，向非洲人民傳播中國兵家文化。

　　模里西斯中國文化中心掀起中國文化閱讀熱，來中心圖書館借閱《孔子》、《老子》和《孫子兵法》等中國古代文化書籍的絡繹不絕，人氣較旺的武術太極培訓班每次授課都有兩百人左右。模里西斯人說，要瞭解中國文化，首先需要瞭解中國人的思想，包括孔子的儒家學說和孫子的兵家思想。

　　中國浙江出版聯合集團與奈洛比大學合建的非洲首所

中國文化出版中心在肯亞首都奈洛比揭牌。讓中國圖書走進非洲，向非洲介紹、宣傳中國文化成為趨勢，《孫子兵法》等中國兵家文化書籍將走進非洲千家萬戶。

2009 年，中國武術表演團橫跨整個非洲大陸，對加蓬、肯亞、尚比亞、馬拉威和衣索比亞五國進行了友好訪問演出，期間共進行了 10 場武術專場表演，傳播了中華文化。這是中國官方組織大規模的武術表演團第一次踏上非洲這塊神奇的土地，推動當地建立武術運動組織，進而加入國際武術聯合會。

2010 年，中國少林武僧團赴喀麥隆、剛果（布）、赤道幾內亞非洲三國進行了 7 場演出，中華兵家武術文化在非洲引起極大的轟動。非洲人在驚歎其精彩絕倫外，對中國武術及其背後的中國文化內涵又有了新的認識。剛果媒體稱，我們很喜歡古老而神秘的中國文化，但中國在非洲的其他文化產品對於非洲來說太深奧，往往不好理解，而中國功夫文化是個例外。

2011 年，由中國武術協會副主席陳國榮率領的中國武術團應邀訪問了馬達加斯加、納米比亞、加蓬及莫三比克等非洲四國，進行了 6 場表演，又一次在非洲掀起了武術熱。非洲四國各大新聞媒體都在頭版刊登了中國武術表演的照片和文章，掀起了一股武術旋風。無論中國武術代表團走到哪裡，非洲人民都會豎起大拇指說「武術！太了不起了！」

加蓬武協領導人呂克‧本棻不僅在國際武聯傳統武術委員中任委員，而且還參與了《李小龍傳奇》等多部影視劇的拍攝。許多學習武術的非洲孩子們也都夢想著去中國，能夠成為非洲的李連杰和成龍。非洲王子釋延麥出生

在喀麥隆，有人稱釋延麥是「非洲李小龍」，他在非洲的
六個國家有 3,000 多名學生。

11. 非洲高級軍事指揮官著迷《孫子》謀略

中國孫子兵法研究會副會長、原南京陸軍指揮學院副
院長柴宇球介紹說，該學院開設的兩門主課《孫子兵法》
與毛澤東戰略戰術，深受非洲學員的喜愛，《孫子兵法》
課程竟然增加了三天的課時，介紹經典的孫子戰略戰術。

南京陸軍指揮學院是國內外知名的軍事學院，每年都
會有大量的外國軍事指揮官到此學習。該學院培養的外國
學員中已經有 5 人當了國家總統，1 人擔任總理，9 人擔
任國防部長、1 人擔任總參謀長，100 多人擔任各軍兵種
或戰區司令。其中剛果（金）總統卡比拉、科摩羅總統阿
紮利和一大批非洲高級軍官都在該學院學過《孫子兵法》。

柴宇球對記者說，多數非洲學員在來中國之前，就對
《孫子兵法》這一世界軍事文化瑰寶十分嚮往。非洲學員
中沒有不知道《孫子兵法》的，當排長、連長的都知道，
他們都說孫子厲害。他們一到學院，除了發的孫子教材、
教案外，都買英文版《孫子兵法》，有空就看，非常癡迷。

2005 年，在《孫子兵法》和《孫臏兵法》竹簡出土
地──山東省臨沂市銀雀山漢墓竹簡博物館，在南京陸軍
指揮學院培訓的非洲高級軍事指揮官聚精會神地聽講，爭
先恐後地購書，想方設法收集資料，他們對《孫子兵法》
表現出極大的興趣。

非洲高級軍事指揮官一進入博物館就不約而同地發
出了驚歎：「我去過二十多個國家學習，涉獵過各種軍事

理論和戰例。但以《孫子兵法》為代表的東方軍事思想最令我著迷。」「中國人太有智慧了，我非常喜歡《孫子兵法》。」

剛果少校約瑟夫用自己的DV拍攝了博物館裡有關《孫子兵法》竹簡展品的中英文版本。「我很仰慕孫子，他是一個相當睿智的人」。約瑟夫說，《孫子兵法》已經在非洲的很多國家翻譯出版，並有了很多的讀者和實踐者。

「我在美國西點軍校學習時，《孫子兵法》已經成為所培訓軍官必讀的書。」來自塞內加爾的軍官桑布認為，《孫子兵法》雖然已經誕生了二千五百多年，但並沒有受到時間和空間的限制，是一部觸及到人類本質和戰爭本質的箴言。

問起這些身著迷彩服的非洲軍官們，最喜歡哪門課？十個人有九個告訴記者，是被稱為「戰爭的藝術」的《孫子兵法》，但它的主旨思想還是和平。利比亞勒馬丹上校說：「在國內也聽說過孫武和這本書，到了中國我才有機會聽老師講解它。」突尼斯少校哈姆茲表示：「我以前接受的全是西方的軍事思想，對中國不夠瞭解，如今他知道了中國奉行的是積極防禦的國防政策，運用了《孫子兵法》。」

烏干達少校丁吉拉原以為產生《孫子兵法》的國家肯定是一個好戰的國家。當他第一次走進學院面對教學大樓大廳裡的「和」字匾，當第一堂課從「止戈為武」的成語說起，使他的看法完全變了：一個有著無限軍事智慧的民族，竟然把「和」字用二百多種不同字體鐫刻，一個孕育了《孫子兵法》這種兵法經典的國度討論戰爭竟然從「止戰」開始！

畢業論文開題會上，丁吉拉以《和平視野下的非洲安全戰略研究》為題，詳細分析了非洲的安全局勢，用大量篇幅構設了「和平戰略」下相關地域的美好圖景。回國後，丁吉拉在本國軍事雜誌《獨立日》上發表文章，在烏干達軍隊引起了不小的轟動。他在文章中寫到：「南京陸軍指揮學院是謀略之都，智慧之城，到那裡學習，彷彿是如虎添翼。」

12. 非洲高級軍官最喜歡的課程是《孫子》
——訪國防大學防務學院教譯室主任徐國平

「在國防大學防務學院，非洲學員最喜歡的課程是《孫子兵法》，最愛參觀的地方是《孫子兵法》誕生地蘇州穹窿山。」國防大學防務學院教譯室主任徐國平在接受記者採訪時透露，該學院已連續四次組織非洲軍官赴穹窿山考察，2014 年 4 月還要組織去，讓非洲學員感受中國兵學聖山的神奇。

徐國平為國防大學教授，《孫子兵法》研究專家，著有《孫子兵法亞美尼亞文中文對照本》、《國防戰略》、《戰略決策概論》、《世界各國軍事實力》等專著，從事《孫子兵法》研究和教學已有

國防大學防務學院教譯室主任徐國平

二十多個年頭。

他向記者介紹說，國防大學防務學院為五大洲一百三十多個國家培訓了 3,000 多名學員，有不少學員回國後擔任軍隊總部、各軍種和兵種的上將、中將、少將和准將，有的還當上總統。如剛果（金）總統約瑟夫‧卡比拉曾於 1998 年在該學院學習，當時他是剛果（金）的副總參謀長，只有二十七歲，很年輕，系統學過《孫子兵法》和毛澤東軍事思想。

徐國平說，國防大學防務學院在教學內容上突出中國文化，突出中國和平發展理念，突出中國的安全戰略、軍事戰略和作戰理論。諸如《孫子兵法》、毛澤東軍事思想。《孫子兵法》作為軍事培訓的重要課程，重點講授成書的時代背景、作者介紹，注重原文學習，結合實例分析，孫子十三篇每篇都有重點的系統的講，然後作為軍事思想體系串起來，開展應用教學。

在防務學院，非洲學員可以追問：中國古代兵書《孫子兵法》在資訊化條件下的現代戰爭中，還有其現實指導意義嗎？有趣的是：這些來自非洲的高級軍官常常把《孫子兵法》和克勞塞維茨的《戰爭論》相比較，共同探討被譽為東西方兵學寶庫中兩朵奇葩的軍事巨著所蘊藏的文化異同。

莫爾達瓦國防部軍事政治處處長維克多曾在這所軍事院校深造過。他說，「在國內也聽說過孫子這個人和這本書，到了中國我才有機會聽老師講解它，這本書不僅在軍事的戰略戰術上有現實意義，在政治、外交及經濟上也是如此。」聽了六週的課之後，維克多還寫了一篇關於《孫子兵法》的論文。

在《孫子兵法》教學中，該學院圍繞孫子與現代戰爭

進行討論，舉辦大型研討會，請中國軍內外知名孫子研究專家學者專題講孫子的應用。有的非洲軍官中學時代就聽說過有關孫子、毛澤東的一些文章，對中國的兵法很感興趣，積極性非常高，每次《孫子兵法》課程結束，都意猶未盡，提出要增加授課時間。徐國平說。

徐國平告訴記者，非洲學員普遍反映，學習《孫子兵法》後收穫也很大，理論學習達到了現實應用，這對軍事理論知識的擴展很有幫助，對今後回國任職也有很大幫助。

徐國平表示，我們把《孫子兵法》作為中國兵家文化傳播、宣傳中國和平發展理念的載體，讓外軍學員能夠理解、認同和接受。正如剛果約瑟夫少校所說，「我很仰慕孫武，他是一個相當睿智的人。《孫子兵法》在我們那裡被稱為『戰爭的藝術』，但實際上，他的主旨思想是和平」。不少非洲學員回國後，還到孔子學院講授《孫子兵法》，宣傳孫子的和平思想。

13. 非洲軍官踏訪《孫子》誕生地蘇州穹窿山

《孫子兵法》誕生地蘇州穹窿山是國防大學外訓系教學基地。據孫武書院工作人員介紹，2006 年，來自非洲近十個國家的 20 名中青年軍官，興致勃勃地來此參觀了充滿神秘色彩的茅蓬塢、孫武苑、兵聖堂，親身感受孫武思想和《孫子兵法》的精髓。

來自剛果（布）的歐庫昂貝少校手拂著《孫子兵法》竹簡，有模有樣地學起了孫武，煞有當年孫武運籌帷幄的雄風。在孫武的臥室內，放有他當年休息的床塌，很多非洲軍官站在床塌前摸一摸，坐一坐，似乎在感受兵聖的隱

非洲軍官參觀《孫子兵法》誕生地蘇州穹窿山

居生活。

走出孫武隱居地，登上十幾階臺階就到了兵聖堂。映入眼簾的便是上等紅木製的屏風，上面鐫刻了《孫子兵法》十三篇。非洲的軍官們雖然看不懂中國文字，但是仍然圍在屏風前很虔誠地聽翻譯解讀。

參觀中，他們還與蘇州市孫武子研究會進行交流。有的問「《孫子兵法》與德國克勞塞維茨的《戰爭論》有什麼不同地方？」有的問：「孫武為什麼要訓練宮女？」「孫武的墓在哪裡？」「孫武後人是否能找到？現在何處？」等等，對孫武其人其事表現出濃厚的興趣。

來自查德的諾・塔莫爾・阿爾吉德耶准將在講話中說：「我們非常高興地來到孫武苑參觀，剛才又聽了介紹，使我們瞭解了孫子的生平及事蹟。我們到中國來參加研究班培訓，接下來的課程就要學習《孫子兵法》。通過今天的參觀座談，我們已經開始了學習，感到很高興。」

埃及的少校說：「軍人的天職就是要重視發展軍事力量維護國家的安全，取得世界和平，不僅要求要重視贏得戰爭的勝利，而且必須十分注重遏止戰爭的爆發，孫子極力宣導『不戰而屈人之兵』，充分體現了一種和平主義思想，對以和平與發展為主題的當今世界具有一定的指導意義。」

來自辛巴威的少校說，「今天能有幸參觀兵聖當年生活的地方，是一件終生難忘的事情。《孫子兵法》是全世界的財富」。他表示要為傳播孫子思想作出自己的努力，把孫子的思想帶到自己的祖國，讓更多的人瞭解孫子的思想。

按照國防大學的教務要求，每一位前來參觀的非洲軍官都要寫一篇遊覽孫武苑的觀後感。來自喀麥隆的於姆上校說：「我很早就知道《孫子兵法》，此次穹窿山之行，是希望通過實地考察更深刻地理解《孫子兵法》的精髓。」

納米比亞中校馬丁用自己的 DV 機記錄了穹窿山之行，並拍攝了《孫子兵法》碑廊院內的中、英譯文。他很高興地告訴記者，在納米比亞的民族解放戰爭中，當時的領導人就從《孫子兵法》中得到了啟示和幫助，從而贏得了勝利。

2009 年，奈及利亞空軍上校奧祝迪、肯亞中校湯瑪斯和摩洛哥少校蘇雷拉參觀考察了《孫子兵法》誕生地穹窿山，交流各自國家學習、傳播、運用《孫子兵法》和孫子思想的情況。前來參觀考察的非洲軍官們居然個個都能全文熟背《孫子兵法》十三篇，對《孫子兵法》十分崇拜，他們還非常關注《孫子兵法》在軍事領域之外的運用與傳播。

14. 非洲高級軍官論《孫子》與現代戰爭

2012 年 10 月 29 日，中國國防大學防務學院學術報告廳裡，舉行「《孫子兵法》與現代戰爭研討會」。來自 51 個國家近 100 名高級軍官和政府防務官員，以《孫子兵法》在現代戰爭中的運用為主題，圍繞《孫子兵法》與現代戰爭理論、戰爭指導、戰爭準備與戰爭後勤等問題展開研討，

其中來自非洲學員主旨發言引人關注。

參加研討的非洲軍官普遍表示，《孫子兵法》從戰爭全域的高度，揭示了戰爭問題的一般規律，提出了具有長久生命力的戰爭指導原則，形成了較系統的理論體系，體現了中國古代軍事戰略思想的最高成就，是人類軍事文化寶庫中的經典篇章。

非洲高級軍官論述了《孫子兵法》謀略思想對現代戰爭的啟示。利比亞電子戰學校校長穆罕默德上校等軍官認為，雖然《孫子兵法》誕生於 2500 年前，但其基本思想對現代戰爭理論仍具有深遠的影響，孫子「不戰而屈人之兵」思想是戰爭指導的最高境界，是超越軍事（戰爭）領域的大戰略。

在談到《孫子兵法》戰略思想對現代戰爭的借鑑價值時，奈及利亞武裝力量駐英副武官奧拉達約‧埃馬歐上校等軍官指出，孫子高度強調戰前準備的重要性，認為勝利幾乎總是屬於做好準備的一方。現代戰爭準備不僅包括基於對敵方部署的瞭解做好作戰計畫，還包括己方部隊隨時做好作戰準備。「知己知彼」是孫子關於戰爭準備最經典的觀點，也是各級軍隊指揮員應該考慮的首要問題。

南非海軍總部參謀沃克海軍中校認為，孫子高度重視經濟基礎對戰爭勝負和國家安全的影響，提出「地生度，度生量，量生數，數生稱，稱生勝」、「日費千金，然後十萬之師舉矣」的重要思想。這些思想，強調合理確定戰爭目標，準確把握物質基礎，並且實施有效準備，能動地將戰爭潛力轉化為戰爭勝勢。一些非洲高級軍官認為，戰爭決勝負，戰爭準備也能夠決勝負。

迦納陸軍作戰部長桑普遜上校等軍官說，《孫子兵

法》用較大篇幅論述了後勤工作，以此說明後勤的重要性，並強調如果沒有充足的資源支撐戰爭，就不要發動戰爭。孫子還談到，戰爭籌畫中的「廟算」，包括重點考慮維持部隊供給所需要的資源。孫子還指出，出於後勤保障因素要謹防持久作戰，尤其是遠距離持久作戰，要「速勝」，力避後勤失

南非沃克海軍中校在研討會發言

利而導致戰爭久拖不決，要吸收如越南戰爭、伊拉克戰爭、阿富汗戰爭等戰爭中的深刻教訓。

　　非洲高級軍官十分贊成孫子的「慎戰」思想，孫子說「非利不動，非得不用，非危不戰」。「亡國不可以復存，死者不可以復生」，這都是警示戰爭決策者對發動戰爭要慎之又慎。二戰以來，朝鮮戰爭、阿以衝突、兩伊戰爭、印巴戰爭、越南戰爭、阿富汗戰爭、伊拉克戰爭等等，其戰爭的發起者要麼以失敗告終，要麼事與願違、引起更大的衝突和反彈，遺留的矛盾爭端至今難以消解。主要原因在於沒有領悟《孫子兵法》之精髓。

　　多數非洲軍官在交流討論中強調指出，要學好《孫子兵法》這本兵典，就要自覺結合現實軍事實踐，勇於面對和回答現代戰爭中的新問題，以此達到古為今用的目的。在未來戰爭中，《孫子兵法》的謀略思想必將煥發新的光輝，但關鍵是要結合本國國情和軍情加以靈活運用。

非洲軍官參加《孫子兵法》與現代戰爭研討會

《孫子兵法》與現代戰爭研討會會場

15. 非洲軍官當代戰例解讀「知彼知己」

　　「擁有兩千多年的戰爭歷史，只要我們充分地從中吸取經驗，就必定攻無不克，戰無不勝。」這是阿拉伯的勞倫斯的一句名言，它指出了軍事思想在戰爭史上的重要地位，其中《孫子兵法》作為最著名的軍事思想著作之一，包含十三篇的內容。非洲塞內加爾中校法耶說，這本有關戰爭規律和謀略的專著成書於二千多年前，研究了戰爭指導的各個方面以及決定戰爭勝負的各種因素。

　　法耶中校認為，從中世紀到當代，從 1945 年至今，時代發生了巨變。由於科學技術的飛速發展，武器裝備的性能不斷優化，這也導致了戰爭指導原則的演變，甚至引發了一場軍事領域的變革。在這樣的背景下，《孫子兵法》仍然被用作當代的戰爭指導寶典。這是因為《孫子兵法》幾乎涵蓋了軍事理論科學的所有學科和專業，仍然具有很強的現實性，其中的許多觀點都建立在戰爭的客觀規律基礎之上。

　　《孫子兵法》十三篇中，有關戰爭指導方面最基本的原則有：知彼知己、戰爭籌畫、爭取先機之利、不戰而屈人之兵、速勝與全勝。而「知彼知己，百戰不殆」這句千古名言，更得到大量名人、偉人的推崇。法耶中校理解為，知彼知己，對於敵人，涉及到應評估其潛力，數量，使用的方法以及戰爭手段；對於自己，要瞭解首領的能力，部隊的訓練水準和法律。

　　法耶中校運用當代的三個戰例，來說明孫子「知彼知己」在現代戰爭中的運用。第一個戰例是朝鮮戰爭。在發動進攻前，北朝鮮對形勢進行了詳細的評估，而美國未能預料到中國加入這場衝突的可能性。在北朝鮮的請求下，

中國人們志願軍加入了朝鮮戰爭，對美軍的後方發動了一系列的進攻，造成了美軍的大量傷亡。

第二個戰例是越南戰爭。從越南一方來看，越南軍隊經受了長期的戰爭鍛鍊，熟悉地形，而且擁有來自越南人民和國際社會的道義支持，因為對他們來說，這是一場侵略戰爭；從美國一方來看，這是一場非正義的戰爭，美國軍隊既沒有來自本國人民也沒有國際社會的支援。

第三個戰例是海灣戰爭。伊拉克並未正確掌握美國與科威特聯合的態度，伊拉克堅信盟軍的進攻會從海上開始。事實上，盟軍通過空襲摧毀了伊拉克的潛力之後，立刻發動了地面進攻。最後，盟軍從伊拉克的南部重新奪回了科威特。

通過分析以上具體的戰例，法耶中校得出結論：《孫子兵法》的戰爭指導原則是適用於現代戰爭的。《孫子兵法》是以戰爭的客觀規律為依據的，直至今天，它依然有很高的科學價值和現實意義。在戰爭指導中，正確地運用《孫子兵法》中的某些基本原則，對最終獲勝起著決定性的作用。

法耶中校同時指出，隨著國際環境的不斷變化和科學技術的創新，在現代戰爭中，嚴格的運用某些原則也會導致一些不足。只要確保將這些原則適用於當前的具體條件，《孫子兵法》才會世代流傳。

16. 非洲加蓬中校「說道論將」讚孫武

非洲加蓬中校克利斯蒂安說，雖然《孫子兵法》成書於二千五百年前，但是其關於戰爭準備的原則和觀點在當今

時代仍然適用。如今很多軍隊和地方領導人仍在學習和運用孫子的原則，很多軍隊和地方院校也把該書作為學習內容。

克利斯蒂安認為，《孫子兵法》是一部具有悠久歷史的著作，他所闡述的原則可以知道軍事將領進行戰爭準備和作戰指導。通過閱讀該書，我認識到戰爭準備在整個軍事行動中占有異常重要的作用，其論述主要體現在五個要素，也是戰爭制勝的關鍵，即：「道、天、地、將、法」。而「道」和「將」是五個要素中關鍵的關鍵。

孫子所說的「道」，就是指人民是否與君主同心，是否支持君主的意願。如果得不到人民的支持和擁護，那麼戰爭必然失敗。要想使戰爭具有合理性並得到人民的擁護，不惜犧牲，那麼，這場戰爭要成為一件充滿正義和榮譽的事情。因此，孫子認為要注重「道」的地位和作用，目的是最大限度地爭取百姓的同情，得到士兵和百姓的共同支持，所謂「得道多助，失道寡助」。

「道」在現代戰爭中仍然適用。克利斯蒂安舉例說，我們可以通過淮海戰役和利比亞戰爭的對比看出「道」的作用。1949 年 1 月的淮海戰役中，中國人民解放軍以 55 萬兵力戰勝 80 萬的國民黨軍隊，原因就是中國共產黨得到了廣大人民的廣泛支援，支援民兵人數達上百萬人，他們為共產黨軍隊提供了有力的後勤保障，這就是運用「道」的效果。而在 2011 年 10 月 23 日爆發的利比亞戰爭中，卡紮菲政權失敗的主要原因之一就是沒有得到人民的支持。

克利斯蒂安說，孫子所說的「將」，是指將領要有智慧、忠誠、仁慈、勇氣和嚴厲等特質。戰爭中人的作用不可小視。人是戰爭雙方進行交戰的媒介。戰爭中，不同的群體在各自的指揮機構下聽命行事。因此可以說戰爭的勝

負很大程度上取決於指揮員的素質，指揮員肩負著重要的使命，他需要綜合運用各種因素將戰爭推向勝利。

孫子指出，要在戰爭準備階段對將領進行精心的選拔。領導的職位應該賦予那些具有遠見卓識、善於指揮的人。軍事將領要有準備戰爭和指揮戰爭取得勝利的能力。然而，僅僅遵循作戰基本原則是不夠的，還需要指揮員具有特殊的人格魅力來影響各級官兵。因此，在戰爭準備階段，軍事將領的選任是一個十分關鍵的環節，它關係到戰爭的勝負，還關係到戰爭中官兵的士氣。

克利斯蒂安在談到「將」在現代戰爭中的運用時，仍然列舉了中國的例子。1934 年 10 月中國紅軍因為選擇了毛澤東作為領袖而扭轉了局勢，轉敗為勝；1946 年蔣介石挑起內戰之後，毛澤東、朱德、周恩來領導中國人民解放軍積極防禦，並集中優勢兵力逐個摧毀敵人。1947 年，中國人民解放軍改變了戰術，由防禦轉為進攻，在以毛澤東為代表的黨中央領導下，經過了三大戰役和渡江戰役，徹底戰勝了國民黨。這些著名戰例充分體現了軍事將領的重要作用。

與之相反，美國軍隊在 1951 年朝鮮戰爭中的失利，可以部分歸咎於麥克阿瑟將軍的指揮不力。由於在戰爭中犯下了冒險主義錯誤，將軍隊分散化，因此被杜魯門總統撤職回國。

克利斯蒂安的結論是：《孫子兵法》關於戰爭概念的闡述徹底改變了人們對戰爭準備的認識。在孫子看來，戰爭之事，關係重大，因此充分的戰爭準備十分重要，在現代戰爭準備中「道」和「將」仍然發揮著核心作用。

附錄

1.「孫子兵法全球行」記者抵法 開始歐洲首戰採訪

　　據中新網報導,「孫子兵法全球行」記者韓勝寶 8 日抵達法國巴黎進行為期 7 天的採訪,這是其歐洲採訪活動的第一站,他將在法國之後繼續前往葡萄牙、西班牙和義大利。

　　韓勝寶在抵達法國後首先採訪了法國戰略研究基金會亞洲部主任瓦萊麗‧妮凱女士。瓦萊麗‧妮凱是政治學博士,精通中文與日文,是法國著名的亞洲問題研究專家,她曾經為法語讀者提供了一個更嚴謹的《孫子兵法》法文讀本。韓勝寶在法國期間還將採訪其他《孫子兵法》研究學者或者中國問題專家、當地華文媒體老總以及華僑華人精英,對《孫子兵法》這一中華文化的瑰寶在法國的傳播與應用情況進行深入挖掘。

　　法國是最先譯介《孫子兵法》的歐洲國家。1772 年,曾在清朝宮廷居住過的法國傳教士阿米奧特神父（中文名為錢德明）便出版了第一部法文譯本《中國軍事藝術叢書》,這個《孫子兵法》的西方語言譯本和後來出現的各種兵書譯本引發了西方學術界對中國古代兵學長久不衰的特別關注。

　　韓勝寶此前已經結束「孫子兵法全球行」在亞洲的採訪。一年多時間內,他共到訪亞洲十五個國家和地區,連續發出系列稿件二百三十多篇,圖片四百多幅,海內外媒體廣為轉載,對推動「孫子文化」在亞洲的傳播,增進中華文化的國際傳播力產生了積極影響。（**龍劍武**）

2. 韓勝寶：孫子文化的傳播使者

據法國《歐洲時報》報導，中國新聞社「孫子兵法全球行」記者韓勝寶近日抵達法國巴黎進行為期7天的採訪，這是其歐洲採訪活動的第一站，他將在法國之後繼續前往葡萄牙、西班牙和義大利。通過全球採訪向世界介紹中國的優秀文化，在海內外雙向傳播《孫子兵法》的理論和學術及實踐活動，進一步架起與世界溝通的橋樑，促進世界和平與發展，這是韓勝寶繼「探尋鄭和之路」大型採訪活動後的又一創舉。

擔當這次主要採訪任務的韓勝寶是中國新聞社江蘇分社副社長、蘇州支社社長。有著二十三年軍齡的他，長期從事研究和宣傳軍事和全民國防教育。2005年曾參加中新社記者「探尋鄭和之路」大型採訪活動，採寫的一百多篇稿件被海外報刊和網路媒體廣泛刊載，出版了《鄭和之路》一書，作為向鄭和下西洋六百週年的獻禮書，在海內外產生一定的影響。

他的社會職務有江蘇省鄭和研究會常務理事、蘇州市孫武子研究會常務理事、蘇州市孫子兵法國際研究中心副主任。出版過《姑蘇酒文化》、《華夏酒文化》、《品味蘇州》等專著。特別是對於孫子文化情有獨鍾，為宣傳孫子文化不遺餘力，成為孫子文化傳播的使者。

孫子，即孫武，字長卿，前544~前470年，漢族，齊國（今山東省惠民縣）人，是兵家流派的代表人物。曾祖、祖父均為齊國名將。他自幼喜研兵法，頗有心得。在其十八歲時，因齊國內亂不止，他深感無用武之地，便離開齊國去往吳國。在吳國的都城姑蘇（今江蘇省蘇州市）

穹窿山於茅蓬塢過起了隱居生活，潛心研究兵法。寫出了傳於後世的兵學聖典《孫子兵法》。據不完全統計，目前全世界《孫子兵法》的譯本已有數百多種之多，被譯成日、法、英、德、俄、朝鮮、越南、捷克、西班牙、希伯來等近三十種語言版本，出版的《孫子兵法》研究專著逾千部，地域涵蓋南極洲以外的世界各大洲。

韓勝寶在巴黎接受記者專訪時介紹說，《孫子兵法》是中國古代最偉大的軍事理論著作，也是中國古籍在世界影響最大、最為廣泛的著作之一，是一部舉世無雙的兵學聖典，更是世界級別的智慧寶庫。《孫子兵法》不僅影響了世界 2500 年的智慧與謀略，更使中國人智慧達到頂峰，研究機構遍布全球，專業或業餘的研究人員數不勝數，並形成了當代世界範圍內的「孫子熱」。

近年來，《孫子兵法》越來越受中外政治家、軍事家、思想家和企業家的重視，其所蘊含的深刻思想和中國人的大智大慧，已融入了現代軍事學、管理學、經濟學、社會學、情報學、行為學等諸多學科之中。《孫子兵法》在全球應用之廣，涉及領域之多，實用價值之高，成果之大，是無與倫比的。《孫子兵法》崇尚智慧、熱愛和平、盡可能地限制戰爭暴力的思想觀念，體現了中華文化的核心價值。

為此，他經過三年多的準備，擬定了數百個題目，2011 年 5 月，從《孫子兵法》誕生地蘇州穹窿山出發，正式啟動了「孫子兵法全球行」採訪活動。他沿著《孫子兵法》傳播的軌跡，選擇部分重點國家和地區，分階段進行探尋，重點採訪海外專家學者和知名企業，從政治、軍事、外交、商貿、文化、科技、情報、體育和社會生活等領域，通過文字及圖片全方位、多視角傳播《孫子兵法》在全球

的應用及影響。

韓勝寶此前已經結束「孫子兵法全球行」在亞洲的採訪。一年多時間內，他共到訪亞洲十五個國家和地區，連續發出系列稿件二百三十多篇，圖片四百多幅，海內外媒體廣為轉載，對推動「孫子文化」在亞洲的傳播，增進中華文化的國際傳播力產生了積極影響。

韓勝寶說，他之所以選擇法國作為歐洲行的第一站，這是因為法國是最先譯介《孫子兵法》的歐洲國家。1772年，曾在清朝宮廷居住過的法國傳教士阿米奧特神父（中文名為錢德明）便出版了第一部法文譯本《中國軍事藝術叢書》，這個《孫子兵法》的西方語言譯本和後來出現的各種兵書譯本引發了西方學術界對中國古代兵學長久不衰的特別關注。

韓勝寶介紹，在法國他採訪今年翻譯出版最新版《孫子兵法》的法國戰略研究基金會亞洲部主任瓦萊麗・妮凱女士，還採訪其他《孫子兵法》研究學者或者中國問題專家、當地華文媒體的老總以及華僑華人精英，對《孫子兵法》這一中華文化的瑰寶在法國的傳播與應用情況進行深入挖掘。（黃冠傑）

3. 中新社「孫子兵法全球行」採訪記者韓勝寶抵葡

據葡萄牙《葡華報》報導，中國新聞社江蘇分社副社長、蘇州支社社長、蘇州市孫子兵法國際研究中心副主任韓勝寶今日抵葡，攜帶「孫子兵法全球行」課題，對葡萄牙進行學術訪問，尋找《孫子兵法》的海外蹤跡，促進中華文化海外傳播。

在韓社長為期五天的採訪活動中，為盡地主之誼，本報記者伴隨韓社長採訪，尋找《孫子兵法》葡文版本、參觀了中國足球青少年留學葡萄牙訓練場，採訪了里斯本大學孔子學院費茂實院長、米里奧大學孔子學院孫琳院長、拜會葡萄牙華商會、葡萄牙浙江杭州聯誼會、「道」字牌酒家及《葡華報》等僑界朋友，採訪了僑領王存玉會長、黃德裕會長、周震副會長、袁旭道老闆，受到大家的熱情接待，使韓社長葡萄牙之行的採訪工作得到圓滿完成。

中新社主導採集《孫子兵法》傳播路線

2011 年 5 月 14 日，中新社記者「孫子兵法全球行」採訪活動在《孫子兵法》誕生地蘇州穹窿山啟動，海內外專家學者、當地宣傳部門官員和孫武後裔 100 多人出席。蘇州是《孫子兵法》的誕生地，是孫子功成名就之地，也是孫子的終老之地。春秋時期，孫武曾隱居蘇州穹窿山，於茅蓬塢寫出了傳於後世的兵學聖典《孫子兵法》。

據不完全統計，目前全世界《孫子兵法》的譯本已有數百多種之多，被譯成日、法、英、德、俄、朝鮮、越南、捷克、西班牙、葡萄牙、希伯來等近三十種語言版本，出版的《孫子兵法》研究專著逾千部，地域涵蓋除南極洲以外的世界各大洲。中新社記者韓勝寶帶了數百個探尋題目，從《孫子兵法》誕生地蘇州穹窿山出發，沿著《孫子兵法》傳播的軌跡，重點採訪海外專家學者和知名企業，從政治、軍事、外交、商貿、文化、科技、體育和社會生活等領域，通過文字和圖片全方位、多視角傳播《孫子兵法》在全球的應用和影響，同時把《孫子兵法》誕生地蘇州穹窿山這座智慧之山傳播到海外。

韓勝寶抵葡，入駐酒店後，馬上投入工作，尋找葡文版《孫子兵法》一書，踏訪葡萄牙航海博物館、軍事博物館。韓勝寶來葡採訪，是進入歐洲的第二站，前站為巴黎。

出生於 1954 年，有著二十三年軍齡的韓勝寶，長期從事研究、宣傳軍事和全民國防教育，曾為黨和國家領導人謀劃軍事國策，酷愛軍事名著《孫子兵法》，吸納世界《孫子兵法》研究諸家之長，尋找《孫子兵法》在世界各國的運用和發展情況，把握中華文化傳播的脈絡。

中新社「孫子兵法全球行」的意義就是在海內外雙向傳播《孫子兵法》的理論和學術及實踐活動，進一步架起中國與世界各國溝通的橋樑，促進世界和平與發展。韓勝寶不僅是《孫子兵法》傳播的採集者，更是傳播中華文明的使者。中國孫子兵法研究會表示，中國新聞社作為對外宣傳報導的國家級通訊社，第一個系統報導《孫子兵法》在全球的應用和影響，向海內外推動孫武文化的傳播，增強中華文化國際傳播力和影響力，是對外宣傳的一個創舉，必將在海內外產生廣泛的影響。

《孫子兵法》在葡萄牙的普及與推廣情況

抵達葡萄牙的第二天，韓勝寶先生拜會當地華商時，用《孫子兵法》的精髓思想，指導葡萄牙當地華商經營。他希望葡萄牙華商經常回國走動走動，掌握一些經營思路，為在葡萄牙發展提供一些靈感。《孫子兵法》有一句經典的話，就是水無常勢，兵無常形，做生意的人不能一成不變，要變，要在變中取勝。韓國三星企業老闆對我說，除了老婆孩子不變外，其他什麼都在變。做事業前，首先要算一下，《孫子兵法》的第一篇就是到廟堂裡算一下，做

任何事情都要算一下，這樣才能打有把握的仗，我們可以不勝，但我們不能敗，這一點，對於每個經商者來說非常重要。如果一個商人不懂得這一點，就不是一個好的商人。

在中國足球留洋青少年訓練基地上，韓勝寶先生採訪了青少年青訓主教練卡洛斯。韓先生問：「你們隊常用 4-3-3 陣型的打法，對你們有什麼好處？」卡洛斯說：「葡萄牙、西班牙都是用 4-3-3 的打法，主要是為了控球，把整個球場的場面控制住，如果你把球控制住的話，整個球場的主動權就控制在你的手裡。4-3-3 也是根據對方的陣型來講的，對方有可能在中場作調整；也有可能做防守型調整，自己的戰術一定要根據對方的陣型來變換陣型，做到知彼知己，百戰不殆。防守與進攻的調整，都要根據對方的陣型做調整。在比賽中，最重要的一點，就是發現對方的漏洞在哪裡，如何把球傳到前場，獲得進球的機會；還有兩翼的進攻非常重要。比如，我看了一場北京國安和青島的一場比賽，他們的傳球就跟我們的不一樣，北京國安好像到了前場，青島隊組織了密集的防守，國安到了前場，球就是打不進去。」

賽爾傑奧・卡斯帕爾是葡萄牙連續十一屆空手道冠軍，他的背上紋著他的日文名字，在學空手道時，他研讀過《孫子兵法》，孫子思想成為他比賽的指導思想，為他十一連冠提供了理論基礎。1989 年，賽爾傑奧學空手道，2000 年，還跟日本師傅學過中國的少林拳，他更喜歡少林拳，迷戀中華文化的博大精深。

在韓勝寶採訪中，他對《孫子兵法》有一番自己的觀點。他說，《孫子兵法》我細心研讀過，這本葡文版小書，在我們練空手道時有指導作用。比賽時，如果比賽還沒開始

時，心理恐懼的話，那麼這場比賽就肯定輸了。我對《孫子兵法》的總結有兩點，第一要敢為，再一個就是尊重對手。

韓勝寶說：「我去過日本，不管是日本的空手道，還是日本的柔道，他們都學過《孫子兵法》，他們的柔道館裡都寫著孫子警句，在忍者博物館，展出的圖片也是中國兵法。」

賽爾傑奧・卡斯帕爾說：「在葡萄牙練空手道，教練也是要我們學《孫子兵法》，因為在比賽中，很多戰術都是要結合《孫子兵法》來學，《孫子兵法》可以直接運用到實踐中來。在遇到競爭對手時，我們要分析對手，他將要出什麼樣的招式，然後採取什麼樣的策略，來防守或對付競爭對手。《孫子兵法》我從頭至尾都看過一遍，不光是讀了，而且還根據一些章節來理解在比賽中遇到的一些情況，用什麼辦法來解決問題。」

韓勝寶受到葡萄牙僑界的熱情款待

中新社記者韓勝寶在葡萄牙五天採訪中，受到葡萄牙華商會、葡萄牙浙江杭州聯誼會、葡萄牙緣之道餐館及本報的熱情款待，圓滿結束在葡期間的「孫子兵法全球行」採訪任務。

韓勝寶先生表示：「非常感謝葡萄牙僑領、僑胞對我的熱情款待，好客的葡萄牙華僑給我留下了深刻的印象。近兩年來，我一直都在做『孫子兵法全球行』採訪工作，等到任務完成後，期待再次訪問葡萄牙。」（**於建華**）

4.「孫子兵法全球行」活動到訪義大利 影響深遠

據義大利歐聯通訊社報導，中國新聞社江蘇分社副社長、蘇州市孫子兵法國際研究中心副主任韓勝寶今日抵達義大利首都羅馬，開始了「孫子兵法全球行」歐洲採訪的義大利站活動。並與當地華文媒體義大利歐聯傳媒、歐聯通訊社、歐聯時報、歐聯網有關負責人就《孫子兵法》在海外的影響及應用進行廣泛的交流和探討。

義大利歐聯時報社社長鄭仕晚、名譽社長鄭明遠、副社長程法書及來自羅馬的知名僑領、企業界人士出席「孫子兵法全球行」座談活動，大家對「孫子兵法」在西方社會的文化影響價值、商業應用等問題分別交換意見和看法。

鄭仕晚代表歐聯傳媒對韓勝寶副社長來義大利採訪表示歡迎，並預祝「孫子兵法全球行」歐洲採訪活動取得圓滿成功。鄭仕晚說，《孫子兵法》與「孔子學說」並列是在海外影響最大的中華文化瑰寶之一，不僅受到了西方學術界關注，在軍事、商業、科技等領域其理論受到了廣為應用和借鑑。

鄭明遠表示，在西方社會影響最大的是「孔子學說」，應用最廣泛的則是《孫子兵法》。「孔子學說」映射了中華民族幾千年的傳統道德觀念，《孫子兵法》則再現了中華民族的智慧。相信通過「孫子兵法全球行」活動的舉辦，必將進一步擴大中華文化在海外的影響力，使《孫子兵法》這一中華智慧結晶為推動人類進步與和諧發展發揮更大作用。

韓勝寶向大家介紹了「孫子兵法全球行」的有關情

況。韓勝寶說，剛剛結束歷時一年多的「孫子兵法全球行」亞洲採訪活動，共到訪亞洲十五個國家和地區，產生了積極而廣泛的影響。人們正在更加積極、更加深入地從實際應用中展開對《孫子兵法》探討和研究。

韓勝寶介紹說，「孫子兵法全球行」義大利站的採訪活動，將與義大利那不勒斯大學東方研究所教授高利克夫斯基、義大利國際事務研究所所長羅勃托・阿里波尼、義大利軍事專家學者、企業界人士、華人華僑就「孫子學說」經過絲綢之路傳至羅馬帝國的影響、社會應用狀況、《孫子兵法》對二戰的反思等問題進行交流。

據悉，韓勝寶經過三年多的準備，於 2011 年 5 月正式啟動「孫子兵法全球行」採訪活動。在成功完成亞洲的採訪活動後，韓勝寶於 2013 年 6 月開始了歐洲的採訪，今後還將赴非洲、美洲和澳洲等地進行相關採訪。（**博源**）

5. 韓勝寶慕尼黑開講「孫子兵法全球行」採訪見聞

據德國開元網報導，2012 年 11 月 17 日週六下午 15 點，慕尼黑第十六期開元講壇開講「孫子兵法成為全球智慧之法」。主講嘉賓韓勝寶先生與大家分享了從「孫子兵法全球行」的採訪中所獲得的心得，隻語片言話說《孫子兵法》。

《孫子兵法》自問世以來被奉為「兵家寶典」，深深扎根於中國主流哲學，以自然科學為基礎，「成就人，成就事」為應用科學。從古到今，啟迪一代又一代的人去思考，更能讓人得到創新的智慧。除了華人研究《孫子兵法》，世界各國的人都在致力於《孫子兵法》各方面的研

究和運用；獨闢蹊徑，世界各國的學者都願意將《孫子兵法》的智慧，涵攝入現代生活。深入淺出的闡釋，從多角度揭開這一千古奇書之智慧密碼。

「孫子兵法全球行」的活動2011年5月在《孫子兵法》的誕生地─蘇州正式啟動，中新社記者韓勝寶走出國門，走近世界，對《孫子兵法》在世界範圍內的影響進行報導。韓勝寶從一年多的「孫子兵法全球行」的採訪活動中，先後採訪了《孫子兵法》不同的譯版的翻譯家，和對《孫子兵法》有著深入研究的知名學者，以及以《孫子兵法》為基礎，運用於管理、經濟文化領域的機構或企業等，足跡遍及日本、韓國、朝鮮、越南、泰國、印尼等亞洲各國。韓勝寶先生特別提到，在亞洲各國，亞洲四小龍是學習、運用及研究《孫子兵法》的先鋒。

對歐洲「孫子兵法全球行」的採訪活動，韓勝寶先生也不辭辛苦多次往返於歐洲各國，收集了很多知名學者對《孫子兵法》有關的研究成果，先後到訪於法國、義大利、葡萄牙、西班牙等國家，對歐洲在《孫子兵法》在現代社會的作用，以及對本土文化的影響做了深入淺出的報導。《孫子兵法》經歷幾千年的風風雨雨，它所傳播的已不僅是炎黃子孫的「大智慧」，如今已經是世界人的「大智慧」。

古人在對《孫子兵法》的學習運用與研究，主要用於戰爭；而如今的現代人把《孫子兵法》這種「大智慧」＝「妙算」，更多的用於商業或經濟領域，更有學者巧妙將《孫子兵法》深奧的經典智慧，吸收反芻為平淺易懂的實用生活方法，把《孫子兵法》活用在現實生活中，緊密的於家庭瑣事、人與人的關係聯繫到了一起。例如臺灣學者

嚴定暹，當然，她是這數以萬計的《孫子兵法》學者中的一員。大家更期盼《孫子兵法》百家爭鳴的景象。通過韓勝寶記者的「孫子兵法全球行」採訪活動，讓孫子文化走遍世界。

　　韓勝寶先生的「孫子兵法全球行」活動還在進行中，除了以上提到的亞洲、歐洲，接下來還將在非洲、大洋洲進行，最後在美洲大陸拉上帷幕。

新萬有文庫

活用孫子兵法
——孫子兵法全球行系列讀物·歐非卷

作者◆韓勝寶

發行人◆施嘉明

總編輯◆方鵬程

主編◆葉幗英

責任編輯◆徐平

校對◆趙蓓芬

美術設計◆吳郁婷

出版發行：臺灣商務印書館股份有限公司

10046 台北市中正區重慶南路一段三十七號

電話：(02)2371-3712　傳真：(02)2371-0274

讀者服務專線：0800056196

郵撥：0000165-1

E-mail：ecptw@cptw.com.tw

網路書店網址：www.cptw.com.tw

網路書店臉書：facebook.com.tw/ecptwdoing

臉書：facebook.com.tw/ecptw

部落格：blog.yam.com/ecptw

局版北市業字第993號

初版一刷：2014 年 5 月

定價：新台幣 320 元

活用孫子兵法：孫子兵法全球行系列讀物·歐非
卷／韓勝寶著. -- 初版. -- 臺北市：臺灣商務,
2014.05
　　面；　公分. --（新萬有文庫）

ISBN 978-957-05-2923-4（平裝）

1.孫子兵法 2.研究考訂 3.謀略

592.092　　　　　　　　　　　　103003294